中国水利教育协会　组织

全国水利行业"十三五"规划教材（职业技术教育）

重力坝设计与施工（第2版）

主　编　陈　诚　吴　伟　温国利
副主编　赵海滨　方　琳　孙小艺
主　审　焦爱萍　梁建林

U0238452

www.waterpub.com.cn
·北京·

内 容 提 要

本书为高职高专水利水电建筑工程、水利工程施工技术、水利工程监理、农业水利工程等相关水利类专业的通用教材。该书的特点就是以重力坝设计与施工项目案例驱动学生完成重力坝设计与施工方案设计，是水利水电建筑工程在工学结合探索出一个重要具体平台，可操作性强，非常实用。全书包括非溢流坝设计与抗滑稳定分析、溢流坝设计、泄水孔设计、重力坝细部构造和地基处理、重力坝施工组织设计编制、施工进度计划编制、砂石骨料和混凝土生产系统设计、混凝土运输浇筑方案设计、混凝土浇筑施工方案、坝体接缝灌浆方案、混凝土温度控制方案、项目管理软件的应用等项目。

本书可供水利水电类相关专业的师生和技术人员参考使用。

图书在版编目（CIP）数据

重力坝设计与施工 / 陈诚，吴伟，温国利主编. --
2版. -- 北京：中国水利水电出版社，2018.4
全国水利行业"十三五"规划教材. 职业技术教育
ISBN 978-7-5170-6403-9

Ⅰ. ①重… Ⅱ. ①陈… ②吴… ③温… Ⅲ. ①重力坝
－设计－高等职业教育－教材②重力坝－工程施工－高等
职业教育－教材 Ⅳ. ①TV649

中国版本图书馆CIP数据核字(2018)第082209号

书　　名	全国水利行业"十三五"规划教材（职业技术教育） **重力坝设计与施工（第 2 版）** ZHONGLIBA SHEJI YU SHIGONG	
作　　者	主编　陈诚　吴伟　温国利 副主编　赵海滨　方琳　孙小艺 主审　焦爱萍　梁建林	
出版发行	中国水利水电出版社 （北京市海淀区玉渊潭南路 1 号 D 座　100038） 网址：www.waterpub.com.cn E-mail：sales@waterpub.com.cn 电话：（010）68367658（营销中心）	
经　　售	北京科水图书销售中心（零售） 电话：（010）88383994、63202643、68545874 全国各地新华书店和相关出版物销售网点	
排　　版	中国水利水电出版社微机排版中心	
印　　刷	三河市鑫金马印装有限公司	
规　　格	184mm×260mm　16 开本　18.5 印张　462 千字	
版　　次	2011 年 8 月第 1 版　2011 年 8 月第 1 次印刷 2018 年 4 月第 2 版　2018 年 4 月第 1 次印刷	
印　　数	0001—2000 册	
定　　价	**48.00 元**	

第 2 版前言

　　高职人才培养的基本模式是工学结合。工学结合模式的课程内涵是"学习的内容是工作，通过工作实现学习"。工学结合课程体系的课程目标是培养综合职业能力，课程开发的方法是典型工作任务分析，课程内容的载体是综合性的学习/工作任务（项目教学），课程实施以行为导向学习为主。《重力坝设计与施工》是在国家示范性高等职业院校建设中课程建设的一个重要内容。"重力坝设计与施工"是项目化课程，以一个工程案例为导向，按设计与施工的基本工作过程，对案例任务分解成若干实施项目与实施任务。在教材建设过程中，要对生产单位进行调研，使课程内容与生产实际过程对接。本教材自 2011 年正式出版以来，经过多方意见反馈，进行了反复修正与完善，增加了工程案例编写，更便于实际工程设计与施工方案中参考使用。

　　本教材在编写过程中充分吸收企业元素直接体现工学结合的特点。与企业工程师、专家共同调研生产过程，企业专家直接参与教材大纲、教材内容的讨论、编写与修正工作。项目直接来自某一实际工程案例，项目任务就是围绕完成这一特定的项目任务，展开项目化教学。

　　设计与施工是整个工程建设过程中两个最为重要的关系、最为密切的两个阶段。"重力坝设计与施工"按重力坝建设主要工作过程整合教学内容，使教学与学习都直接与工作过程对接。

　　工学结合最主要的特点就是行动和做。项目化课程实施采用"教、学、练、做"一体化教学方法，教应围绕如何做进行教学，学应在做中学，练是做的一个手段，中心任务就是使学生会做。本教材项目驱动是一个最佳的"教、学、练、做"平台，在项目实施过程中可通过项目分组承担任务、角色变化、技术交底讨论、咨询、答辩，甚至现场操作等方式实现生产过程仿真。

　　本书由黄河水利职业技术学院陈诚、吴伟、温国利任主编，赵海滨、方琳、孙小艺任副主编。项目实训基本资料、项目实训综述、项目一、项目二由陈诚编写，项目三至项目五由赵海滨编写，项目六、项目七由方琳编写，项目八、项目九由开封建工工程质量检测有限公司孙小艺编写，项目十由温国利编写，项目十一由吴伟编写。全书由陈诚统稿，黄河水利职业技术学院焦爱萍教授、梁建林教授担任主审。

　　本教材的编写得到了中国水利水电第三、第十四工程局，华东勘测设计研究院，安徽省水利科学研究院，故县水库枢纽管理局等单位技术人员的大力支持，黄河水利职业技术学院水利系郑万勇教授、李梅华副教授、郭振宇副教授、王飞寒副教授、张梦宇副教授、闫国新副教授、吕桂军副教授对课程内容提了很多宝贵意见和建议，对本教材的出版做了很多工作，还有在教材建设使用过程中提出许多宝贵意见的专家、学者在此一一表示感谢！教材在编写过程中参考了大量的科技文献，在此对有关作者表示感谢。

工学结合教学模式仍然处在探索阶段，还有很多地方需要继续完善，加上编者水平有限，本书难免存在不足的地方，恳请读者批评指正！

编者

2018 年 1 月

第 1 版前言

高职人才培养的基本模式和教育路径是工学结合模式。工学结合的课程内涵是"学习的内容是工作,通过工作实现学习"。工学结合课程体系的课程目标是培养综合职业能力,课程开发的方法是典型工作任务分析,课程内容的载体是综合性的学习/工作任务(项目教学),课程实施以行为导向学习为主。《重力坝设计与施工》教材是在国家示范性高等职业院校建设中课程建设的一个重要内容。"重力坝设计与施工"是项目化课程,以一个工程案例为导向,按设计与施工的基本工作过程,对案例任务分解成若干实施项目与实施任务。在教材建设过程中,首先对生产单位进行调研,使课程内容与生产实际过程对接。其次,经过多次专家讨论会,研究和编写教材大纲、讲义,2007 年开始在水利各专业教学中试用,试用期间根据各方反馈意见进行了反复修正与完善,直至教材的正式出版条件已经成熟,经过有关各方同仁和领导的帮助,终于付梓出版了。

本教材在编写过程中充分吸收企业元素,直接体现工学结合的特点。与企业工程师、专家共同调研生产过程,企业专家直接参与教材大纲、教材内容的讨论、编写与修正工作。项目直接来自某一实际工程案例,项目任务就是围绕完成这一特定的项目任务,展开项目化教学。

设计与施工是整个工程建设过程中两个最为重要、最为密切的两个阶段。"重力坝设计与施工"按重力坝建设主要工作过程整合教学内容,使教学与学习都直接与工作过程对接。

工学结合最主要的特点就是行动和做。项目化课程实施采用"教、学、练、做"一体化教学方法,教应围绕如何做进行教学,学应在做中学,练是做的一个手段,中心任务就是使学生会做。本教材项目驱动是最佳的"教、学、练、做"平台,在项目实施过程中可通过项目分组承担任务、角色变化、技术交底讨论、咨询、答辩,甚至现场操作等方式实现生产过程仿真。

本书由黄河水利职业技术学院陈诚、温国利任主编,丁秀英、吴伟任副主编,焦爱萍教授、张春满教授担任主审。项目实训基本资料、项目实训综述、项目一、项目二中的任务一由陈诚编写;项目二中的任务二、任务三,项目三由赵海滨编写;项目四至项目六由温国利编写;项目七至项目八中的任务一由丁秀英编写;项目八中任务二、任务三、项目九中的任务一由开封市建筑工程质量检测站孙小艺编写;项目九中任务二至任务五、项目十、项目十一中的任务一和任务二由茹正波编写；项目十一中的任务二至任务六由吴伟编写。全书由陈诚统稿。

本教材的编写得到了中国水利水电第三、第十四工程局，华东勘测设计研究院，安徽省水利科学研究院，故县水库枢纽管理局等单位技术人员的大力支持，黄河水利职业技术学院水利系郑万勇教授、梁建林教授、郭振宇副教授、王飞寒副教授对课程内容提了很多宝贵意见和建议，黄河水利职业技术学院孙五继教授、杨邦柱教授、刘纯义教授、罗全胜副教授对本书的出版也做了很多工作，还有在国家示范院校建设过程中许多专家、学者对该教材建设提出了宝贵意见，在此一并表示感谢！教材在编写过程中参考了大量的科技文献，因篇幅所限未能在参考文献中一一列出，在此对有关作者表示感谢！

经过国家示范院校建设，工学结合的教学模式确实有很大的突破，也有很多成功的案例，但不可否认的是工学结合教学模式仍然处在探索阶段，还有很多地方需要继续完善，编者也真诚地希望在今后的教学过程中各位同仁共同努力，探索出一种更好的模式，使水利水电建筑工业专业在工学结合的模式上进入到一个全新的阶段。由于编者水平有限，本书难免存在不足之处，恳请读者批评指正！

编者

于 2011 年 6 月

目录

项目实训基本资料

一、工程概况

C重力坝是规划中某江中下游河段梯级电站的第11级，也是某江中下游水电规划报告推荐的首期开发的4个骨干工程之一。

坝址控制流域面积约113987km²，多年平均流量1720m³/s，多年平均年径流量542亿m³。水库正常蓄水位732.00m，相应库容2.412亿m³；死水位727.00m，相应库容1.914亿m³；调节库容0.498亿m³，为日调节水库。电站共装5台220MW水轮发电机组，总装机容量1100MW。

二、地形

坝址处于河道S形拐弯下游出口处，正常蓄水位732.00m处河谷宽约412m。右岸山坡坡度约60°，左岸高程710m以上为山坡，坡角为25°～36°，以下为河流阶地，界面宽约74m。左岸河漫滩宽约126m，河漫滩在坝址上游长约240m，下游长约300m。主河床位于右岸，枯水位河床宽约100m，水深约10m，水流湍急。坝基右岸为玄武岩，左岸为白云岩，右河床与左岸漫滩之间为基岩凸起小岛。地形条件有利于布置厂坝导墙兼施工导流纵向混凝土围堰。

三、工程地质

1. 库区地质

库区属于中高山区，河谷大都为峡谷地形，沿河两岸阶地狭窄，断续出现且不对称，区域内无严重的坍岸及渗漏问题。

2. 坝址地质

（1）地貌。坝址上下游两公里范围内，河道S形拐弯，主河槽位于右岸。枯水期河床宽约100m，由于受河流侧向侵蚀，两岸地形不对称。右岸坡度较陡约60°，左岸较缓坡角为25°～36°，河床中除漫滩外，左岸还有三级阶地发育，一、二级阶地高程为700～710m，三级阶地与缓坡相接直达山顶。覆盖层厚度为7～12m的砂砾卵石冲积层。

（2）岩性。坝区主要岩性为太古界拉马沟片麻岩，其次为第四纪松散堆积物，以及不同时期的侵入岩脉，坝区范围内片麻岩依其岩性变化情况可分为六大层，其中第一、四、六层岩性较好，但第一、六层因受地形限制建坝工程很大。第四大岩层（ArI4）为角闪斜长片麻岩，其粗粒至中间细粒纤状花岗变晶结构，主要矿物为斜长石、石英及角闪石。该层岩体呈厚层块状，质地均一，岩性坚硬，抗风化力强，工程地质条件较好，总厚度185m左右。

3. 构造

坝址处虽然断层、裂隙较多，但大部分规模较小，对工程影响不大，坝址区地震基本烈度为Ⅵ度。

四、水文分析

1. 年径流

上游 E 测站多年平均年径流量为 24.5 亿 m³，占全流域的 53%，年内分配很不均匀，主要集中汛期 7 月、8 月。丰水年时占全年的 50%～60%，枯水年占 30%～40%，而且年际变化也很大。

2. 洪水

洪水多发生在 7 月下旬至 8 月上旬，有峰高、量大、涨落迅速的特点。据调查近 100 年来有 6 次大水。其中 1883 年最大，由洪痕估算洪峰流量为 24400～27400m³/s，实测的 45 年资料中最大洪峰流量发生在 1962 年，为 18800m³/s。洪峰历时 3d 左右，由频率分析法求得。见表 1～表 4。

表 1　　　　　　　　重现期所对应的洪峰流量和洪量值

重现期/年	10	20	50	100	1000	10000
洪峰流量/(m³/s)	7520	11700	17800	22800	40400	59200
3d 洪量/亿 m³	8.06	11.4	16.0	19.7	26.1	45.4

表 2　　　　枯水期洪水过程线（时段：9 月 1 日至次年 6 月 30 日；频率：5%）

日期/(月.日.时)	流量/(m³/s)	日期/(月.日.时)	流量/(m³/s)	日期/(月.日.时)	流量/(m³/s)
6.16.2	65	6.17.2	490	6.18.2	440
6.16.4	72	6.17.4	880	6.18.4	430
6.16.6	72	6.17.6	1010	6.18.6	420
6.16.8	79	6.17.8	772	6.18.8	400
6.16.10	79	6.17.10	730	6.18.10	390
6.16.12	86	6.17.12	690	6.18.12	380
6.16.14	123	6.17.14	660	6.18.14	360
6.16.16	123	6.17.16	610	6.18.16	350
6.16.18	130	6.17.18	560	6.18.18	330
6.16.20	137	6.17.20	520	6.18.20	310
6.16.22	188	6.17.22	490	6.18.22	300
6.16.24	231	6.17.24	450	6.18.24	280

表 3　　　　　　　　　设 计 洪 水 过 程 线 表

日期/(月.日.时) ＼ 重现期/年　流量/(m³/s)	10	20	50	100
7.25.2	87	120	195	221
7.25.5	110	180	300	340

续表

日期/(月.日.时)	重现期/年流量/(m³/s) 10	20	50	100
7.25.8	254	378	576	663
7.25.11	604	1170	1290	1460
7.25.14	1504	1830	1900	2290
7.25.17	1860	2630	3750	4510
7.25.20	3790	5370	7650	9200
7.25.23	5210	7350	10450	12600
7.26.2	6000	8150	11600	14000
7.26.5	6800	8830	12000	15200
7.26.8	7230	11400	16200	19600
7.26.11	7220	11700	17800	22800
7.26.14	7340	10400	14800	17800
7.26.17	5430	7700	11000	13200
7.26.20	3780	5350	7620	9160
7.26.23	2860	4040	5760	6940
7.27.2	2100	2960	4220	5030
7.27.5	1670	2360	3360	4050
7.27.8	1440	2080	2910	3500
7.27.11	1300	1840	2620	3150
7.27.14	2270	1700	2350	2840
7.27.17	1250	1680	2200	2600
7.27.20	1100	1600	2050	2500
7.27.23	1050	1580	1830	2100
7.28.2	1000	1450	1700	2050
7.28.5	950	1350	1600	1880
7.28.8	900	1150	1550	1850
7.28.11	870	1100	1500	1800
7.28.14	850	1045	1450	1700
7.28.17	820	1000	1400	1670

表4			水 位 – 库 容 关 系 表		
水位 /m	库容 /$10^8 m^3$	水位 /m	库容 /$10^8 m^3$	水位 /m	库容 /$10^8 m^3$
675.0	0	697.0	0.326	719.0	1.222
677.0	0.012	699.0	0.408	721.0	1.461
679.0	0.034	701.0	0.455	723.0	1.625
681.0	0.078	703.0	0.504	725.0	1.835
683.0	0.096	705.0	0.602	727.0	1.914
685.0	0.107	707.0	0.706	729.0	2.042
687.0	0.135	709.0	0.802	731.0	2.235
689.0	0.152	711.0	0.851	732.0	2.412
691.0	0.226	713.0	0.902	733.0	2.622
693.0	0.255	715.0	0.954	734.0	2.853
695.0	0.303	717.0	1.015	735.56	3.015

五、河流泥沙

本流域泥沙颗粒较粗，中值粒径 0.0375mm，全年泥沙大部分来自汛期 7 月、8 月，主要产于一次或几次洪峰内且年际变化很大。由计算得，多年平均年悬移质输沙量为 1825 万 t，多年平均年含沙量 7.45kg/m^3。推移质缺乏观测资料，可计入前者的 10%，这样年总入库沙量为 2010 万 t。厂房坝段淤沙高程以 695.0m 计，其余坝段以 710.00m 计，淤沙浮容重 9.5kN/m^3；淤沙内摩擦角 18°。

六、气象

库区年平均气温为 10℃ 左右，1 月最低月平均气温为 −6.8℃，绝对最低气温达 −21.7℃ （1969 年），7 月最高月平均气温 25℃，绝对最高达 39℃ （1955 年），多年平均气温和水温见表 5。

表5					多年平均气温和水温							
月份	1	2	3	4	5	6	7	8	9	10	11	12
气温/℃	−6.8	−3.4	3.55	12.11	19.14	22.86	25.11	24.0	16.67	10.20	2.85	−4.4
水温/℃				10.4	17.1	21.4	24.6	23.6	18.5	11.6	3.4	

本流域无霜期较短 （90～180d），冰冻期较长 （120～200d），坝址附近河道一般 12 月封冻，次年 3 月上旬解冻，封冻期约 70～100d，冰厚 0.4～0.6m，岸边可达 1m，流域内冬季盛行偏北风，风速可达七八级，有时更大些，春秋两季风向变化较大，夏季常为东南风，多年平均最大风速为 21.5m/s，水库吹程 D＝3km。

流域内多年平均年降雨量为 400～700mm，多年平均年降水天数及降水量见表 6。

表6					多年月平均降水天数及降水量表							
月　份	1	2	3	4	5	6	7	8	9	10	11	12
平均降水天数/d	1.7	2.5	3.6	4.6	6.7	11.0	15.5	12.6	7.1	47.3	2.6	1.1
最多天数/d	5	9	9	8	11	17	21	20	14	11	5	4

月　　份	1	2	3	4	5	6	7	8	9	10	11	12
最少天数/d	0	0	0	1	1	1	4	5	1	0	0	0
平均降水量/mm	1.4	5.6	8.2	25.7	39.0	89.1	277.3	215.2	68.8	30.1	9.2	2.0
最大降水量/mm	4.8	33.5	24.2	74.2	91.3	217.8	548.5	462.8	181.9	76.1	134.6	11.4
最小降水量/mm	0	0	0	0.9	12.5	20.0	101.1	94.2	1.7	0	0	0

七、水文地质

坝基的透水性总的看来不大，但不均一，主要取决于断裂发育程度和性质。在平面上，一级阶地基岩透水性大于其他地貌单元。

左岸坝头地下水位埋深大于75.96m，高程低于700.18m；右岸坝头地下水位相对稳定，高程为700.49～700.85m。

相对隔水层（$q \leqslant 3Lu$）埋深：左岸25.7～72.2m（高程614.03～724.69m），右岸20.60～45.65m（高程662.79～664.07m），河床17.35～59.30m（高程626.86～654.97m）。

八、建筑材料

坝址附近主要砂石料场有7处，储量足以建坝。各料场的物理性质、试验指标基本满足技术要求，可作大坝混凝土骨料使用。且无大量的黏性土及砂壤土料，可供围堰防渗材料之用。

1. 岩（土）体物理力学参数建议值

根据本工程的工程地质条件，同时类比其他工程，提出坝基岩（土）体力学参数建议值如下。

（1）结构面抗剪断强度建议值。钙质、铁锰质充填结构面：$f' = 0.55 \sim 0.60$，$c' = 0.10 \sim 0.15$MPa；夹岩屑结构面：$f' = 0.45 \sim 0.50$，$c' = 0.10 \sim 0.15$MPa；岩屑夹泥结构面：$f' = 0.35 \sim 0.40$，$c' = 0.05 \sim 0.10$MPa。

（2）岩体承载力、抗剪断强度及变形模量建议值见表7。

表7　　　　　　岩体承载力、变形模量及抗剪断强度建议值

岩性	风化程度	岩石坚硬程度	结构类型	岩体完整程度	岩体分类	承载力/MPa	混凝土与岩体 f'	混凝土与岩体 c'/MPa	岩体 f'	岩体 c'/MPa	变形模量/GPa
玄武岩	微风化	坚硬	块状	较完整	Ⅱ	10～12	1.1～1.2	1.1～1.2	1.2～1.3	1.3～1.4	10～15
	弱风化下带	坚硬	次块状～紧密镶嵌碎裂	较完整	Ⅲ1	8～9	1.0～1.1	0.8～1.0	1.0～1.1	1.0～1.2	7～10
	弱风化上带	坚硬	镶嵌碎裂	较破碎	Ⅲ2	4～5	0.9～1.0	0.7～0.8	0.8～0.9	0.6～0.8	4～6
	强风化	中硬	碎裂	破碎	Ⅳ	2～3	0.6～0.8	0.4～0.5	0.5～0.7	0.3～0.5	2～4

续表

岩性	风化程度	岩石坚硬程度	结构类型	岩体完整程度	岩体分类	承载力/MPa	混凝土与岩体 f'	混凝土与岩体 c'/MPa	岩体 f'	岩体 c'/MPa	变形模量/GPa
白云岩	微风化	坚硬	紧密胶结碎裂	较破碎	Ⅱ	10～12	1.0～1.1	0.9～1.1	1.1～1.2	1.2～1.3	10～15
	弱风化下带	坚硬	轻度风化松弛镶嵌碎裂	较破碎	Ⅲ1	8～10	0.9～1.0	0.9～1.0	0.9～1.0	1.0～1.1	8～10
	弱风化上带	坚硬	中度风化松弛碎裂	破碎	Ⅲ2	5～6	0.8～1.0	0.8～0.9	0.8～0.9	0.7～0.8	5～8
	强风化	中硬	碎裂		Ⅳ	2～3	0.7～0.8	0.45～0.55	0.6～0.7	0.4～0.5	2～4
弱微风化断层影响带					Ⅳ	2～5					1～3
碎粉岩、断层泥					Ⅴ	0.3～0.5					0.2～0.5

（3）岩体冲刷系数建议值。根据不同岩（土）体抗冲刷能力，冲刷系数建议值见表8。

表8　　　　　　　　　　岩体冲刷系数建议值

岩性	风化程度	岩体分类	岩体特征	冲刷系数
砂卵砾石				1.8～2.0
玄武岩	强风化	ⅣA	碎块状、碎裂结构	1.5～1.7
	弱风化上带	Ⅲ2A	碎块状、碎裂～镶嵌结构	1.3～1.5
	弱风化下带	Ⅲ1A	块状、镶嵌结构	1.1～1.3
	微风化	ⅡA	块状、砌体结构	0.9～1.1

2. 混凝土材料参数

（1）大坝混凝土强度标准值见表9。

表9　　　　　　　　　　大坝混凝土强度标准值

混凝土分类	标号	抗压强度标准值（静态）/MPa	抗压强度标准值（动态）/MPa	抗拉强度标准值（动态）/MPa	混凝土层面抗剪断强度标准值 f'_{ck}	混凝土层面抗剪断强度标准值 C'_{ck}/MPa	弹性模量（静态）/10^4MPa	弹性模量（动态）/10^4MPa	泊松比 ν_c
常态混凝土	C90 10	9.8	12.74	1.274	1.08～1.25	1.16～1.45	1.75	2.28	0.167
	C90 15	14.3	18.59	1.859	1.08～1.25	1.16～1.45	2.2	2.86	0.167
	C90 20	18.5	24.05	2.405	1.08～1.25	1.16～1.45	2.55	3.32	0.167
	C90 25	22.4	29.12	2.912	1.08～1.25	1.16～1.45	2.80	3.64	0.167
碾压混凝土	C90 10	11.9	15.47	1.547			1.75	2.28	0.167
	C90 15	17.3	22.49	2.249			2.2	2.86	0.167
	C90 20	22.4	29.12	2.912			2.55	3.32	0.167
	C180 10	13.5	17.55	1.755	0.91～1.07	1.21～1.37	1.75	2.28	0.167
	C180 15	19.6	25.48	2.548	0.91～1.07	1.21～1.37	2.2	2.86	0.167
	C180 20	25.4	33.02	3.302	0.91～1.07	1.21～1.37	2.55	3.32	0.167

（2）混凝土容重。除厂房上部结构取 25kN/m³ 外，其余取 24kN/m³。

（3）混凝土极限拉伸值。常态混凝土取 0.85×10^{-4}，碾压混凝土取 0.70×10^{-4}。

九、交通条件

对外交通在右岸，公路、铁路均距坝址较近，略加修改或扩建即可直通坝址，坝顶无重要交通要求。

十、施工作业天数

全年有效施工天数根据本地区气温及降雨等自然条件统计见表 10。

表 10　　　　　　　　　　　　全年有效施工天数统计　　　　　　　　　　单位：d

季度 月 项目	Ⅰ			Ⅱ			Ⅲ			Ⅳ			合计
	1	2	3	4	5	6	7	8	9	10	11	12	
混凝土浇筑	8	11	19	27	27	24	20	21	25	26	28	15	251
土料填筑	0	0	13	25	24	20	13	17	23	25	27	10	197
其他工程	20	22	24	27	27	24	20	21	26	26	28	25	290

十一、工程总工期

工程总工期为 6 年。

十二、其他

施工期下游无供水要求，无需考虑通航、过木问题。

十三、主要建筑物特征水位及流量表

主要建筑物特征水位及流量见表 11。

表 11　　　　　　　　　　　　主要建筑物特征水位及流量

特征水位	洪水频率 /%	入库流量 /(m³/s)	库水位 /m	大坝下泄流量 /(m³/s)	下游水位 /m
校核洪水位	0.05	3580	735.56	3200	700.36
设计洪水位	0.2	1959	733.40	1800	698.38
正常洪水位			732.00		
死水位			727.00		

项 目 实 训 综 述

"重力坝设计与施工"课程是水利水电建筑工程专业的一门职业岗位能力课程。整个项目采用项目任务驱动完成各个实训环节,提交各个阶段的实训成果。基于准工作过程把项目实训分解成若干项目任务,每个项目任务又分解成若干单元任务。在项目实训过程中充分引入企业元素,学生充当企业角色,或是设计技术员、技术负责人,或是施工员、施工技术负责人等角色,教师充当项目设计或施工咨询角色。教师与学生在项目实训中的角色具有岗位职业元素,充分激发出主动的职业技能行动激情。整个项目实训充满企业职业氛围与职业元素,从项目任务的发派,到接受项目任务书、项目的执行、项目咨询与质疑,再到项目的考评与评价的每个环节都与实战技能息息相关,学生每完成一个任务技能就能得到现实的提高。

一、项目与任务单元的划分及时间分配

项目与任务单元的划分及时间分配见表1。

表 1 项目与任务单元的划分及时间分配表

学习项目编号	学习项目名称	学习型工作任务		学 时	
项目一	非溢流坝设计	实训课程的目的与要求	0.5		3.5
		任务一 非溢流坝剖面设计	1.5		
		任务二 坝体抗滑稳定分析与应力分析	1.5		
项目二	溢流坝与泄水孔设计	任务一 溢流坝剖面设计	1.5		4.5
		任务二 泄水孔设计	1.5		
		任务三 重力坝细部构造与地基处理	1.5		
项目三	重力坝总体布置图绘制	任务 绘制重力坝总体布置图	2		2
项目四	重力坝施工组织设计编制	任务 了解重力坝施工组织设计编制	0.5		0.5
项目五	重力坝施工进度计划编制	任务一 施工进度主要影响因素分析			1
		任务二 施工分期与程序			
		任务三 施工进度计划编制			
项目六	砂石骨料和混凝土生产系统设计	任务一 砂石料生产系统设计	0.5		1
		任务二 混凝土生产系统设计	0.5		
项目七	混凝土运输浇筑方案选择	任务一 混凝土运输方式选择		0.5	2
		任务二 缆机浇筑施工布置			
		任务三 门机和塔机浇筑施工布置		0.5	
		任务四 其他浇筑方案施工布置			
		任务五 浇筑方案分析与比较		0.5	
		任务六 混凝土运输与浇筑机械设备需要量计算		0.5	

续表

学习项目编号	学习项目名称	学 习 型 工 作 任 务		学　时	
项目八	大体积混凝土施工温度控制	任务一	混凝土施工温度控制标准		0.5
		任务二	混凝土施工水管冷却		
		任务三	混凝土施工温度控制和防裂综合措施		
项目九	重力坝混凝土浇筑施工	任务一	混凝土浇筑分缝分块形式的选择与浇筑层厚度的确定	0.5	2
		任务二	混凝土的浇筑		
		任务三	混凝土施工缝的处理	0.5	
		任务四	混凝土的养护	0.5	
		任务五	二期混凝土的回填施工	0.5	
项目十	坝体接缝灌浆	（选做）			
项目十一	项目管理软件应用	任务一	了解项目管理软件的工程应用现状	0.5	3
		任务二	了解 P3e/c 软件概况	0.5	
		任务三	P3e/c 软件的初始化设置	0.5	
		任务四	应用 P3e/c 软件编制项目进度计划	0.5	
		任务五	应用 P3e/c 软件对项目资源和费用进行管理	0.5	
		任务六	项目计划的实施与控制	0.5	

二、项目教学目标

"重力坝设计与施工"课程教学目标包括知识目标、技能目标和态度目标 3 个方面。技能目标是核心目标，这一点相对传统教学把掌握知识作为重点来说是一个重大的转变；知识目标是基础目标；态度目标贯穿整个实训过程，是项目实训成功实施的重要保证。

1．知识目标

（1）理解重力坝设计的基本方法和思路。

（2）理解重力坝荷载分析和计算，掌握稳定分析计算方法。

（3）掌握有关绘图方法绘制设计图纸。

（4）掌握建筑物的型式、尺寸、构造和作用。

（5）掌握大体积混凝土施工技术方案的选择方法。

（6）掌握项目管理软件的使用。

2．技能目标

（1）会正确运用有关规范、手册等资料进行初步设计计算。

（2）掌握荷载分析与结构分析计算能力。

（3）使用绘图工具和计算机绘制水工设计图的能力。

（4）能阅读工程设计和施工图纸。

（5）选择施工方法和施工机械的能力，能编制大体积混凝土施工方案。

（6）能正确利用项目管理软件进行项目管理。

（7）会编写工程设计报告。

3．态度目标

（1）不缺席、不迟到，认真严肃进行设计。

（2）按设计进度完成任务、上交设计成果。

（3）积极担当并做好项目角色，如技术员、技术负责人等。

（4）培养团队精神，与项目其他角色人员共同探讨问题，切磋提升技能水平。

（5）克服实训中遇到的困难，培养顽强的职业精神。

三、项目实训的方法

1. 全面占有资料，为项目实训顺利开展铺路

在实训期间要尽可能收集有关工程设计与施工的资料，比如工程概况资料、图纸和《混凝土重力坝设计规范》（SL 319—2005）、《水工设计手册》《水力计算手册》《重力坝设计图集》《水工混凝土施工规范》（SL 677—2014）、《水工建筑物》《水力学》《土力学》《工程力学》《CAD 绘图》《水利工程施工》等图书资料，丰富的资料是高质量完成实训的重要保证。

2. 抓住重点实训过程，强攻重点实训任务

项目实训大致分为四个阶段，具体表现为：

第一阶段是项目实训的准备阶段。这个阶段一般比较短，尽快准备项目实训所需要的资料和实训计算、绘图工具。

第二阶段是设计计算阶段，这是项目实训一个非常重要的阶段。在这个阶段中要尽快熟悉计算理论，并快速实施具体的计算。在这个过程中，可能会遇到很多问题，为了解决问题需要利用上述准备好的资料，或许还要利用计算机等媒体设备，有时还要与指导教师甚至是团队成员共同研究才能解决问题。通过这一阶段的实训，学生的综合专业技能将会有很大的提高。

第三阶段是绘制设计图，这一阶段实际是把第二阶段的成果绘制成工程图纸。工程图纸的绘制是一项十分艰巨的任务，绘制一张高质量的工程图纸需要大量的时间和精力，还要有顽强的意志和毅力，有时需要连续地工作。

第四阶段是工程设计计算报告的编写。工程设计计算报告是工程设计成果的重要体现，报告编写要符合规定的要求，这一点在后面将会加以说明。

值得强调的是，第二阶段和第三阶段是整个实训的工作重点，要紧紧抓住计算和绘图这个主题和中心任务不放松，这个阶段的工作没有完成，绝对不要去匆匆撰写设计报告，没有第二阶段和第三阶段扎实细致的工作，不可能完成一个好的高质量的设计报告。

3. 实现实训团队角色转变，提升项目实训效果

在实训工程中，指导教师与学生成为一个项目的自然团队，团队任务直指项目的任务。教师可以理解为项目咨询代表，而学生是设计或施工方。教师成为实训项目的合作指导伙伴，在项目实训中不是传统意义的领导地位，而是项目的咨询参与角色，学生成为设计或施工角色，是项目实训驱动的主体。学生成员之间的角色也可以不同，经常让学生担当如项目总工、技术负责人、设计代表、业主、施工经理、监理工程师等不同角色，让他们以不同的角色身份来讨论、评价、审查设计过程成果。学生角色变化了，项目实训的环境和气氛充分与生产实际相对应，学生对项目的兴趣、责任心等都将得到极大的提高，项目实训的质量将会产生意想不到的效果。

四、项目实训提交的成果要求

1. 设计报告及要求

项目实训报告分两部分：第一部分为重力坝设计报告，第二部分为重力坝施工报告。设计报告包括计算和说明两大方面。计算部分应包括计算理论、公式、计算图表、设计成果图以及重要的计算过程。计算方法正确、参数取值合理，要严格按照现行的国家和行业技术规范标准进行计算，数据要真实、可靠，公式的选用要求符合规范，计算结果正确、可信。说明部分应全面介绍设计内容、意图和有关计算成果等，撰写力求简明扼要、条理清楚，并附有必要的图表。施工报告包括施工进度计划编制、砂石骨料和混凝土生产系统设计、混凝土运输浇筑方案选择、大体积混凝土温度控制、重力坝混凝土浇筑施工、项目管理软件应用。报告应包括以下部分：

（1）封面。封面含项目实训题目、专业、学生班级、姓名以及校内校外指导老师等。

（2）内容摘要（中文，300字左右）。摘要包括项目实训题目、摘要正文与关键词。摘要是项目实训内容的简要论述，应具有独立性，包含必要的信息，一般应重点说明项目实训目的、方法、结果。其内容要用精练、概括的语句表达，不宜展开论证说明；关键词是从项目实训中选出并表示全文主题内容的单词或术语，不得杜撰，一般为3～5个。

（3）目录应反映设计工作的纲要。从目录中可以看出设计内容的梗概、内容的安排、整体的布置、各章节的联系，要给人以清楚的轮廓。因此目录应列出设计内容各章节的标题、层次，逐项标注页码，并包括注明参考文献、附录等，目录标题层次清晰。目录中标题、页码应与正文中的标题、页码一致。

（4）前言。应简要说明项目实训目的、团队构成、理论基础、实训方法、实训成果。用词言简意赅，不要与摘要雷同，不要成为摘要的注释。

（5）正文。正文是项目实训的核心和主体部分，是对项目实训的详细表述。主要说明设计条件、主要资料数据及其来源、工程方案分析比较、分析计算、计算结果分析比较、设计方案论证等。当设计方案确定后，设计中有责任、有义务说明选择的理由及其优缺点。计算要有相应的计算公式，注明公式中的符号含义，说明计算步骤，尽量用表格的形式表达计算结果。正文中应包含必要的文字阐述和插图。

（6）项目实训总结。总结要集中反映在项目实训中获得收益和存在的问题以及对问题的解决方法、措施，也可以提出对项目实训有益的建议或改进措施。

（7）参考文献。参考文献是项目报告不可缺少的组成部分，列出项目实训中引用的参考文献，反映实训者严肃的科学态度，也反映项目实训中参考信息的广博程度和可靠程度。文献按照在正文中的出现顺序排列（依次表明作者，题目，刊名或书名，出刊日期或出版单位、版别、页码）。

（8）致谢辞。致谢辞是对校内或校外指导老师以及共同参与项目实训团队成员的工作表示谢意。这不仅是礼貌，也是对他人劳动的尊重，是治学者应有的思想作风。所用文字要简洁，忌用浮夸和庸俗之词。

2. 绘制设计图纸及要求（完成A2图纸2～3张）

工程图主要包括重力坝平面布置图、重力坝下游立视图、典型坝段非溢流坝剖面图、溢流坝剖图、基础廊道、坝体廊道、坝基防渗帷幕、坝基排水系统、廊道系统布置图、重力坝混凝土生产系统布置图等。制图应符合制图标准和规范，要求投影正确，线型正确合理，尺寸标注详细，布图合理、整齐、匀称，对不能用图表达的应详细标注或加以说明。

五、项目考核与评价

本课程按照项目分别进行考核，课程考核成绩则是项目考核成绩的累计。每个项目成绩都是从知识、技能、态度三方面考核。

考核依据是提交的半成果、最终成果、项目实施过程中的表现等。考核的形式可以是提问、现场答辩、项目汇报会、项目成员互评、项目答辩、项目技能过关考试等。项目答辩需要组成专门答辩委员会，有条件时可以实施。项目技能过关考试主要结合项目实训内容考试，强调技能性、操作性和实践性，一般采用开卷考试，允许学生查阅参考资料。对基本理论知识性问题也可采用在线考试系统来完成。考核的量化计算表见表 2。

表 2　　　　　　　　　　　　　课程、项目考核量化计算表

项目名称	考核内容	成绩/分	权重	项目成绩/分	项目成绩权重	课程考核成绩/分
非溢流坝设计	知识	100	0.3	100	0.15	100
	技能	100	0.5			
	态度	100	0.2			
溢流坝设计	知识	100	0.3	100	0.15	
	技能	100	0.5			
	态度	100	0.2			
总体布置与绘图	知识	100	0.3	100	0.2	
	技能	100	0.5			
	态度	100	0.2			
重力坝施工组织设计	知识	100	0.3	100	0.4	
	技能	100	0.5			
	态度	100	0.2			
项目管理软件的使用	知识	100	0.2	100	0.1	
	技能	100	0.6			
	态度	100	0.2			

项目一 非 溢 流 坝 设 计

工 作 任 务 书					
课程名称	重力坝设计与施工		**项目**	非溢流坝设计	
工作任务	非溢流坝剖面设计、绘图与稳定分析		**建议学时**	3.5	
班级		**学员姓名**		**工作日期**	
实训内容与目标	(1) 掌握非溢流坝剖面设计方法； (2) 掌握荷载作用及组合方法； (3) 掌握抗滑稳定分析方法； (4) 了解应力分析方法				
实训步骤	(1) 非溢流坝剖面设计与绘图； (2) 荷载计算； (3) 抗滑稳定分析计算； (4) 应力分析计算				
提交成果	(1) 非溢流坝设计计算书； (2) 非溢流坝剖面图				
考核要点	(1) 非溢流坝剖面设计计算； (2) 非溢流坝设计图纸				
考核方式	(1) 知识考核采用笔试、提问； (2) 技能考核依据设计报告和设计图纸进行提问、现场答辩、项目答辩、项目技能过关考试				
工作评价	**小组互评**	同学签名：_____		年　月　日	
	组内互评	同学签名：_____		年　月　日	
	教师评价	教师签名：_____		年　月　日	

任务一　非溢流坝剖面设计

单元任务目标：完成非溢流坝剖面设计。

任务执行过程引导：枢组等别，建筑物级别；坝型与坝轴线选择；波浪要素计算（波高、波长、风壅高度）；坝顶高程确定，防浪墙高度选择；坝顶宽度确定；上下游坝坡选择，折点位置确定；非溢流坝剖面图绘制。

提交成果：非溢流坝剖面要素计算成果，非溢流坝剖面设计图（B5 图）。

考核要点提示：重力坝剖面参数（坝顶高程、坝顶宽度、上下游坝坡、折点位置确定）确定，非溢流坝剖面图绘制。

重力坝是主要依靠坝体自重所产生的抗滑力来满足稳定要求的挡水建筑物。在世界坝工史上重力坝是最古老，也是采用最多的坝型之一，如图 1-1 所示。

重力坝坝轴线一般为直线，垂直坝轴线方向设横缝，将坝体分成若干个独立工作的坝段，以免因坝基发生不均匀沉陷和温度变化而引起坝体开裂。为了防止漏水，在缝内设多道止水。垂直坝轴线的横剖面基本上是呈三角形的，结构受力形式为固接于坝基上的悬臂梁。坝基要求布置防渗排水设施。

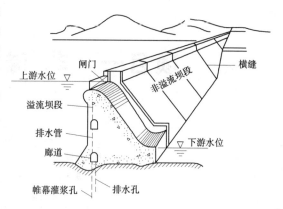

图 1-1 混凝土重力坝示意图

一、重力坝坝型

（1）按坝的高度分类。坝高低于 30m 的为低坝，高于 70m 的为高坝，30～70m 的为中坝。坝高是指坝基最低面（不含局部有深槽或井、洞部位）至坝顶路面的高度。

（2）按泄水条件分类。有溢流重力坝和非溢流重力坝。溢流坝段和坝内设有泄水孔的坝段统称为泄水坝段，非溢流坝段也叫挡水坝段。

（3）按筑坝材料分类。有混凝土重力坝和浆砌石重力坝。

（4）按坝体结构型式分类。包括：①实体重力坝；②宽缝重力坝；③空腹（腹孔）重力坝；④预应力锚固重力坝；⑤装配式重力坝；⑥支墩坝（平板坝、连拱坝、大头坝）。其型式如图 1-2 及图 1-3 所示。

（5）按施工方法分类。有浇筑混凝土重力坝和碾压混凝土重力坝。碾压混凝土重力坝剖面与实体重力坝剖面类似。

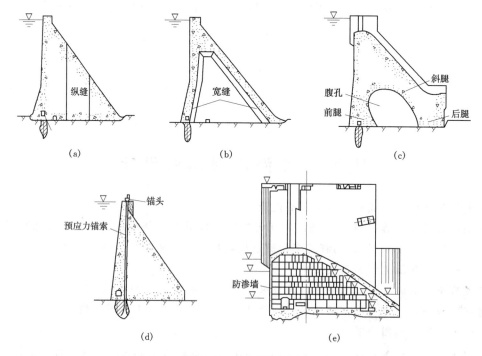

图 1-2 重力坝的型式

（a）实体重力坝；（b）宽缝重力坝；（c）空腹（腹孔）重力坝；（d）预应力锚固重力坝；（e）装配式重力坝

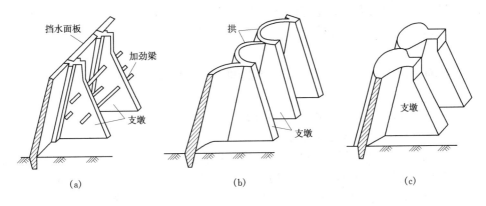

图 1-3　支墩坝的型式

(a) 平板坝；(b) 连拱坝；(c) 大头坝

二、重力坝枢纽分等与建筑物分级

重力坝枢纽根据工程用途的规模、库容等指标确定相应的等别，见表 1-1，根据枢纽的等别确定主要建筑物和次要建筑物的级别，见表 1-2。多用途的水工建筑物，应根据其各用途相应的等别中最高者和其本身的重要性按表 1-2 确定级别。

表 1-1　　　　　　　　　　　　　水利水电枢纽工程等别

工程等别	工程规模	水库总库容/$10^8 m^3$	防　洪		治涝	灌溉	供水	发电
			保护城镇及工矿企业的重要性	保护农田/10^4 亩	治涝面积/10^4 亩	灌溉面积/10^4 亩	供水对象重要性	装机容量/$10^4 kW$
Ⅰ	大（1）型	≥10	特别重要	≥500	≥200	≥150	特别重要	≥120
Ⅱ	大（2）型	10～1	重要	500～100	200～60	150～50	重要	120～30
Ⅲ	中型	1.0～0.10	中等	100～30	60～15	50～5	中等	30～5
Ⅳ	小（1）型	0.10～0.01	一般	30～5	15～3	5～0.5	一般	5～1
Ⅴ	小（2）型	0.01～0.001		<5	<3	<0.5		<1

注　1. 总库容指水库最高水位以下的静库容。

　　2. 治涝面积和灌溉面积均系指设计面积。

表 1-2　　　　　　　　　　　　　水利水电工程永久性建筑物级别

工程等别	主要建筑物	次要建筑物	工程等别	主要建筑物	次要建筑物
Ⅰ	1	3	Ⅳ	4	5
Ⅱ	2	3	Ⅴ	5	5
Ⅲ	3	4			

三、重力坝枢纽布置

枢纽布置就是合理安排枢纽中各建筑物的相互位置。在布置时应从设计、施工、运用管理、技术经济等方面进行综合比较，选定最优方案，枢纽布置贯穿设计的全过程。

（一）枢纽布置的一般原则

(1) 枢纽布置应保证各建筑物在任何条件下都能正常工作。

（2）在满足建筑物的强度和稳定的条件下，使枢纽总造价和年运行费较低。尽量采用当地材料，节约钢材、木材、水泥等基建用料，采用新技术、新设备等是降低工程造价的主要措施。

（3）枢纽布置应考虑施工导流、施工方法和施工进度等，应使施工方便、工期短、造价低。

（4）枢纽中各建筑物布置紧凑，尽量将同一工种的建筑物布置在一起；尽量使一个建筑物发挥多种用途，充分发挥枢纽的综合效益。

（5）尽可能使枢纽中的部分建筑物早日投产，提前受益（如提前蓄水，早发电或灌溉）。

（6）考虑枢纽的远景规划，应对远期扩大装机容量、大坝加高、扩建等留有余地。

（7）枢纽的外观与周围环境要协调，在可能的条件下尽量注意美观。

（二）枢纽布置方案的选择

在遵循枢纽布置一般原则的前提条件下，从若干具有代表性的枢纽布置方案中选择一个技术上可行、经济上合理、运用安全、施工期短、管理维修方便的最优方案是一个反复优化的过程。需要对各个方案进行具体分析、全面论证、综合比较而定。进行方案选择时，通常对以下项目进行比较：

（1）主要工程量。如钢筋混凝土和混凝土、土石方、金属结构、机电安装、帷幕灌浆、砌石等各项工程量。

（2）主要建筑材料。如钢筋、钢材、水泥、木材、砂石、沥青、炸药等材料的用量。

（3）施工条件。主要包括施工期、发电日期、机械化程度、劳动力状况、物资供应、料场位置、交通运输等条件。

（4）运用管理条件。发电、通航、泄洪、灌溉等是否相互干扰，建筑物和设备的检查、维修和操作运用、对外交通是否方便，人防条件是否具备等。

（5）建筑物位置与自然界的适应情况。如地基是否可靠，河床抗冲能力与下游的消能方式是否适应，地形是否便于布置泄水建筑物的进、出口的布置和取水建筑物进口的布置等。

（6）经济指标。主要比较分析总投资、总造价、年运转费、淹没损失、电站单位千瓦投资、电能成本、灌溉单位面积投资以及航运能力等综合利用效益。

枢纽的总投资是指枢纽达到设计效益所需的全部建设费用。一般可分为：永久工程投资，临时性工程投资和其他投资三部分。

（7）其他。根据枢纽特定条件有待专门进行比较的项目。

上述比较的项目中，有些项目是可以定量计算的，但有不少项目是难以定量计算的，这样就增加了方案选择的复杂性。因此，应充分掌握资料，实事求是，进行方案选择。

重力坝枢纽布置的关键因素是地质条件。由于重力坝的应力、稳定和顶部溢流等特点决定了绝大多数重力坝建在岩基上。坝轴线在地形、地质条件允许的条件下尽可能做成直线。

溢流坝的位置应与河床主流方向一致，以使过流通畅，避免下泄水流发生漩涡和产生折冲水流现象。

引水建筑物的布置应与用水地区同侧，其进口高程在自流情况下应满足用水要求。多泥沙河流上应布置在弯道顶点偏下凹岸一侧，以利引水防沙。

电站的布置应以水头损失小、开挖量不大为原则。当河床狭窄时可布置成河床式、坝内式、地下式或移至岸边。因泄洪或淤积使电站尾水抬高而降低电站出力时，不宜与泄洪建筑物相邻，当不可避免时，则应设导流墙分隔。

船闸宜布置在岸边且远离泄洪建筑物，避免下泄水流产生的横向水流影响船只通航，且便于停靠船舶和船只进出引航道。

过木道应靠岸布置且与船闸、电站分开以防止漂木堵塞它们的进出口。

四、重力坝的基本剖面

非溢流坝剖面形式、尺寸的确定，将影响到荷载的计算、稳定和应力分析，因此，非溢流坝剖面的设计以及其他相关结构的布置，是重力坝设计的关键步骤。

非溢流坝剖面设计的基本原则是：①满足稳定和强度要求，保证大坝安全；②工程量小，造价低；③结构合理，运用方便；④利于施工，方便维修。剖面拟定的步骤为：首先拟定基本剖面；其次根据运用以及其他要求，将基本剖面修改成实用剖面；最后对实用剖面进行应力分析和稳定验算，有关计算请人进行，经过几次反复修正和计算后，得到合理的设计剖面。

重力坝承受的主要荷载是静水压力，控制剖面尺寸的主要指标是稳定和强度要求。作用于上游面的水平水压力呈三角形分布，而且三角形剖面外形简单，底面和基础接触面积大，稳定性好，重力坝的基本剖面选与水平水压力对应的、上游近于垂直的三角形，如图 1-4 所示。

理论分析和工程实践证明，混凝土重力坝上游面可做成折坡，折坡点一般位于 1/3～2/3 坝高处，以便利用上游坝面水重增加坝体的稳定性；上游坝坡系数常采用 $n=0～0.2$，下游

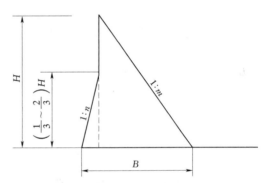

图 1-4　重力坝的基本剖面

坝坡系数常采用 $m=0.6～0.8$，坝底宽约为 $B=(0.7～0.9)H$（H 为坝高或最大挡水深度），基本剖面的拟定，采用工程类比法，确定具体尺寸，简便合理，成功率高。

五、非溢流重力坝的实用剖面

基本剖面拟定后，要进一步根据作用在坝体上的全部荷载以及运用条件，考虑坝顶交通、设备和防浪墙布置、施工和检修等综合需要，把基本剖面修改成实用剖面。

（一）坝顶宽度

为了满足运用、施工和交通的需要，坝顶必须有一定的宽度。当有交通要求时，应按交通要求布置。一般情况坝顶宽度可采用坝高的 8%～10%，且不小于 3m。碾压混凝土坝坝顶宽不小于 5m；当坝顶布置移动式启闭机时，坝顶宽度要满足安装门机轨道的要求。

（二）坝顶高程

为了交通和运用管理的安全，非溢流重力坝的坝顶应高于校核洪水位，坝顶上游的防浪墙顶的高程应高于波浪高程，其与正常蓄水位或校核洪水位的高差 Δh 由下式确定：

$$\Delta h = h_{1\%} + h_z + h_c \tag{1-1}$$

式中　Δh——防浪墙顶至正常蓄水位或校核洪水位的高差，m；

$h_{l1\%}$——超值累积频率为 1% 时波浪高度，m，如图 1-5（a）所示；

h_z——波浪中心线高出正常蓄水位或校核洪水位的高度，m；

h_c——安全超高，m，可查表 1-3。

表 1-3　　　　　　　　　　　　　　**安 全 超 高 h_c 值 表**　　　　　　　　　　　　　　单位：m

水工建筑物安全级别 水位	I (1)	II (2、3)	III (4、5)	水工建筑物安全级别 水位	I (1)	II (2、3)	III (4、5)
正常蓄水位（设计洪水位）	0.7	0.5	0.4	校核洪水位	0.5	0.4	0.3

波浪的几何要素如图 1-5 所示，波高 h_l 为波峰到波谷的高度，波长 L 为波峰到波峰的距离，因空气阻力比水的阻力小，所以波浪中心线高出静水面一定高度 h_z。

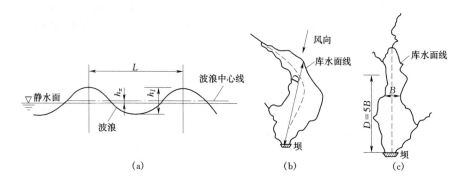

图 1-5　波浪几何要素及风区长度
（a）波浪要素；（b）、（c）风区长度

由于影响波浪的因素很多，目前主要用半经验公式确定波浪要素。下列官厅水库公式适用于峡谷水库。

$$\frac{gh_l}{V_0^2} = 0.0076 V_0^{-\frac{1}{12}} \left(\frac{gD}{V_0^2}\right)^{\frac{1}{3}} \quad (\text{m}) \tag{1-2}$$

$$\frac{gL}{V_0^2} = 0.331 V_0^{-\frac{1}{2.15}} \left(\frac{gD}{V_0^2}\right)^{\frac{1}{3.75}} \quad (\text{m}) \tag{1-3}$$

式中　V_0——计算风速，m，是指水面以上 10m 处 10min 的多年风速平均值，水库为正常蓄水位和设计洪水位时，宜采用重现期为 50 年的年最大风速，校核洪水位时，宜采用多年的平均年最大风速；

　　　　D——风区长度（有效吹程），m，是指风作用于水域的长度，为自坝前沿风向到对岸的距离；当风区长度内水面由局部缩窄，且缩窄处的宽度 B 小于 12 倍计算波长时，用风区长度 $D=5B$（也不小于坝前到缩窄处的距离）；水域不规则时，按《混凝土重力坝设计规范》（SL 319—2005）要求计算。

$$h_z = \frac{\pi h_l^2}{L} \operatorname{cth} \frac{2\pi H}{L} \tag{1-4}$$

式中　H——坝前水深，m。

事实上波浪系列是随机的，即相继到来的波高有随机变动，是个随机过程。天然的随机波列用统计特征值表示，如超值累计概率（又称为保证率）为 P，波高值以 h_P 表示，即超高值累计概率为 1%、5% 的波高记为 $h_{l1\%}$、$h_{l5\%}$。

官厅公式所得波高 h_l 累计概率为 5%，适用于 $V_0 < 20\text{m/s}$，$D < 20\text{km}$，且 $gD/V_0^2 = 20 \sim 250$ 的情况。推算 1% 波高需乘以 1.24。波浪几何要素的计算详见《水工建筑物荷载设计规范》(DL 5077—1997)。

因设计与校核情况计算 h_l 和 h_z 用的计算风速不同，查出的安全超高值 h_c 不同，故 Δh 的计算结果不同，因此坝顶高程或坝顶上游防浪墙墙顶高程按下式计算，并选用较大值：

$$坝顶或防浪墙顶高程 = 设计洪水位 + \Delta h_设$$
$$坝顶或防浪墙顶高程 = 设计洪水位 + \Delta h_校$$

式中 $\Delta h_设$、$\Delta h_校$ 按式（1-1）分别计算。当坝顶设防浪墙时，坝顶高程不得低于相应的静水位，防浪墙顶高程不得低于波浪顶高程。

（三）坝顶布置

坝顶结构布置的原则是安全、经济、合理、实用。故有下列型式：①坝顶部分伸向上游；②坝顶部分伸向下游，并做成拱桥或桥梁结构型式；③坝顶建成矩形实体结构，必要时为移动式闸门启闭机铺设隐形轨道。坝顶排水一般都排向上游。坝顶常设防浪墙，高度一般为 1.0～1.2m，厚度应能抵抗波浪及漂浮物的冲击，与坝体牢固地连在一起，防浪墙在坝体分缝处也留伸缩缝，缝内设止水，如图 1-6 所示。

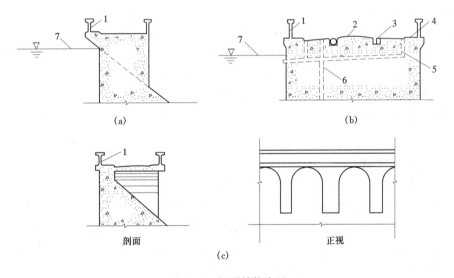

图 1-6　坝顶结构布置

1—防浪墙；2—公路；3—起重机轨道；4—人行道；5—坝顶排水管；6—坝体排水管；7—最高水位

（四）实用剖面形式

根据坝顶布置的需要，坝体实用剖面的上游坝面，常采用以下三种形式：①铅直坝面，上游坝面为铅直面，便于施工，利于布置进水口、闸门和拦污设备，但是可能会使下游坝面产生拉应力，此时可修改下游坝坡系数 m 值；②斜坡坝面，当坝基条件较差时，可利用斜面上的水重，提高坝体的稳定性；③折坡坝面，是最常用的实用剖面，既可利用上游坝面的水重增加稳定，又可利用折坡点以上的铅直面布置进水口，还可以避免空库时下游坝面产生拉应力，折坡点（1/3～2/3 坝前水深）处应进行强度和稳定验算。非溢流坝剖面形状如图

1-7所示。坝底一般应按规定置于坚硬新鲜岩基上，100m以下重力坝坝基灌浆廊道距岩基和上游坝面应不小于5m。交通排水廊道竖直间距一般为15～30m。

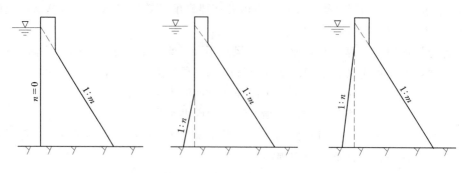

图1-7 非溢流坝剖面形状

实用剖面应该以剖面的基本参数为依据，以强度和稳定为约束条件，建立坝体工程量最小的目标函数，进行优化设计，确定最终的设计方案和相关尺寸。

任务二 坝体抗滑稳定分析与应力分析

单元任务目标：完成非溢流坝抗滑稳定分析和应力分析。

任务执行过程引导：确定计算对象；计算荷载包括自重、静水压力（水平水压力和铅直水压力）、扬压力、浪压力、淤沙压力、地震荷载等；绘制荷载分布图；抗滑稳定分析计算；坝基应力计算，绘制坝基应力分布图；坝基承载能力验算。

提交成果：荷载计算成果，荷载分布图，坝基应力分布图。

考核要点提示：荷载计算，重点是静水压力、扬压力、浪压力；坝基应力计算、坝基承载能力验算。

一、重力坝的荷载

荷载是重力坝设计的主要依据之一，荷载可按作用随时间的变异分为三类：①永久作用；②可变作用；③偶然作用。设计时应正确选用其代表值、分项系数、有关参数和计算方法。首先应按《混凝土重力坝设计规范》（SL 319—2005）选用；其次参考设计手册；若有些荷载的代表值不易确定，常采用工程类比法，借助已建工程的观测资料、模型实验、经验公式，取最不利的情况综合分析确定。

重力坝的荷载主要有：①自重；②静水压力；③动水压力；④淤沙压力；⑤浪压力；⑥扬压力；⑦冰压力；⑧地震荷载；⑨土压力；⑩其他荷载。取单位坝长（1m）计算如下。

（一）自重（包括永久设备自重）

坝体自重 W 标准值计算公式如下：

$$W = V\gamma_c \quad (kN/m) \tag{1-5}$$

式中 V——坝体体积，m^3，常将坝体断面分解成矩形、三角形计算 [图1-8 (a)]；

γ_c——坝体混凝土的重度，kN/m^3，根据选定的配合比通过实验确定，一般采用23.5～24.0kN/m^3。

计算自重时，坝上永久性的固定设备，如闸门、固定式启闭机的重量也应计算在内，坝内较大的孔洞应该扣除。坝体自重的作用分项系数为 1.0。永久设备自重的作用分项系数，当其作用效应对结构不利时采用 1.05，有利时采用 0.95。

（二）静水压力

静水压力是作用在上下游坝面的主要荷载，如图 1-8 所示。计算时常分解为水平水压力（P_H）和垂直水压力（P_V）两种。溢流堰前水平水压力以 P_{H1} 表示。

$$P_V = V_w \gamma_w \quad (\text{kN/m}) \tag{1-6}$$

$$P_H = \frac{1}{2} \gamma_w H^2 \quad (\text{kN/m}) \tag{1-7}$$

$$P_{H1} = \frac{1}{2} \gamma_w (H^2 - h^2) \quad (\text{kN/m}) \tag{1-8}$$

式中　V_w——斜坡面上水体体积，m^3；

　　H——计算截面处的作用水头，m；

　　h——堰顶溢流水深，m；

　　γ_w——水的重度，kN/m^3，常用 9.81kN/m^3。

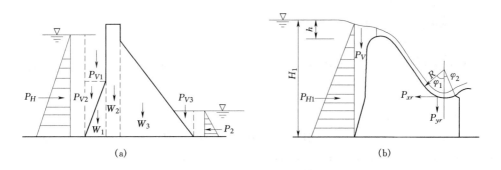

图 1-8　坝体自重和坝面静水压力计算图

静水压力分项系数采用 1.0，合力作用点在压力图剖面形心处。

（三）动水压力

溢流坝下游反弧段，在高速水流作用下的时均压力和脉动压力称为动水压力。动水压力的水平分力代表值 P_{xr} 和垂直分力代表值 P_{yr} 为

$$P_{xr} = q\rho_w v(\cos\varphi_2 - \cos\varphi_1) \quad (\text{N/m}) \tag{1-9}$$

$$P_{yr} = q\rho_w v(\sin\varphi_2 + \sin\varphi_1) \quad (\text{N/m}) \tag{1-10}$$

式中　q——相应设计状况下反弧段上的单宽流量，$\text{m}^3/(\text{s}\cdot\text{m})$；

　　ρ_w——水的密度，kg/m^3；

　　v——反弧段最低点处的断面平均流速，m/s；

φ_1、φ_2——反弧段圆心竖线左、右的中心角，取其绝对值。

P_{xr} 和 P_{yr} 的作用点可近似地认为在反弧段长度的中点，图 1-8（b）所示方向为正。反弧段上动水压力（离心力）的作用分项系数采用 1.1。

因溢流坝顶和坝面上的脉动压力对坝体稳定和坝内应力影响很小，可以不计；当引起结构振动和影响结构安全时应计入。

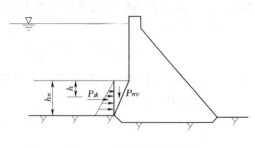

图 1-9　淤沙压力计算图

（四）淤沙压力

入库水流挟带的泥沙在水库中淤积，淤积在坝前的泥沙对坝面产生的压力称为淤沙压力，如图 1-9 所示。淤积的规律是从库首至坝前，随水深的增加而流速减小，沉积的粒径由粗到细，坝前淤积的是极细的泥沙，淤积泥沙的深度和内摩擦角随时间在变化，一般计算年限取 50~100 年，单位坝长上的水平淤沙压力标准值 P_{sk} 为

$$P_{sk} = \frac{1}{2}\gamma_{sb}h_s^2\tan^2\left(45° - \frac{\varphi_s}{2}\right)　(\text{kN/m}) \tag{1-11}$$

其中

$$\gamma_{sb} = \gamma_{sd} - (1-n)\gamma_w$$

式中　γ_{sb}——淤沙的浮重度，kN/m^3；

　　　γ_{sd}——淤沙的干重度，kN/m^3；

　　　γ_w——水的重度，kN/m^3；

　　　n——淤沙的孔隙率；

　　　h_s——坝前估算的泥沙淤积厚度，m；

　　　φ_s——淤沙的内摩擦角，（°）。

当上游坝面倾斜时，应计入竖向淤沙压力，按淤沙的浮重度计算。淤沙压力的作用分项系数采用 1.2。

（五）浪压力

水库表面波浪对建筑物产生的拍击力叫浪压力。浪压力的影响因素较多，是动态变化的，可取不利情况计算。浪压力的作用分项系数应采用 1.2。

当坝前水深大于半波长，即 $H > \dfrac{L}{2}$ 时，波浪运动不受库底的约束，这样条件下的波浪称为深水波。水深小于半波长而大于临界水深 H_{cr}，即 $\dfrac{L}{2} > H > H_{cr}$ 时，波浪运动受到库底的影响，称为浅水波。水深小于临界水深，即 $H < H_{cr}$ 时，波浪发生破碎，称为破碎波。临界水深 H_{cr} 的计算公式为

$$H_{cr} = \frac{L}{4\pi}\ln\left(\frac{L + 2\pi h_{l1\%}}{L - 2\pi h_{l1\%}}\right) \tag{1-12}$$

三种波态情况的浪压力分布不同，浪压力计算公式如下：

（1）深水波，如图 1-10（a）所示。

$$P_L = \frac{\gamma_w L}{4}(h_{l1\%} + h_z)　(\text{kN/m}) \tag{1-13}$$

式中　L、$h_{l1\%}$、h_z——按式（1-3）、式（1-2）和式（1-4）计算。注意算出 h_l 应换算成 $h_{l1\%}$。对于其他建筑物如水闸应根据其级别换算成相应的超值累积频率 $P\%$ 下的波高值。

（2）浅水波，如图 1-10（b）所示。

$$P_L = \frac{1}{2}\left[(h_{l1\%} + h_z)(\gamma_w H + P_{Lf}) + HP_{Lf}\right] \tag{1-14}$$

$$P_{Lf} = \gamma_w h_{l1\%} \operatorname{sech} \frac{2\pi H}{L}$$

式中　P_{Lf}——水下底面处浪压力的剩余强度，kN/m^2。

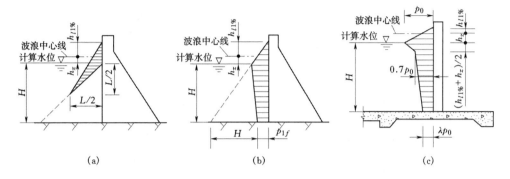

图 1-10　波浪压力分布

(a) 深水波；(b) 浅水波；(c) 破碎波

(3) 破碎波，如图 1-10 (c) 所示。

$$P_L = \frac{P_0}{2}\left[(1.5 - 0.5\lambda)h_{l1\%} + (0.7 + \lambda)H\right] \tag{1-15}$$

$$P_0 = K_0 \gamma_w h_{l1\%}$$

式中　λ——水下底面处浪压力强度的折减系数，当 $H \leqslant 1.7h_{l1\%}$ 时，采用 0.6，当 $H >$
1.7$h_{l1\%}$ 时，采用 0.5；

$\quad\ P_0$——计算水位处的浪压力强度，kN/m^2；

$\quad\ K_0$——建筑物前底坡影响系数，与 i 有关，见表 1-4。

表 1-4　　　　　　　　　　　河底坡 i 对应的 K_0 值

底坡 i	1/10	1/20	1/30	1/40	1/50	1/60	1/80	<1/100
K_0 值	1.89	1.61	1.48	1.41	1.36	1.33	1.29	1.25

（六）扬压力

扬压力包括渗透压力和浮托力两部分。渗透压力是由上下游水位差产生的渗流而在坝内或坝基面上形成的向上的压力。浮托力是由下游水深淹没坝体计算截面而产生向上的压力。应特别指出：浮托力与浮力的概念不同，浮力等于物体排开液体体积的重量；而浮托力等于计算截面面积与计算点处下游水深之积再乘以水重度。

扬压力的分布与坝体结构、上下游水位、防渗排水设施等因素有关。不同计算情况有不同的扬压力，分别应与计算静水压力代表值的上下游计算水位一致。扬压力代表值是根据扬压力分布图形计算的，其中矩形部分的合力为浮托力代表值；其余部分的合力为渗透压力代表值，设有抽排系统时，主排水孔之后的合力为残余扬压力代表值。坝底面扬压力分布图如图 1-11 所示。

1. 坝底面上的扬压力

岩基上坝底扬压力按下列三种情况确定：

(1) 当坝基无防渗、排水幕时，坝底面上游处的扬压力作用水头为 H_1，下游处为 H_2，

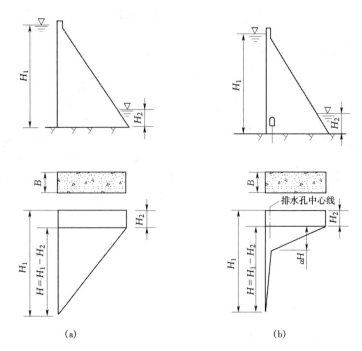

图 1-11　坝底面扬压力分布图

(a) 未设帷幕及排水孔；(b) 设帷幕及排水孔

其间用直线连接，如图 1-11 (a) 所示。

(2) 当坝基设有防渗和排水幕时，坝底面上游（坝踵）处的扬压力作用水头为 H_1；排水孔中心线处的扬压力作用水头为 $H_2 + \alpha H (H = H_1 - H_2)$；下游（坝趾）处为 H_2；三者之间用直线连接，如图 1-11 (b) 所示。

渗透压力强度系数 α、扬压力强度系数 α_1 及残余扬压力强度系数 α_2，可参照表 1-5 采用。应注意，对于河床坝段和岸坡坝段，α 取值不同，后者计及三向渗透作用，α_2 取值应大些。

表 1-5　　　　　　　　坝底面的渗透压力和扬压力强度系数

部位	坝型	坝 基 处 理 情 况		
		设置防渗帷幕及排水孔	设置防渗帷幕及主、副排水孔并抽排	
		渗透压力强度系数 α	主排水孔前扬压力强度系数 α_1	残余扬压力强度系数 α_2
河床坝段	实体重力坝	0.25	0.20	0.50
	宽缝重力坝	0.20	0.15	0.50
	大头支墩坝	0.20	0.15	0.50
	空腹重力坝	0.25		
	拱坝	0.25	0.20	0.50
岸坡坝段	实体重力坝	0.35		
	宽缝重力坝	0.30		
	大头支墩坝	0.30		
	空腹重力坝	0.35		
	拱坝	0.35		

2. 扬压力作用分项系数

坝底面和坝体内部扬压力的作用分项系数按下列情况采用：

（1）浮托力的作用分项系数均采用1.0。

（2）渗透压力的作用分项系数，对于实体重力坝采用1.2，对于宽缝重力坝、大头支墩坝、空腹重力坝采用1.1。

（3）若坝基下游设置抽排系统，主排水孔之前扬压力的作用分项系数采用1.1，主排水孔之后的残余扬压力的作用分项系数采用1.2。

当坝基面前有黏土铺盖，多泥沙河流坝前河床能形成淤沙铺盖时，可根据工程经验对坝踵及排水孔处的扬压力水头作适当折减。

（七）地震荷载

在地震区建坝，必须考虑地震的影响。地震时，地震力施加于结构上的动态作用称地震作用。重力坝抗震计算应考虑的地震作用为地震惯性力、地震动水压力和地震动土压力。一般情况下，进行抗震计算时的上游水位可采用正常蓄水位。地震对建筑物的影响程度，常用地震烈度表示。地震烈度分为12度。烈度越大，对建筑物的破坏越大，抗震设计要求越高。

抗震设计中常用到基本烈度和设计烈度两个基本概念。基本烈度是水工建筑物所在地区一定时期内（约100年）可能遇到的地震最大烈度；设计烈度是抗震设计时实际采用的地震烈度。一般情况采用基本烈度作为设计烈度；对于Ⅰ级挡水建筑物，应根据其重要性和遭受震害后的危险性，可在基本烈度的基础上提高一度。对于设计烈度为Ⅵ度及其以下的地区不考虑地震荷载；设计烈度在Ⅶ～Ⅸ度（含Ⅶ度和Ⅸ度）时，应考虑地震荷载；设计烈度在Ⅸ度以上时，应进行专门研究。对设计烈度为Ⅵ度以上超过200m的高坝和设计烈度Ⅶ度以上，超过150m的大（1）型工程，其抗震设防依据应根据专门的地震危险性分析成果评定。校核烈度应比设计烈度高1/2或1度，也可以用该地区最大可能烈度进行校核，此时允许局部破坏但不危及整体安全。

《水工建筑物抗震设计规范》（SL 203—97）规定，水工建筑物的工程抗震设防类别根据其重要性和工程场地基本烈度按表1-6确定。

各类工程抗震设防类别的水工建筑物，除土石坝，水闸外，地震作用效应计算方法应按表1-7的规定采用。

表1-6	工程抗震设防类别	
工程抗震设防类别	建筑物级别	场地基本烈度
甲	1（壅水）	≥Ⅵ
乙	1（非壅水）、2（壅水）	
丙	2（非壅水）、3	≥Ⅶ
丁	4、5	

表1-7	地震作用效应的计算方法
工程抗震设防类别	地震作用效应的计算方法
甲	动力法
乙、丙	动力法或拟静力法
丁	拟静力法或着重采取抗震措施

对于工程抗震设防类别为乙、丙类的设计烈度低于Ⅷ度且坝高不大于70m的重力坝可采用拟静力法。

1. 地震惯性力

地震时，重力坝随地壳做加速运动时，产生了地震惯性力。地震惯性力的方向是任意的，一般情况下只考虑水平向地震作用，对于设计烈度为Ⅷ、Ⅸ度的1、2级重力坝，应同时计入水平和竖向地震作用。

当采用拟静力法计算地震作用效应时，沿建筑物高度作用于质点 i 的水平向地震惯性力代表值应按式（1-16）计算：

$$F_i = \alpha_h \xi G_{Ei} \alpha_i / g \tag{1-16}$$

计算重力坝地震作用效应时

$$\alpha_i = 1.4 \frac{1 + 4(h_i/H)^4}{1 + 4\sum_{j=1}^{n} \frac{G_{Ej}}{G_E}(h_j/H)^4} \tag{1-17}$$

式中　　F_i——作用在质点 i 的水平向地震惯性力代表值，kN/m；

　　　　ξ——地震作用的效应折减系数，除另有规定外，取 0.25；

　　　G_{Ei}——集中在质点 i 的重力作用标准值，kN/m；

　　　　α_i——质点 i 的动态分布系数，计算重力坝地震作用效应时，采用式（1-17）确定；

　　　　g——重力加速度，m/s²；

　　　　n——坝体计算质点总数；

　　　　H——坝高，m，溢流坝的 H 应算至闸墩顶；

　h_i、h_j——质点 i、j 的高度，m；

　　　　G_E——产生地震惯性力的建筑物总重力作用的标准值，kN/m；

　　　　α_h——水平向设计地震加速度代表值，由表 1-8 确定；

　　　G_{Ej}——集中在质点 j 的重力作用标准值，kN。

表 1-8　水平向设计地震加速度代表值 α_h

设计烈度	Ⅶ	Ⅷ	Ⅸ
α_h	0.1g	0.2g	0.4g

注　$g = 9.81\text{m/s}^2$。

竖向设计加速度的代表值 α_v 应取水平设计地震加速度代表值的 2/3。

当同时计算水平和竖向地震作用效应时，总的地震作用效应可将竖向地震作用效应乘以 0.5 的偶合系数后与水平向地震作用效应直接相加。

2. 地震动水压力

地震时，坝前、坝后的水体随着振动，形成作用在坝面上的激荡力。

采用拟静力法计算重力坝地震作用效应时，直立坝面水深 y 处的地震动水压力代表值按式（1-18）计算。

$$P_w(h) = \alpha_h \xi \psi(h) \rho_w H_0 \tag{1-18}$$

式中　　$P_w(h)$——作用在直立迎水坝面水深 h 处的地震动水压力代表值，kN/m；

　　　　$\psi(h)$——水深 h 处的地震动水压力分布系数，应按表 1-9 的规定取值；

　　　　ρ_w——水体质量密度标准值，kg/m³；

　　　　H_0——水深，m。

表 1-9　　重力坝地震动水压力分布系数 $\psi(h)$

h/H_0	$\psi(h)$	h/H_0	$\psi(h)$	h/H_0	$\psi(h)$	h/H_0	$\psi(h)$
0.0	0.00	0.3	0.68	0.6	0.76	0.9	0.68
0.1	0.43	0.4	0.74	0.7	0.75	1.0	0.67
0.2	0.58	0.5	0.76	0.8	0.71		

单位长度坝面的总地震动水压力作用在水面以下 $0.54H_0$ 处，其代表值 F_0 应按式（1-19）计算：

$$F_0 = 0.65\alpha_h \xi \rho_w H_0^2 \quad (\text{kN/m}) \tag{1-19}$$

与水平面夹角为 θ 的倾斜迎水坝面，其动水压力代表值用式（1-19）计算的 F_0 乘以折减系数，折减系数为

$$\eta_c = \theta/90 \tag{1-20}$$

迎水坝面有折坡时，若水面以下直立部分的高度不小于水深 H_0 的一半，可近似取作直立坝面，否则应取水面点与坡脚点连线代替坡度。

作用在坝体上、下游的地震动水压力均垂直于坝面，且两者的作用方向一致。例如，当地震加速度的方向指向上游时，作用在上、下游坝面的地震动水压力方向均指向下游。

3. 地震动土压力

当重力坝坝体插入土体或坝体一侧有填土时，应计算地震动土压力作用。地震主动土压力代表值可按式（1-20）计算。其中 C_e 应取式（1-22）中按正负号计算结果中的大值。

$$F_E = \left[q_0 \frac{\cos\psi_1}{\cos(\psi_1 - \psi_2)} H + \frac{1}{2}\gamma H^2 \right] \left(1 - \frac{\zeta a_v}{g} \right) C_e \tag{1-21}$$

$$C_e = \frac{\cos^2(\varphi - \theta_e - \psi_1)}{\cos\theta_e \cos^2\psi_1 \cos(\delta + \psi_1 + \theta_e)(1 \pm \sqrt{Z})^2} \tag{1-22}$$

$$Z = \frac{\sin(\delta + \varphi)\sin(\varphi - \theta_e - \psi_2)}{\cos(\delta + \psi_1 + \theta_e)\cos(\psi_2 - \psi_1)} \tag{1-23}$$

$$\theta_e = \arctan\frac{\zeta a_h}{g - \zeta a_v} \tag{1-24}$$

式中　F_E——地震主动动土压力代表值，kN/m；

　　　q_0——土表面单位长度的荷重，kN/m；

　　　ψ_1——重力坝表面（挡土墙面）与垂直面夹角，（°）；

　　　ψ_2——土表面和水平面的夹角，（°）；

　　　H——土的高度，m；

　　　γ——土的重度的标准值，kN/m³；

　　　φ——土的内摩擦角，（°）；

　　　θ_e——地震系数角，（°）；

　　　δ——坝面（挡土墙面）与土之间的摩擦角，（°）；

　　　ζ——计算系数，动力法计算地震作用效应时应取 1.0，拟静力法计算地震作用效应时一般取 0.25，对钢筋混凝土结构取 0.35。

地震被动动土压力应经专门研究确定。

（八）其他荷载

常见的其他荷载有冰压力、土压力、温度荷载、灌浆压力、风荷载、雪荷载、坝顶车辆荷载、永久设备荷载等，在此不作介绍。

二、重力坝的荷载作用及其组合

（一）荷载的作用

重力坝的荷载，除坝体自重外，其大小和出现的几率都有一定的变化，因此，在进行荷

载组合时，应分析其出现的几率、结构的重要性、作用的可能性，采用不同的分项系数和结构系数。重力坝主要荷载，按随时间变异分以下三类。

（1）永久作用，包括：①坝体自重和永久性设备自重；②淤沙压力（有排沙设施时可列为可变作用）；③土压力。

（2）可变作用，包括：①静水压力；②扬压力（包括渗透压力和浮托力）；③动水压力（包括水流离心力、水流冲击力、脉动压力等）；④浪压力；⑤冰压力（包括静冰压力和动冰压力）；⑥风雪荷载；⑦机动荷载。

（3）偶然作用，包括：①地震作用；②校核洪水位时的静水压力。

（二）荷载的组合

混凝土重力坝应分别按承载能力极限状态和正常使用极限状态进行计算和验算。按承载能力极限状态设计时，应考虑基本组合和偶然组合两种作用效应组合。按正常使用极限状态设计时，应考虑短期组合和长期组合两种作用效应组合。

在设计混凝土重力坝坝体剖面时，应按照承载能力极限状态计算基本组合和偶然组合。

1. 荷载作用的基本组合

荷载作用的基本组合包括下列作用：

（1）坝体（建筑物）的自重（应包括永久性机械设备、闸门、起重设备及其他结构自重）。

（2）以发电为主的水库，上游用正常蓄水位，下游按照运用要求泄放最小流量时的水位，且防渗及排水设施正常工作时的水作用：①大坝上、下游面的静水压力；②扬压力。

（3）大坝上游淤沙压力。

（4）大坝上下游侧向土压力。

（5）以防洪为主的水库［取代（2）］，上游用防洪高水位，下游用其相应的水位，且防渗及排水设施正常工作时的水作用：①大坝上下游面的静水压力；②扬压力；③相应泄洪时的动水压力。

（6）浪压力：①取50年一遇风速引起的浪压力（约相当于多年平均最大风速的1.5～2倍引起的浪压力）；②多年平均最大风速引起的浪压力。

（7）冰压力：取正常蓄水位时的冰作用。

（8）其他出现机会较多的作用。

2. 荷载作用的偶然组合

除计入一些永久作用和可变作用外，还应计入下列的一个偶然作用：

（9）当水库泄放校核洪水（偶然状况）流量时，上下游水位的作用［取代（5）］，且防渗排水正常工作时的水作用：①坝上下游面的静水压力；②扬压力；③相应泄洪时的动水压力。

（10）地震力。一般取正常蓄水情况时相应的上、下游水深。

（11）其他出现机会很少的作用。

将上述各种荷载的作用组合列入表1-10，基本组合为三种情况，偶然组合为两种情况。表中的基本组合是在持久状况或短暂状况下，永久作用与可变作用的效应组合；偶然组合是在偶然状况下，永久作用、可变作用与一种偶然作用的效应组合。

表 1-10　　　　　　　　　荷 载 作 用 组 合

设计状况	作用组合	主要考虑情况	作用类别									备注
			自重	静水压力	扬压力	泥沙压力	浪压力	冰压力	动水压力	土压力	地震作用	
持久状况	基本组合	1. 正常蓄水位情况	(1)	(2)	(2)	(3)	(6)①	—	—	(4)	—	土压力根据坝体外是否有填土而定（下同）以发电为主的水库
		2. 防洪高水位情况	(1)	(5)	(5)	(3)	(6)①	—	(5)	(4)	—	以防洪为主水库，正常蓄水位较低
		3. 冰冻情况	(1)	(2)	(2)	(3)	—	(7)	—	(4)	—	静水压力及扬压力按相应冬季库水位计算
短暂状况	基本组合	施工期临时挡水	(1)	(2)	(2)					(4)		
偶然状况	偶然组合	1. 校核洪水情况	(1)	(9)	(9)	(3)	(6)②	—	(9)	(4)	—	
		2. 地震情况	(1)	(2)	(2)	(3)	(6)②	—		(4)	(10)	静水压力、扬压力和浪压力按正常蓄水位计算，有论证时可另作规定

① 应根据各种作用同时发生的概率，选择计算中最不利的组合。

② 根据地质和其他条件，如考虑运用时排水设备易于堵塞，须经常维修时，应考虑排水失效的情况，作为偶然组合。

（三）荷载作用分项系数

根据荷载作用的特点，有不同的分项系数，常用荷载作用的分项系数见表 1-11。

表 1-11　　　　　　　　　荷 载 作 用 分 项 系 数

序号	作 用 类 别		分项系数
1	自重（永久作用）		1.0
2	水压力（可变作用）	（1）静水压力	1.0
		（2）动水压力：时均压力、离心力、冲击力、脉动压力	1.05、1.10、1.10、1.30
3	扬压力（可变作用）	（1）渗透压力	1.2
		（2）浮托力	1.0
		（3）扬压力（有抽排）	1.1
		（4）残余扬压力（有抽排）	1.2
4	淤沙压力（永久作用）		1.2
5	浪压力（可变作用）		1.2
6	静（动）冰压力（可变作用）		1.1
7	静止（主动）土压力（永久作用）		1.2
8	未规定的永久作用对结构不利（永久作用对结构有利）		1.05（0.95）
9	未规定的不可控制可变作用（可控可变作用）		1.2（1.1）
10	风（雪）荷载，灌浆压力（可变作用）		1.3

注　地震作用和校核洪水时的静水压力为偶然作用。

三、重力坝抗滑稳定计算

重力坝的稳定应根据坝基的地质条件和坝体剖面形式，选择受力大、抗剪强度较低、最容易产生滑动的截面作为计算截面。重力坝抗滑稳定计算主要是核算坝基面及混凝土层面上的滑动稳定性。另外当坝基内有软弱夹层、缓倾角结构面时，也应核算其深层滑动稳定性。

《混凝土重力坝设计规范》（SL 319—2005）规定，重力坝的抗滑稳定按承载能力极限状态计算，认为滑动面为胶结面，滑动体为刚体。此时滑动面上的滑动力作为效应函数，阻滑力为抗力函数，并认为承载能力达到极限状态时刚体处于极限平衡状态。

1. 抗滑稳定极限状态设计表达式

承载能力极限状态设计式如下所述。

对基本组合，应采用下列极限状态设计表达式

$$\gamma_0 \psi S(\gamma_G G_k, \gamma_Q Q_k, a_k) \leqslant \frac{1}{\gamma_{d_1}} R\left(\frac{f_k}{\gamma_m}, a_k\right) \tag{1-25}$$

对偶然组合，应采用下列极限状态设计表达式

$$\gamma_0 \psi S(\gamma_G G_k, \gamma_Q Q_k, A_k, a_k) \leqslant \frac{1}{\gamma_{d_2}} R\left(\frac{f_k}{\gamma_m}, a_k\right) \tag{1-26}$$

抗滑稳定极限状态作用效应函数

$$S(\cdot) = \sum P_R \quad \text{或} \quad S(\cdot) = \sum P_C \tag{1-27}$$

抗滑稳定极限状态抗力函数

$$R(\cdot) = f'_R \sum W_R + c'_R A_R \quad \text{或} \quad R(\cdot) = f'_C \sum W_C + c'_C A_C \tag{1-28}$$

以上式中　γ_0——结构重要性系数，对应于结构安全级别为Ⅰ、Ⅱ、Ⅲ级的结构及构件，可分别取用 1.1、1.0、0.9；

　　　　ψ——设计状况系数，对应于持久状况、短暂状况、偶然状况，可分别取用 1.0、0.95、0.85；

　　$S(\cdot)$——作用效应函数；

　　$R(\cdot)$——结构及构件抗力函数；

　　　γ_G——永久作用分项系数，见表 1-11；

　　　γ_Q——可变作用分项系数，见表 1-11；

　　　G_k——永久作用标准值，按《水工建筑物荷载设计规范》（SL 744—2016）确定；

　　　Q_k——可变作用标准值，同上；

　　　a_k——几何参数的标准值，可作为定值处理；

　　　f_k——材料性能的标准值，由实验确定或查表；

　　　γ_m——材料性能分项系数，查表 1-12，也可由实验确定；

　　　γ_{d_1}——基本组合结构系数，查表 1-13；

　　　A_k——偶然作用代表值；

　　　γ_{d_2}——偶然组合结构系数，见表 1-13；

$\sum P_R$、$\sum P_C$——计算层面（坝基面或坝体混凝土层面）上全部切向作用之和，kN；

$\sum W_R$、$\sum W_C$——计算层面上全部法向作用之和，kN；

f'_R、f'_C——计算层面上抗剪断摩擦系数；

c'_R、c'_C——计算层面上抗剪断凝聚力；

A_R、A_C——计算层面截面积，m^2。

表 1 - 12　　　　　　　　　　　　　　材 料 性 能 分 项 系 数

序号	材料类别	抗剪断强度	分项系数	备 注
1	(1) 混凝土/基岩	摩擦系数 f'_R	1.3	指常态混凝土层面
		凝聚力 c'_R	3.0	
	(2) 混凝土/混凝土	摩擦系数 f'_C	1.3	指碾压混凝土层面
		凝聚力 c'_C	3.0	
	(3) 碾压混凝土/碾压混凝土	摩擦系数 f'_C	1.3	
		凝聚力 c'_C	3.0	
	(4) 基岩/基岩	摩擦系数 f'_d	1.6	
		凝聚力 c'_d	3.4	
	(5) 软弱夹层之间	摩擦系数 f'_d	1.6	
		凝聚力 c'_d	3.4	
2	混凝土强度	抗压强度	2.0	

表 1 - 13　　　　　　　　　　　　　　结 构 系 数

序号	项 目	组合类型	结构系数	备 注
1	坝体抗滑稳定极限状态设计式	基本组合	1.2	包括重力坝的基面、层面、深层滑动面
		偶然组合	1.2	
2	混凝土坝抗压极限状态设计式	基本组合	1.3	
		偶然组合	1.3	
3	素混凝土水工结构承载能力极限状态设计式	受拉破坏	2.0	1. 受永久荷载为主的构件表中值增加0.05； 2. 土重、土压力不增加； 3. 新型结构可适当提高
		受压破坏	1.3	
4	钢筋混凝土及预应力混凝土结构承载能力极限状态计算		1.2	

2. 抗剪断参数的选取

式（1-28）中，f'_R、f'_C、c'_R、c'_C的值，直接关系到工程的安全性和经济性，必须合理地选用。一般情况下，应经试验测定，且每一主要工程地质单元的野外试验不得少于4组；选取这些参数值时，应结合现场的实际情况，参照工程地质条件类似的工程经验，并考虑坝基岩体经工程处理后可能达到的效果，经地质、试验和设计人员共同分析研究进行适当调整后确定，中型工程的中、低坝，若无条件进行野外试验，应进行室内试验，并参照地质条件类似工程的经验数据选用，小型工程的低坝无试验资料时，可参照地质条件类似工程的试验成果和经验数据选用，坝体混凝土与基岩接触面抗剪断参数的参考值见《混凝土重力坝设计规范》（SL 319—2005）。

四、提高坝体抗滑稳定的工程措施

除了增加坝体自重外，提高坝体抗滑稳定的工程措施，主要围绕着增加阻滑力、减少滑动力的原则,通过多方案技术经济比较,确定最佳方案组合。常采用以下工程措施。

(1)利用水重。当坝底面与基岩间的抗剪强度参数较小时,常将上游坝面做成倾向上游的斜面,利用坝面上的水重来提高坝体的抗滑稳定性。但应注意,上游坝面的坡度不宜过缓,否则,在上游坝面容易产生拉应力,对坝体强度不利。

(2)采用有利的开挖轮廓线。开挖坝基时,最好利用岩面的自然坡度,使坝基面倾向上游,如图1-12(a)所示。有时,有意将坝踵高程降低,使坝基面倾向上游,如图1-12(b)所示,但这种做法将加大上游水压力,增加开挖量和混凝土浇筑量,故很少采用。当坝基比较坚固时,可以开挖成锯齿状,短齿边坡1:0.5~1:1,长齿边坡1:10~1:15,齿高为0.5~1.0m,这种方法已广泛采用。

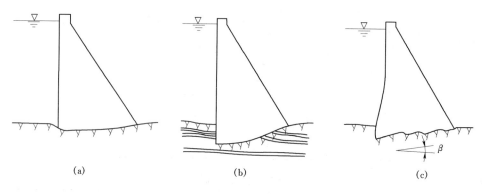

图1-12　坝基开挖轮廓

(3)设置齿墙。如图1-13(a)所示,当基岩内有倾向下游的软弱面时,可在坝踵部位设齿墙,切断较浅的软弱面,迫使可能的滑动面由 abc 成为 $a'b'c'$,这样既加大了滑动体的重量,又增加了滑动面的面积,同时也增大了抗滑体的抗力。如在坝趾部位设置齿墙,将坝趾放在较好的岩层上[图1-13(b)],则可更多地发挥抗力体的作用,在一定程度上改善了坝踵应力,同时由于坝趾的压应力较大,设在坝趾下齿墙的抗剪能力也会相应增加,对坝体稳定十分有利。

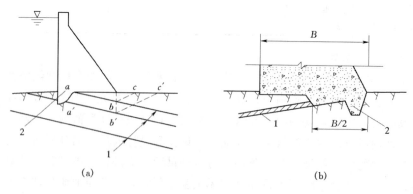

图1-13　齿墙设置
1—泥化夹层;2—齿墙

(4)抽水措施。当下游水位较高,坝体承受的浮托力较大时,可考虑在坝基面上设置排水系统,定时抽水以减少坝底浮托力,如图1-14所示。如:我国的龚嘴工程,下游水深达30m,采取抽水措施后,浮托力只按10m水深计算,节省了坝体混凝土浇筑量。

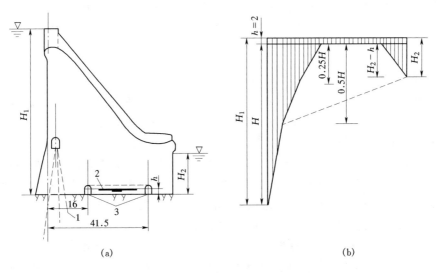

图 1-14　有抽水设施的坝底扬压力分布图（单位：m）

(a) 溢流坝剖面；(b) 设计扬压图形

1—主排水孔；2—横向排水廊道；3—纵向排水廊道

（5）加固地基。包括帷幕灌浆、固结灌浆以及断层、软弱夹层的处理等。

（6）横缝灌浆。将部分坝段或整个坝体的横缝进行局部或全部灌浆，以增强坝的整体性和稳定性。

（7）预加应力措施。在靠近坝体上游面，采用深孔锚固高强度钢索，并施加预应力，既可增加坝体的抗滑稳定，又可消除坝踵处的拉应力，如图 1-15（a）所示。国外有些支墩坝，在坝趾处采用施加预应力的措施，改变合力 R 的方向，使 $\sum P_V / \sum P_H$ 增大，从而提高了坝体的抗滑稳定性，如图 1-15（b）所示。

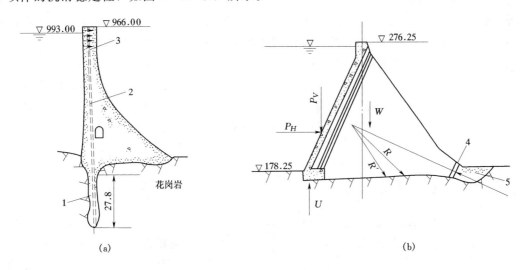

图 1-15　用预加应力增加坝的抗滑稳定性（单位：m）

（a）在靠近上游坝面预加应力；（b）从坝趾预加应力

1—锚缆竖井；2—预应力锚缆；3—顶部锚定钢筋；4—装有千斤顶的活动接缝；5—抗力墩

R—合力；R'—预加应力后的合力

（8）防渗排水。在坝基内布置防渗排水幕，保证排水畅通，降低扬压力，有利于稳定。

（9）空腹抛石。如果是空腹重力坝或宽缝重力坝，可在空腔内填块石，提高坝体稳定性。

五、应力分析

应力分析方法有模型试验法、材料力学法、弹性理论的解析法、差分法、有限元法等，本实训采用材料力学法。应力分析的过程是：首先进行荷载计算和荷载组合，然后选择适宜的方法进行应力计算，最后检验坝体各部位的应力是否满足强度要求。

重力坝的应力分析方法可以归结为理论计算和模型试验两大类，模型试验费用大，历时长，对于中小型工程，一般可只进行理论计算。计算机的出现使理论计算中的数值解析法发展很快，对于一般的平面问题，常常可以不做试验，主要依靠理论计算解决问题。下面对目前常用的几种应力分析方法做一简要介绍，其他方法，可以参考有关专著。

材料力学法计算坝体应力，首先在坝的横剖面上截取若干个控制性水平截面进行应力计算。一般情况应在坝基面、折坡处、坝体削弱部位（如廊道、泄水管道、坝内有孔洞的部位）以及认为需要计算坝体应力的部位截取计算截面。

对于实体重力坝，常在坝体最高处沿坝轴线取单位坝长（1m）作为计算对象，选定荷载组合，确定计算截面，进行应力计算。

（一）基本假定

（1）假定坝体混凝土为均质、连续、各向同性的弹性材料。

（2）视坝段为固接于坝基上的悬臂梁，不考虑地基变形对坝体应力的影响，并认为各坝段独立工作，横缝不传力。

（3）假定坝体水平截面上的正应力 σ_y 按直线分布，不考虑廊道等对坝体应力的影响。

（二）边缘应力的计算

一般情况下，坝体的最大和最小应力都出现在坝面，所以，在《混凝土重力坝设计规范》（SL 319—2005）中规定，首先应校核坝体边缘应力是否满足强度要求。

计算图形及应力与荷载的方向如图 1-16 所示。右上角应力和力的箭头方向为正。

（1）水平截面上的正应力。因为假定 σ_y 按直线分布，所以可按偏心受压式（1-29）和式（1-30）计算上、下游边缘应力 σ_{yu} 和 σ_{yd}（图 1-17）。

$$\sigma_{yu} = \frac{\sum W}{B} + \frac{6\sum M}{B^2} \quad \text{(kPa)} \qquad (1-29)$$

$$\sigma_{yd} = \frac{\sum W}{B} - \frac{6\sum M}{B^2} \quad \text{(kPa)} \qquad (1-30)$$

式中　$\sum W$——作用于计算截面以上全部荷载的铅直分力的总和，kN；

$\sum M$——作用于计算截面以上全部荷载对截面垂直水流流向形心轴 O 的力矩总和，kN·m；

B——计算截面的长度，m。

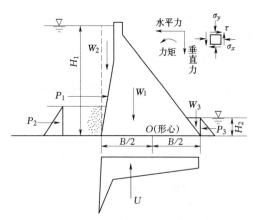

图 1-16　坝体应力计算图

（2）剪应力。

$$\tau_u = (p_u - \sigma_{yu})n \quad (\text{kPa}) \tag{1-31}$$

式中　p_u——上游面水压力强度，kPa；

n——上游坝坡坡率，$n = \tan\varphi_u$。

$$\tau_d = (\sigma_{yu} - p_d)m \quad (\text{kPa}) \tag{1-32}$$

式中　p_d——下游面水压力强度，kPa；

m——下游坝坡坡率，$m = \tan\varphi_d$。

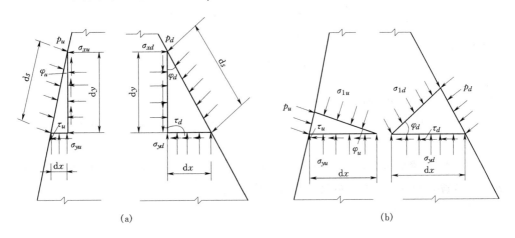

图 1-17　边缘应力计算图

（3）水平正应力。

上下游边缘的水平正应力 σ_{xu} 和 σ_{xd}。

$$\sigma_{xu} = p_u - \tau_u n \quad (\text{kPa}) \tag{1-33}$$

$$\sigma_{xd} = p_d + \tau_d m \quad (\text{kPa}) \tag{1-34}$$

（4）主应力。

$$\sigma_{1u} = (1 + n^2)\sigma_{yu} - p_u n^2 \quad (\text{kPa}) \tag{1-35}$$

$$\sigma_{1d} = (1 + m^2)\sigma_{yd} - p_d m^2 \quad (\text{kPa}) \tag{1-36}$$

坝面水压力强度也是主应力

$$\sigma_{2u} = p_u \quad (\text{kPa}) \tag{1-37}$$

$$\sigma_{2u} = p_d \quad (\text{kPa}) \tag{1-38}$$

由式（1-35）可以看出，当上游坝面倾向上游（坡率 $n > 0$）时，即使 $\sigma_{yu} \geqslant 0$，只要 $\sigma_{yu} < P_u \sin^2\varphi_u$，则 $\sigma_{1u} < 0$，即 σ_{1u} 为拉应力。φ_u 愈大，主拉应力也愈大。因此，重力坝上游坡角 φ_u 不宜太大，岩基上的重力坝常把上游面做成铅直的（$n = 0$）或小坡率（$n < 0.2$）的折坡坝面。

（三）考虑扬压力时的应力计算

上列应力计算公式均未计入扬压力。当需要考虑扬压力时，可将计算截面上的扬压力作为外荷载对待。

（1）求边缘应力。先求出包括扬压力在内的全部荷载铅直分力的总和 $\sum W$ 及全部荷载对计算截面垂直水流流向形心轴产生的力矩总和 $\sum M$，再计算 σ_y，而 τ、σ_x 和 σ_1、σ_2 可根据

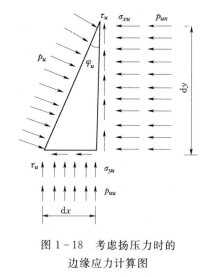

图 1-18　考虑扬压力时的边缘应力计算图

边缘微分体的平衡条件求得。分析计算表明，当考虑扬压力时边缘应力计算（图 1-18）公式只需将不考虑扬压力边缘应力计算公式中的 p_u 用 p_u-p_{uu} 代替，p_d 用 p_d-p_{dd} 代替即可得到，上游边缘正应力和剪应力计算公式为

$$\left.\begin{array}{l}\tau_u=(p_u-p_{uu}-\sigma_{yu})n\\\sigma_{xu}=(p_u-p_{uu})-(p_u-p_{uu}-\sigma_{yu})n^2\end{array}\right\}\quad(1-39)$$

下游边缘正应力和剪应力计算公式为

$$\left.\begin{array}{l}\tau_d=(\sigma_{yd}+p_{ud}-p_d)m\\\sigma_{xd}=(p_d-p_{ud})+(\sigma_{yd}+p_{ud}-p_d)m^2\end{array}\right\}\quad(1-40)$$

上、下游边缘主应力为

$$\left.\begin{array}{l}\sigma_{1u}=(1+n^2)\sigma_{yu}-(p_u-p_{uu})n^2\\\sigma_{2u}=p_u-p_{uu}\\\sigma_{1d}=(1+m^2)\sigma_{yd}-(p_d-p_{ud})m^2\\\sigma_{2d}=p_d-p_{ud}\end{array}\right\}\quad(1-41)$$

因扬压力属孔隙水压力，计算截面上的微分单元体上一点的扬压力压强与静水压强相等，$p_u=p_{uu}$，$p_d=p_{ud}$，则上式可进一步简化成下式：

上游边缘 τ_u、σ_{xu} 为

$$\left.\begin{array}{l}\tau_u=-\sigma_{yu}n\\\sigma_{xu}=\sigma_{yu}n^2\end{array}\right\}\quad(1-42)$$

下游边缘 τ_d、σ_{xd} 为

$$\left.\begin{array}{l}\tau_d=\sigma_{yd}m\\\sigma_{xd}=\sigma_{yd}m^2\end{array}\right\}\quad(1-43)$$

上、下游边缘主应力 σ_{1u}、σ_{2u}、σ_{1d}、σ_{2d} 为

$$\left.\begin{array}{l}\sigma_{1u}=(1+n^2)\sigma_{yu}\\\sigma_{2u}=0\\\sigma_{1d}=(1+m^2)\sigma_{yd}\\\sigma_{2d}=0\end{array}\right\}\quad(1-44)$$

可见，考虑与不考虑扬压力时，τ、σ_x 和 σ_1、σ_2 的计算公式是不相同的。

（2）求坝内应力。可先不计扬压力，算出各点的 σ_y、σ_x 和 τ，然后再迭加由扬压力引起的应力。

六、坝体和坝基的应力控制

当采用材料力学法计算坝体应力时，其应力值应满足《混凝土重力坝设计规范》（SL 319—2005）规定的强度指标。混凝土重力坝应按承载能力极限状态验算坝趾和坝体选定截面下游端点的抗压强度，按正常使用极限状态验算满库时的坝体上游面拉应力和空库时的下游面拉应力，对于高坝，宜采用有限元法进行计算并用模型试验成果予以验证。

（一）承载能力极限状态设计

承载能力极限状态通用表达式为

$$\gamma_0 \psi S(F_d, a_k) \leqslant \frac{1}{\gamma_d} R(f_d, a_k) \tag{1-45}$$

式中　　$S(\cdot)$——作用效应函数；

$\quad\quad R(\cdot)$——抗力函数；

$\quad\quad\gamma_0$——结构重要性系数（重要结构 1.1，一般结构 1.0，次要结构 0.9）；

$\quad\quad\psi$——设计状况系数（持久状况 1.0，短暂状况 0.95，偶然状况 0.85）；

$\quad\quad F_d$——作用的设计值（作用标准值乘分项系数）；

$\quad\quad a_k$——几何参数（结构构件几何参数的标准值）；

$\quad\quad f_d$——材料性能的设计值（查建筑结构有关表格）；

$\quad\quad\gamma_d$——结构系数（查有关规范或表 1-12）。

1. 坝趾抗压强度极限状态

重力坝正常运行时，下游坝址发生最大主压应力，故抗压强度承载能力极限状态作用效应函数为

$$S(\cdot) = \left(\frac{\sum W_R}{A_R} - \frac{\sum M_R T_R}{J_R}\right)(1 + m^2) \tag{1-46}$$

抗压强度极限状态抗力函数为

$$R(\cdot) = f_C \quad \text{或} \quad R(\cdot) = f_R \tag{1-47}$$

2. 坝体选定截面下游的抗压强度承载能力极限状态

作用效应函数为

$$S(\cdot) = \left(\frac{\sum W_C}{A_C} - \frac{\sum M_C T_C}{J_C}\right)(1 + m^2) \tag{1-48}$$

抗压强度极限状态抗力函数为

$$R(\cdot) = f_C \tag{1-49}$$

以上式中　$\sum M_R$、$\sum M_C$——全部法向作用对坝基面、计算截面形心的力矩之和，kN·m，

$\quad\quad\quad\quad\quad\quad\quad$逆时针方向为正；

$\quad\quad\quad A_R$、A_C——坝基面面积、计算截面面积，m²；

$\quad\quad\quad T_R$、T_C——坝基面、计算截面形心轴至下游面的距离；

$\quad\quad\quad J_R$、J_C——坝基面、计算截面分别对形心轴的惯性矩；

$\quad\quad\quad\quad m$——坝体下游坡度；

$\quad\quad\quad\quad f_C$——坝基面混凝土抗压强度，kPa；

$\quad\quad\quad\quad f_R$——基岩抗压强度，kPa。

（二）正常使用极限状态计算

（1）坝踵不出现拉应力，计入扬压力后，计算式为

$$S(\cdot) = \frac{\sum W_R}{A_R} + \frac{\sum M_R T_{R'}}{J_R} \geqslant 0 \tag{1-50}$$

核算坝踵应力时，应分别考虑短期组合和长期组合。

（2）坝体上游面的垂直应力不出现拉应力，计入扬压力后，计算公式为

$$S(\cdot) = \frac{\sum W_C}{A_C} + \frac{\sum M_C T_{C'}}{J_C} \geqslant 0 \tag{1-51}$$

式中　$\sum W_R$、$\sum W_C$——坝基面、坝体截面以上法向作用之和（方向以向下为正）；

$\sum M_R$、$\sum M_C$——坝基面、坝体截面上全部作用对截面形心力矩之和（以逆时针为正）；

A_R、A_C——坝基面和坝体截面的面积；

J_R、J_C——坝基面和坝体截面的惯性矩；

$T_{R'}$、$T_{C'}$——坝基面和坝体截面的形心轴至上游边缘之矩。

核算坝体上游面的垂直应力应采用长期组合进行计算。正常使用极限状态计算中，作用效应函数中的作用均以作用的标准值或代表值。

对于上游有倒坡的重力坝，在施工期下游面垂直拉应力应小于 0.1MPa，很明显，该规定只有在高坝上才可能设置倒坡。

项目驱动案例一：非溢流重力坝设计

一、工程基本资料

某高山峡谷地区规划的水利枢纽，拟定坝型为混凝土重力坝，其任务以防洪为主，兼顾灌溉、发电，为 3 级建筑物，试根据提供的资料设计非溢流坝剖面。

（1）水电规划成果。上游设计洪水位为 355.0m，相应的下游水位为 331.0m；上游校核洪水位 356.3m，相应的下游水位为 332.0m；正常高水位 354.0m；死水位 339.5m。

（2）地质资料。河床高程 328.0m，约有 1～2m 覆盖层，清基后新鲜岩石表面最低高程为 326.0m。不透水层高程 315m，帷幕深入不透水层 3～5m，取 4.5m。岩基为石灰岩，节理裂隙少，地质构造良好。抗剪断强度取其分布的 0.2 分位值为标准值，则摩擦系数 $f'_{ck} = 0.82$，凝聚力 $c'_{ck} = 0.6$MPa。

（3）其他有关资料。河流泥沙计算年限采用 50 年，据此求得坝前淤沙高程 337.1m。泥沙浮重度为 6.5kN/m³，内摩擦角 $\varphi = 18°$。

枢纽所在地区重现期为 50 年的年最大风速为 18m/s，多年平均年最大风速为 10m/s。水库最大风区长度由库区地形图上量得 $D = 0.9$km。

坝体混凝土重度 $\gamma_c = 24$kN/m³，地震设计烈度为 Ⅵ 度。拟采用混凝土强度等级 C10，90d 龄期，80% 保证率，f_{ckd} 强度标准值为 10MPa，坝基岩石允许压应力设计值为 4000kPa。

二、阶段设计要求

（1）初步拟定坝体剖面尺寸。确定坝顶高程和坝顶宽度，拟定折坡点的高程、上下游坡度，坝底防渗排水幕位置等相关尺寸。

（2）荷载计算及作用组合。选设计洪水位和校核水位情况分别计算，取常用的 5 种荷载：自重、静水压力、扬压力、淤沙压力、浪压力。列表计算其作用标准值和设计值。

（3）抗滑稳定验算。可用极限状态设计法进行可靠度计算。

（4）坝基面上下游处垂直正应力的计算，以便验算地基的承载能力和混凝土的极限抗压强度。

三、非溢流坝剖面的设计

（一）资料分析

该水利枢纽位于高山峡谷地区，波浪要素的计算可选用官厅公式。因地震设计烈度为Ⅵ

度，故不计地震影响。大坝以防洪为主，3级建筑物，对应可靠度设计中的结构安全级别为Ⅱ级，相应结构重要性系数 $\gamma_0 = 1.0$。坝体上的荷载分两种组合，基本组合（设计洪水位）取持久状况对应的设计状况系数 $\psi = 1.0$，结构系数 $\gamma_d = 1.2$；偶然组合（校核洪水位）取偶然状况对应的设计状况系数 $\psi = 0.85$，结构系数 $\gamma_d = 1.2$。坝趾抗压强度极限状态的设计状况系数同前，结构系数 $\gamma_d = 1.3$。

可靠度设计要求均采用作用（荷载）设计值和材料强度设计值。作用（荷载）标准值乘以作用（荷载）分项系数后的值为作用（荷载）设计值；材料强度标准值除以材料性能分项系数后的值为材料强度设计值。本设计有关（荷载）作用的分项系数查表1-11得：自重为1.0，静水压力为1.0，渗透压力为1.2，浮托力为1.0，淤沙压力为1.2，浪压力为1.2。混凝土材料的强度分项系数为1.35；因大坝混凝土用90d龄期，大坝混凝土抗压强度材料分项系数取2.0；热轧Ⅰ级钢筋强度分项系数为1.15；Ⅱ、Ⅲ、Ⅳ级为1.10。混凝土与岩基间抗剪强度摩擦系数 f'_{ck} 的分项系数为1.3，凝聚力 c'_{ck} 的分项系数为3.0。上游坝踵不出现拉应力极限状态的结构功能极限值为0。下游坝基不能被压坏而允许的抗压强度功能极限值为4000kPa。实体重力坝渗透压力强度系数 α 为0.25。

（二）非溢流坝剖面尺寸拟定

1. 坝顶高程的确定

坝顶在水库静水位以上的超高按式（1-1）计算

$$\Delta h = h_{l1\%} + h_z + h_c$$

对于安全级别为Ⅱ级的坝，查得设计洪水位时安全超高 h_c 为0.5m，校核洪水位时为0.4m。h_l、h_z 分设计洪水位和校核洪水位两种情况计算。

（1）设计洪水位情况。D 风区长度（有效吹程）为0.9km，v_0 计算风速在设计洪水情况下取重现期为50年的年最大风速为18m/s。

1）波高。

$$h_l = 0.0076 v_0^{-\frac{1}{12}} \left(\frac{gD}{v_0^2} \right)^{\frac{1}{3}} \frac{v_0^2}{g}$$

$$= 0.0076 \times 18^{-\frac{1}{12}} \times \left(\frac{9.81 \times 900}{18^2} \right)^{\frac{1}{3}} \times \frac{18^2}{9.81}$$

$$= 0.594 \quad (\text{m})$$

2）波长。

$$L = 0.331 v_0^{-\frac{1}{2.15}} \left(\frac{gD}{v_0^2} \right)^{\frac{1}{3.75}} \frac{v_0^2}{g}$$

$$= 0.331 \times 18^{-\frac{1}{2.15}} \times \left(\frac{9.81 \times 900}{18^2} \right)^{\frac{1}{3.75}} \times \frac{18^2}{9.81}$$

$$= 6.881 \quad (\text{m})$$

3）波浪中心线至计算水位的高度。

$$h_z = \frac{\pi h_l^2}{L} \text{cth} \frac{2\pi H}{L}$$

因 $H > L$，$\text{cth} \dfrac{2\pi H}{L} \approx 1$

$$h_z = \frac{\pi h_l^2}{L} = \frac{3.14 \times 0.594^2}{6.881} = 0.161 \quad (\text{m})$$

推算 1% 的波高需乘以 1.24。

$$h_{l1\%} = 1.24 h_l = 1.24 \times 0.594 = 0.737 \quad (\text{m})$$

$$\Delta h = 0.737 + 0.161 + 0.5 = 1.398 \approx 1.4 \quad (\text{m})$$

$$\text{坝顶高程} = 355 + 1.4 = 356.4 \quad (\text{m})$$

（2）校核洪水位情况。D 风区长度为 0.9km，v_0 计算风速在校核洪水位情况取多年平均年最大风速为 10m/s。

1）波高。

$$h_l = 0.0076 v_0^{-\frac{1}{12}} \left(\frac{gD}{v_0^2} \right)^{\frac{1}{3}} \frac{v_0^2}{g}$$

$$= 0.0076 \times 10^{-\frac{1}{12}} \times \left(\frac{9.81 \times 900}{10^2} \right)^{\frac{1}{3}} \times \frac{10^2}{9.81}$$

$$= 0.285 \quad (\text{m})$$

2）波长。

$$L = 0.331 v_0^{-\frac{1}{2.15}} \left(\frac{gD}{v_0^2} \right)^{\frac{1}{3.75}} \frac{v_0^2}{g}$$

$$= 0.331 \times 10^{-\frac{1}{2.15}} \times \left(\frac{9.81 \times 900}{10^2} \right)^{\frac{1}{3.75}} \times \frac{10^2}{9.81}$$

$$= 3.819 \quad (\text{m})$$

3）波浪中心线至计算静水位的高度。

$$h_z = \frac{\pi h_l^2}{L} = \frac{3.14 \times 0.285^2}{3.819} = 0.067 \quad (\text{m})$$

推算 1% 的波高需乘以 1.24。

$$h_{l1\%} = 1.24 \times h_l = 1.24 \times 0.285 = 0.353 \quad (\text{m})$$

$$\Delta h = 0.353 + 0.067 + 0.4 = 0.82 \quad (\text{m})$$

$$\text{坝顶高程} = 356.3 + 0.82 = 357.12 \quad (\text{m})$$

取上述两种情况坝顶高程中的大值，坝顶高程取 357.5m，并取防浪墙高度 1.2m，则坝顶路面高程为

$$357.5 - 1.2 = 356.3 \quad (\text{m})$$

最大坝高为

$$356.3 - 326.0 = 30.3 \quad (\text{m})$$

2. 坝顶宽度

因该水利枢纽位于山区峡谷，无交通要求，按构造要求取坝顶宽度 5m，同时满足维修时的单车道要求。

3. 坝坡的确定

根据工程经验，考虑利用部分水重增加坝体稳定，上游坝面采用折坡，起坡点按要求为 $\frac{1}{3} \sim \frac{2}{3}$ 坝高，该工程拟折坡点高程 341.15m，上部铅直，下部为 1∶0.2 的斜坡。基本三角形顶点位于坝顶左上角，下游坝坡取 1∶0.75，下游 349.63m 以上为铅直坝面。

4. 坝体防渗排水

根据上述尺寸算得坝体最大宽度为 25.755m。分析地基条件，要求设防渗灌浆帷幕和排水幕，灌浆帷幕中心线距上游坝踵 4m，排水孔中心线距防渗帷幕中心线 1.5m。拟设廊道系

统，实体重力坝剖面设计时暂不计入廊道的影响。

拟定的非溢流坝剖面如图 1-19 所示。确定剖面尺寸的过程归纳为：初拟尺寸→稳定和应力校核→修改尺寸→稳定和应力校核，经过几次反复，得到满意的结果为止。该例题只要求计算一个过程。

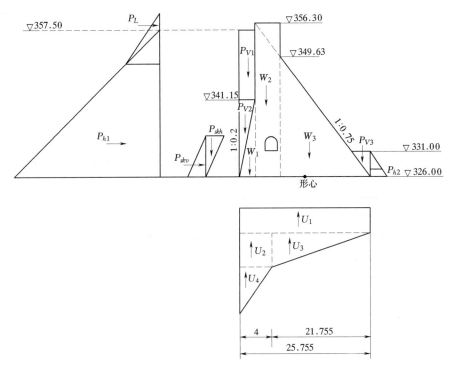

图 1-19　非溢流坝剖面图（单位：m）

（三）荷载计算及组合

以设计洪水位情况为例进行稳定和应力的极限状态验算（其他情况略）。根据荷载作用组合表 1-10，设计洪水情况的荷载组合包含自重＋静水压力＋淤沙压力＋扬压力＋浪压力。沿坝轴线取单位长度 1m 计算。

（1）自重。将坝体剖面分成两个三角形和一个长方形计算其标准值，廊道的影响暂时不计入。

（2）静水压力。按设计洪水时的上下游水平水压力和斜面上的垂直水压力分别计算其标准值。

（3）扬压力。扬压力强度在坝踵处为 γH_1，排水孔中心线上为 $\gamma(H_2+\alpha H)$，坝趾处为 γH_2。α 为 0.25，按图 1-19 中 4 块分别计算其扬压力标准值。

（4）淤沙压力。分水平方向和垂直方向计算。泥沙浮重度为 6.5kN/m³，内摩擦角 $\varphi_s=$ 18°。水平淤沙压力标准值为 $P_{sk}=\dfrac{1}{2}\gamma_{sb}h_s^2\tan^2\left(45°-\dfrac{\varphi_s}{2}\right)$。

（5）浪压力。坝前水深大于 $\dfrac{1}{2}$ 波长（$H>L/2$）采取下式计算浪压力标准值：

$$P_{uk}=\dfrac{1}{4}\gamma_w L_m(h_{l1\%}+h_z)$$

设计洪水位情况下荷载作用标准值和设计值成果见表 1-14 和表 1-15。

表 1-14　设计洪水位(简载)作用标准值、设计值计算表

(荷载)作用 (分项系数)	计算公式	作用标准值 垂直力 →	作用标准值 水平力 →	作用标准值 水平力 ←	作用设计值 垂直力 →	作用设计值 水平力 →	作用设计值 水平力 ←	对截面形心的力臂 L /m	力矩标准值 M /(kN·m) ↓+	力矩标准值 M /(kN·m) —↘	力矩设计值 M /(kN·m) ↓+	力矩设计值 M /(kN·m) —↘
自重(1.0) W_1	$(1/2)\times3.03\times15.15\times24\times1$	550.85			550.85			$12.86-(2/3)\times3.03=10.84$	5971.21		5971.21	
W_2	$5\times30.3\times24\times1$	3636			3636			$12.86-(3.03+2.5)=7.33$	26651.88		26651.88	
W_3	$(1/2)\times23.63\times17.725\times24\times1$	5026.1			5026.1			$12.86-(2/3)\times17.725=1.04$		5227.14		5227.14
水平水压力(1.0) P_{H1}	$(1/2)\times9.81\times29^2\times1$		4125.11			4125.11		$(1/3)\times29=9.67$		39889.81		39889.81
P_{H2}	$(1/2)\times9.81\times5^2\times1$			122.63			122.63	$(1/3)\times5=1.67$	204.79		204.79	
垂直水压力(1.0) P_{V1}	$9.81\times3.03\times13.85\times1$	411.68			411.68			$12.86-(1/2)\times3.03=11.35$	4672.57		4672.57	
P_{V2}	$(1/2)\times9.81\times3.03\times15.15\times1$	225.16			225.16			$12.86-(1/3)\times3.03=11.85$	2668.15		2668.15	
P_{V3}	$(1/2)\times9.81\times3.75\times5\times1$	91.97			91.97			$12.86-(1/3)\times3.75=11.61$		1067.77	1067.77	
淤沙压力(1.2) P_{SKH}	$(1/2)\times6.5\times11.1^2\times\tan^2(45°-18°/2)\times1$		211.37			253.64		$(1/3)\times11.1=3.7$		782.07		938.48
P_{SKV}	$(1/2)\times6.5\times11.1\times(11.1\times0.2)\times1$	80.09			96.11			$12.86-(1/3)\times11.1\times0.2=12.12$	970.69		1164.83	

续表

（荷载）作用（分项系数）	计算公式	作用标准值 垂直力↓	作用标准值 垂直力↑	作用标准值 水平力→	作用标准值 水平力←	作用设计值 垂直力↓	作用设计值 垂直力↑	作用设计值 水平力→	作用设计值 水平力←	对截面形心的力臂 L /m	力矩标准值 M /(kN·m) ↻+	力矩标准值 M /(kN·m) ↺−	力矩设计值 M /(kN·m) ↻+	力矩设计值 M /(kN·m) ↺−
浪压力 (1.2)　P_{WK}	(1/4)×9.81×6.881×(0.737+0.161)			15.15				18.18						
浪压力 (1.2)　M_{WK}	(1/2)×9.81×6.881×4.339×Y_1 −(1/2)×(1/2)×9.81×6.881×6.881/2×Y_2									$Y_1=29-3.441$ $+(1/3)×4.339$ $=27.01$ $Y_2=29-(2/3)$ $×3.441=26.71$		426.74		512.09
小计		↓10021.85		4351.63	122.63　→4229	↓10037.87		4396.93	122.63　→4274.30		41139.29	47393.53　−↓6254.24	41333.43	47635.29　−↓6301.86
扬压力 浮托力 U_1(1.0)	9.81×25.755×5×1		1263.28				1263.28			0	0		0	
U_2	9.81×0.25×24×4×1		235.44				282.53			12.86−2=10.86		2556.88		3068.26
渗透力 (1.2)　U_3	(1/2)×9.81×24×21.755×1		640.3				768.36			12.86−(2/3) ×21.755=−1.64		1050.09		1260.11
U_4	(1/2)×9.81×(24 −24×0.25)×4×1		353.16				423.79			12.86−(1/3) ×4=11.53		4071.93		4886.32
小计			↑2492.18				↑2737.96				−↓7678.9	7678.9	−↓9214.68	9214.68
总计		10021.85　↓7529.67	2492.18	4351.63	122.63　→4229	10037.87　↓7299.91	2737.96	4396.93	122.63　→4274.30		41139.29	55072.43　−↓13933.14	41333.43	56849.97　−↓15516.54

表 1 - 15　校核洪水位（荷载）作用标准值、设计值计算表

（荷载）作用（分项系数）	计算公式	作用标准值 垂直力 →	作用标准值 垂直力 ←	作用标准值 水平力 →	作用标准值 水平力 ←	作用设计值 垂直力 →	作用设计值 垂直力 ←	作用设计值 水平力 →	作用设计值 水平力 ←	对截面形心的力臂 L /m	力矩标准值 M /(kN·m) ↻+	力矩标准值 M /(kN·m) ↺-	力矩设计值 M /(kN·m) ↻+	力矩设计值 M /(kN·m) ↺-
自重 (1.0) W_1	$(1/2)\times3.03\times15.15\times24\times1$	550.85				550.85				$12.86-(2/3)\times3.03=10.84$	5971.21		5971.21	
W_2	$5\times30.3\times24\times1$	3636				3636				$12.86-(3.03+2.5)=7.33$	26651.88		26651.88	
W_3	$(1/2)\times17.725\times23.63\times24\times1$	5026.1				5026.1				$12.86-(2/3)\times17.725=1.04$		5227.14		5227.14
水平压力 (1.0) P_{H1}	$(1/2)\times9.81\times30.3^2\times1$			4503.23				4503.23		$(1/3)\times30.3=10.1$		45482.62		45482.62
P_{H2}	$(1/2)\times9.81\times6^2\times1$				176.58				176.58	$(1/3)\times6=2$	353.16		353.16	
垂直水压力 (1.0) P_{V1}	$9.81\times3.03\times15.15\times1$	440.32				440.32				$12.86-(1/2)\times3.03=11.35$	5111.13		5111.13	
P_{V2}	$(1/2)\times9.81\times3.03\times15.15\times1$	225.16				225.16				$12.86-(1/3)\times3.03=11.85$	2668.15		2668.15	
P_{V3}	$(1/2)\times9.81\times4.5\times6\times1$	132.44				132.44				$12.86-(1/3)\times4.5=11.36$		1504.52		1504.52
淤沙压力 (1.2) P_{SKH}	$(1/2)\times6.5\times11.1^2\times\tan^2(45°-18°/2)\times1$			211.37				253.64		$(1/3)\times11.1=3.7$		782.07		938.48
P_{SKV}	$(1/2)\times6.5\times11.1\times(11.1\times0.2)\times1$	80.09				96.11				$12.86-(1/3)\times11.1\times0.2=12.12$	970.69		1164.83	

续表

（荷载）作用（分项系数）	计算公式	作用标准值 垂直力 ↓	垂直力 ↑	水平力 →	水平力 ←	作用设计值 垂直力 ↓	垂直力 ↑	水平力 →	水平力 ←	对载面形心的力臂 L /m	力矩标准值 M /(kN·m) ↓+	—↘	力矩设计值 M /(kN·m) ↓+	—↘
浪压力(1.2) P_{wk}	(1/4)×9.81×3.819×(0.353+0.067)			3.93				4.72						
浪压力(1.2) M_{wk}	(1/2)×9.81×3.819×2.330×Y_1－(1/2)×9.81×3.819×3.819/2×Y_2									Y_1=30.3－1.910＋(1/3)×2.330＝29.17　Y_2=30.3－(2/3)×1.910＝29.03		117.25		140.70
小　计		10100.96（↓10100.96）		4718.53（→4541.95）	176.58	10116.98（↓10116.98）		4761.59（→4585.01）	176.58		41726.22	53113.6（—↘11387.38）	41920.36	53293.46（—↘11373.11）
扬压力 浮托力 U_1(1.0)	9.81×25.755×6×1		1515.94				1515.94			0	0		0	
扬压力 渗透力(1.2) U_2	9.81×0.25×24.3×4×1		238.38				286.06			12.86－2＝10.86		2588.81		3106.57
U_3	(1/2)×9.81×0.25×24.3×21.755×1		648.25				777.90			12.86－(2/3)×21.755＝－1.64		1063.13		1275.76
U_4	(1/2)×9.81×(24.3－24.3×0.25)×4×1		357.57				429.08			12.86－(1/3)×4＝11.53		4122.78		4947.34
小　计			2760.14（↓2760.14）				3008.98（↓3008.98）				—↘7774.72	7774.72	—↘9329.66	9329.66
总　计		10100.96（↓7340.82）	2760.14	4718.53（→4541.95）	176.58	10116.98（↓7108.00）	3008.98	4761.59（→4585.01）	176.58		41726.22	60888.32（—↘19162.1）	41920.36	62623.13（—↘20702.77）

（四）抗滑稳定极限状态计算

坝体抗滑稳定极限状态，属承载能力极限状态，核算时，其作用和材料性能均应以设计值代入。分设计和校核两种情况进行验算。

设计情况验算：基本组合时 $\gamma_0 = 1.0$；$\psi = 1.0$，$\gamma_d = 1.2$；$f'_d = 0.82/1.3 = 0.6308$；$C'_d = 600/3 = 200.00\text{kPa}$。

$$\gamma_0 \psi S(\cdot) = \gamma_0 \psi \sum P = 1 \times 1 \times 4274.3 = 4274.3 \quad (\text{kN})$$

$$\frac{1}{\gamma_d} R(\cdot) = \frac{1}{\gamma_d}(f'_d \sum W + C'_d A)$$

$$= \frac{1}{1.2} \times (0.6308 \times 7299.91 + 200.00 \times 25.755 \times 1) = 8129.82 \quad (\text{kN})$$

4274.3kN＜8129.82kN，故基本组合时抗滑稳定极限状态满足要求。偶然组合与基本组合计算方法类同。

校核情况验算：偶然组合时 $\gamma_0 = 1.0$；$\psi = 0.85$，$\gamma_d = 1.2$；$f'_d = 0.82/1.3 = 0.6308$；$C'_d = 600/3 = 200.00\text{kPa}$。

$$\gamma_0 \psi S(\cdot) = \gamma_0 \psi \sum P = 1 \times 0.85 \times 4585.01 = 3897.26 \quad (\text{kN})$$

$$\frac{1}{\gamma_d} R(\cdot) = \frac{1}{\gamma_d}(f'_d \sum W + C'_d A)$$

$$= \frac{1}{1.2} \times (0.6308 \times 7108 + 200.00 \times 25.755 \times 1) = 8208.94 \quad (\text{kN})$$

3897.26kN＜8208.94kN，故基本组合时抗滑稳定极限状态满足要求。

（五）坝址抗压强度极限状态计算

坝趾抗压强度极限状态，属承载能力极限状态，核算时，其作用和材料性能均以设计值代入。分设计和校核两种情况进行验算。

设计情况验算：基本组合时，$\gamma_0 = 1$；$\psi = 1.0$，$\gamma_d = 1.3$。

$$\gamma_0 \psi S(\cdot) = \gamma_0 \psi \left(\frac{\sum W}{B} - \frac{6\sum M}{B^2}\right)(1 + m^2)$$

$$= 1.0 \times 1.0 \times \left(\frac{7299.91}{25.755} + \frac{6 \times 15516.54}{27.755^2}\right) \times (1 + 0.75^2) = 662.17 \quad (\text{kPa})$$

对于坝趾岩基：

$$\frac{1}{\gamma_d} R(\cdot) = \frac{1}{\gamma_d} f_R = \frac{1}{1.3} \times 4000 = 3076.92 \quad (\text{kPa})$$

由于 662.17kPa＜3076.92kPa，故基本组合时坝址基岩抗压强度极限状态满足要求。

对于坝趾混凝土 C10：

$$\frac{1}{\gamma_d} R(\cdot) = \frac{1}{\gamma_d} \frac{f_{ckd}}{\gamma_m} = \frac{1}{1.3} \times \frac{10000}{2.0} = 3846.15 \quad (\text{kPa})$$

由于 662.17kPa＜3846.15kPa，故基本组合时坝趾混凝土 C10 抗压强度极限状态满足要求。

校核情况验算：偶然组合时，$\gamma_0 = 1$；$\psi = 0.85$，$\gamma_d = 1.3$。

$$\gamma_0 \psi S(\cdot) = \gamma_0 \psi \left(\frac{\sum W}{B} - \frac{6\sum M}{B^2}\right)(1 + m^2)$$

$$= 1.0 \times 1.0 \times \left(\frac{7108}{25.755} + \frac{6 \times 20702.77}{25.755^2} \right) \times (1 + 0.75^2) = 723.83 \quad (\text{kPa})$$

对于坝趾岩基：

$$\frac{1}{\gamma_d} R(\cdot) = \frac{1}{\gamma_d} 4000 = \frac{1}{1.3} \times 4000 = 3076.92 \quad (\text{kPa})$$

由于 723.83kPa＜3076.92kPa，故基本组合时坝趾岩基抗压强度极限状态满足要求。

对于坝趾混凝土 C10：

$$\frac{1}{\gamma_d} R(\cdot) = \frac{1}{\gamma_d} \frac{f_{ckd}}{\gamma_m} = \frac{1}{1.3} \times \frac{10000}{2.0} = 3846.15 \quad (\text{kPa})$$

由于 723.83kPa＜3846.15kPa，故基本组合时坝趾混凝土 C10 抗压强度极限状态满足要求。

（六）坝体上下游面拉应力正常使用极限状态计算

因上下游坝面不出现拉应力属于正常使用极限状态（要求计入扬压力），故设计状况系数 ψ 作用分项系数 γ_G、γ_Q，材料性能分项系数 γ_m 均采用 1.0，扬压力也采用标准值。规范规定上游坝踵不出现拉应力结构功能的极限值 $C_1 = 0$；当坝上游有倒坡、施工期和完建无水期时下游坝趾允许出现小于 0.1MPa 的拉应力，结构功能的极限值 $C_2 = 0.1$MPa。下面只对坝踵进行验算。分设计和校核两种情况进行验算。

设计情况验算：

$$\gamma_0 S(\cdot) = \gamma_0 (1 + n^2) \left(\frac{\sum W}{B} + \frac{6 \sum M}{B^2} \right)$$

$$= 1.0 \times (1 + n^2) \left(\frac{7529.67}{25.755} - \frac{6 \times 13933.14}{25.755^2} \right) = 172.98 (\text{kPa}) > 0$$

因 172.98kPa＞0，故上游坝踵不出现拉应力，满足要求。

校核情况验算：

$$\gamma_0 S(\cdot) = \gamma_0 (1 + n^2) \left(\frac{\sum W}{B} + \frac{6 \sum M}{B^2} \right)$$

$$= 1.0 \times (1 + n^2) \left(\frac{7340.82}{25.755} - \frac{6 \times 19162.1}{25.755^2} \right) = 116.17 (\text{kPa}) > 0$$

因 116.17kPa＞0，故上游坝踵不出现拉应力，满足要求。

根据现有计算成果，所拟剖面在基本组合情况下满足设计要求，抗滑稳定验算差值较大，抗压强度极限值计算比较后，坝基岩石允许抗压设计值较实际垂直压应力大 4.5 倍，混凝土抗压强度设计极限值较实际垂直压应力大 5.7 倍，坝坡可调整得再陡一些。

项目二   溢流坝与泄水孔设计

工 作 任 务 书				
课程名称	重力坝设计与施工		项目	非溢流坝设计
工作任务	溢流坝剖面设计与绘图、消能防冲设计、地基处理与西部构造		建议学时	3.5
班级		学员姓名	工作日期	
工作内容 与目标	（1）掌握溢流孔口设计置方法； （2）掌握溢流坝剖面设计方法； （3）掌握消能防冲设计方法； （4）了解泄水孔的设计方法； （5）掌握地基处理设计方法； （6）掌握细部构造设计方法			
工作步骤	（1）溢流孔口设计； （2）溢流坝剖面设计； （3）消能防冲设计； （4）泄水孔的设计； （5）坝顶布置与细部构造			
提交成果	（1）溢流坝设计、泄水孔设计计算书； （2）溢流坝剖面图、泄水孔布置图、细部构造图			
考核要点	（1）溢流坝剖面设计计算； （2）溢流坝剖面图、泄水孔布置图			
考核方式	（1）知识考核采用笔试、提问； （2）技能考核依据设计报告和设计图纸进行提问、现场答辩、项目答辩、项目技能过关考试			
工作评价	小组 互评	同学签名：＿＿＿＿＿＿		年　　月　　日
	组内 互评	同学签名：＿＿＿＿＿＿		年　　月　　日
	教师 评价	教师签名：＿＿＿＿＿＿		年　　月　　日

任 务 一   溢 流 坝 剖 面 设 计

单元任务目标：完成溢流坝剖面设计。

溢流坝剖设计任务执行过程引导：确定泄水方式，孔口布置（选择 q、估算 $B_净$、定单孔宽和孔数 n、计算堰上水头、确定堰顶高程、过流能力校核），确定定型设计水头 H_s，建立下游堰面曲线（密曲线）、绘制下游堰面曲线，计算上切点坐标 (x_c, y_c)，绘制直线段，绘制反弧段（确定鼻坎顶高程、计算反弧半径、选择挑射角、确定圆心位置、绘制反弧），形成溢流坝初步剖面，挑距与冲坑计算。

溢流坝剖修正任务执行过程引导：

（1）下游堰面曲线超出基本剖面时：移动基本剖面使基本剖面的下游斜坡与溢流坝直线段重叠，定倒悬高度，除去多余部分。

（2）下游堰面曲线在基本剖面之内时：移动基本剖面使基本剖面的下游斜坡与溢流坝直线段重叠，确定增加部分，在堰顶做一45°斜线，使之与1/4椭圆相切。

溢流坝坝顶布置任务执行过程引导： 确定闸墩厚度和上游墩头型式，确定工作门槽位置和尺寸，确定检修门槽的位置和尺寸，确定交通桥、工作桥的位置和尺寸，确定下游墩头型式，确定导墙高度与长度，形成溢流坝坝顶整体布置图。

提交成果： 溢流坝剖面设计计算成果，溢流坝剖面设计图，溢流坝坝顶布置图，闸墩剖面图（B5图纸不少于2张）。

考核要点提示： 溢流坝剖面设计（孔口宽度、堰顶高程、定型设计水头、堰面曲线绘制、反弧绘制、挑距计算等）；溢流坝剖面图绘制与修正，溢流坝坝顶布置。

溢流重力坝简称溢流坝，既是挡水建筑物，又是泄水建筑物。因此，坝体剖面设计除要满足稳定和强度要求外，还要满足泄水的要求，同时要考虑下游的消能问题。当溢流坝段在河床上的位置确定后，先选择合适的泄水方式，并根据洪水标准和运用要求确定孔口尺寸及溢流堰顶高程。

一、溢流坝的设计要求

溢流坝是枢纽中最重要的泄水建筑物之一，将规划库容所不能容纳的大部分洪水经坝顶泄向下游，以便保证大坝安全。溢流坝应满足泄洪的设计要求，包括以下内容：

（1）有足够大的孔口尺寸、良好的孔口体形和泄水时具有较大的流量系数。

（2）使水流平顺地通过坝体，不允许产生不利的负压和振动，避免发生空蚀现象。

（3）保证下游河床不产生危及坝体安全的冲坑和冲刷。

（4）溢流坝段在枢纽中的位置，应使下游流态平顺，不产生折冲水流，不影响枢纽中其他建筑物的正常运行。

（5）有灵活控制水流下泄的设备，如闸门、启闭机等。

溢流坝的设计，既有结构问题，也有水力学问题，如冲刷、空蚀、脉动、掺气、消能等。对这些问题的研究，近年来虽然在试验和计算方面都取得了很大的进展，但在很多方面仍有待深入研究。

二、溢流坝的泄水方式

溢流坝的泄水方式有坝顶溢流式和大孔口溢流式两种。

1. 坝顶溢流式 ［图 2-1（a）］

根据运用要求，堰顶可以设闸门，也可以不设闸门。

不设闸门时，堰顶高程等于水库的正常蓄水位，泄水时，靠壅高库内水位增加下泄量，这种情况增加了库内的淹没损失和非溢流坝的坝顶高程和坝体工程量。坝顶溢流不仅可以用于排泄洪水，还可以用于排泄其他漂浮物。它结构简单，可自动泄洪，管理方便。适用于洪水流量较小，淹没损失不大的中、小型水库。

当堰顶设有闸门时，闸门顶高程虽高于水库正常蓄水位，但堰顶高程较低，可利用闸门不同开启度调节库内水位和下泄流量，减少上游淹没损失和非溢流坝的高度及坝体的工程

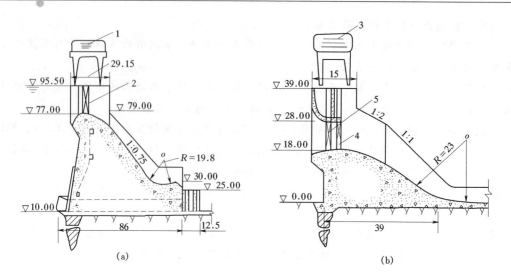

图 2-1   溢流坝泄水方式（单位：m）

(a) 坝顶溢流式；(b) 大孔口溢流式

1—350T 门机；2—工作闸门；3—175/40T 门机；4—12×10m 定轮闸门；5—检修门

量。与深孔闸门比较，堰顶闸门承受的水头较小，其孔口尺寸较大，由于闸门安装在堰顶，操作、检修均比深孔闸门方便。当闸门全开时，下泄流量与堰上水头 H_0 的 3/2 次方成正比。随着库水位的升高，下泄流量增加较快，具有较大的超泄能力。在大、中型水库工程中得到广泛的应用。

2. 大孔口溢流式 ［图 2-1 (b)］

在闸墩上部设置胸墙，有固定胸墙和活动胸墙两种，既可利用胸墙挡水，又可减少闸门的高度和降低堰顶高程。它可以根据洪水预报提前放水，腾出较大的防洪库容，提高水库的调洪能力。当库水位低于胸墙下缘时，下泄水流流态与堰顶开敞溢流式相同；当库水位高于孔口一定高度时，呈大孔口出流。胸墙多为钢筋混凝土结构，常固接在闸墩上，也有做成活动式的。遇特大洪水时可将胸墙吊起，以加大泄洪能力，利于排放漂浮物。

三、溢流坝的孔口布置

溢流坝的孔口设计涉及很多因素，如洪水设计标准、下游防洪要求、库水位壅高的限制、泄水方式、堰面曲线以及枢纽所在地段的地形、地质条件等。设计时，先选定泄水方式，拟定若干个泄水布置方案（除堰面溢流外，还可配合坝身泄水孔或泄洪隧洞泄流），初步确定孔口尺寸，按规定的洪水设计标准进行调洪演算，求出各方案的防洪库容、设计和校核洪水位及相应的下泄流量，然后估算淹没损失和枢纽造价，进行综合比较，选出最优方案。

1. 洪水标准

设计永久性建筑物所采用的洪水标准分为正常运用（设计情况）和非常运用（校核情况）两种情况，应根据工程规模、重要性和基本资料等情况，按山区、丘陵区、平原、滨海区分别确定。详见表 2-1 和表 2-2。

在山区、丘陵区，土石坝一旦失事后对下游造成特别重大灾害时，1 级建筑物的校核洪水标准应取可能最大洪水（PME）或 10000 年一遇洪水。2～4 级建筑物可提高一级设计，并按提高后的级别确定洪水标准。对混凝土坝、浆砌石坝，如果洪水漫顶将造成严重的损失时，1级建筑物的校核洪水标准经过专门论证并报主管部门批准，可取可能最大洪水（PME）或10000年一遇洪水。

表 2-1　　　　　山区、丘陵区水利水电枢纽工程水工建筑物洪水标准

水工建筑物级别			1	2	3	4	5
洪水重现期/年	设计情况		1000～500	500～100	100～50	50～30	30～20
	校核情况	土石坝	可能最大洪水（PME）或1000～5000	5000～2000	2000～1000	1000～300	300～200
		混凝土坝、浆砌石坝	5000～2000	2000～1000	1000～500	500～200	200～100

表 2-2　　　　　平原地区水利水电枢纽工程永久性建筑物洪水标准　　　　　单位：年

永久性水工建筑物级别　　项目		1	2	3	4	5
设计情况	水库工程	300～100	100～50	50～20	20～10	10
	拦河水闸	100～50	50～30	30～20	20～10	10
校核情况	水库工程	2000～1000	1000～300	300～100	100～50	50～20
	拦河水闸	300～200	200～100	100～50	50～20	20

2. 单宽流量的确定

单宽流量的大小是溢流重力坝设计中一个很重要的控制性指标。单宽流量一经选定，就可以初步确定溢流坝段的净宽和堰顶高程。单宽流量越大，下泄水流的动能越集中，消能问题就越突出，下游局部冲刷会越严重，但溢流前缘短，对枢纽布置有利。因此，一个经济而又安全的单宽流量，必须综合地质条件、下游河道水深、枢纽布置和消能工设计多种因素，通过技术经济比较后选定。工程实证明对于软弱岩石常取 $q=20\sim50\text{m}^3/(\text{s}\cdot\text{m})$；中等坚硬的岩石取 $q=50\sim100\text{m}^3/(\text{s}\cdot\text{m})$；特别坚硬的岩石 $q=100\sim150\text{m}^3/(\text{s}\cdot\text{m})$；地质条件好、堰面铺铸石防冲、下游尾水较深和消能效果好的工程，可以选取更大的单宽流量。近年来，随着消能技术的进步，选用的单宽流量也不断增大。在我国已建成的大坝中，龚嘴的单宽流量达 $254.2\text{m}^3/(\text{s}\cdot\text{m})$，安康水电站的单宽流量达 $282.7\text{m}^3/(\text{s}\cdot\text{m})$。而委内瑞拉的古里坝单宽流量已突破了 $300\text{m}^3/(\text{s}\cdot\text{m})$ 的界限。

3. 孔口尺寸的确定

溢流孔口尺寸主要取决于通过溢流孔口的下泄洪水流量 $Q_溢$，根据设计和校核情况下的洪水来量，经调洪演算确定下泄洪水流量 $Q_总$，再减去泄水孔和其他建筑物下泄流量之和 Q_0，即得 $Q_溢$。

$$Q_溢 = Q_总 - \alpha Q_0 \quad (\text{m}^3/\text{s}) \tag{2-1}$$

式中　Q_0——经由电站、船闸及其他泄水孔下泄的流量；

　　　α——系数，考虑电站部分运行，或由于闸门障碍等因素对下泄流量的影响，正常运用时取 0.75～0.90，校核情况下取 1.0。

单宽流量 q 确定以后，溢流孔净宽 B（不包括闸墩厚度）为

$$B = \frac{Q_溢}{q} \quad (\text{m}) \tag{2-2}$$

装有闸门的溢流坝，用闸墩将溢流段分隔为若干个等宽的孔。设孔口总数为 n，孔口宽度 $b = B/n$，d 为闸墩厚度，则溢流前缘总宽度 B_1 为

$$B_1 = nb + (n-1)d \quad (\text{m}) \tag{2-3}$$

经调洪演算求得设计洪水位及相应的下泄流量后，可利用下式计算堰顶水头 H_z（m），此时堰顶水头包括流速水头在内。当采用开敞式溢流坝泄流时，得

$$Q_溢 = m_z \varepsilon \sigma_m B \sqrt{2g} H_z^{3/2} \tag{2-4}$$

式中　B——溢流孔净宽，m；

　　　m_z——流量系数，可从有关水力计算手册中查得；

　　　ε——侧收缩系数，根据闸墩厚度及闸墩头部形状而定，初设时可取 $0.90 \sim 0.95$；

　　　σ_m——淹没系数，视淹没程度而定；

　　　g——重力加速度 9.81，m/s^2。

用设计洪水位减去堰顶水头 H_z（此时堰顶水头应扣除流速水头）即得堰顶高程。

当采用孔口泄流时，得

$$Q_溢 = \mu A_k \sqrt{2g H_z} \tag{2-5}$$

式中　A_k——出口处的面积，m^2；

　　　H_z——自由出流时为孔口中心处的作用水头，m，淹没出流时为上下游水位差；

　　　μ——孔口或管道的流量系数，初设时对有胸墙的堰顶孔口，当 $\frac{H_z}{D} = 2.0 \sim 2.4$ 时（D 为孔口高，m），取 $\mu = 0.74 \sim 0.82$；对深孔取 $\mu = 0.83 \sim 0.93$，当为有压流时，μ 值必须通过计算沿程及局部水头损失来确定。

确定孔口尺寸时应考虑以下因素：

（1）泄洪要求。对于大型工程，应通过水工模型试验检验泄流能力。

（2）闸门和启闭机械。孔口宽度越大，启门力也越大，工作桥的跨度也相应加长。此外，闸门应有合理的宽高比，常采用的 $b/H \approx 1.5 \sim 2.0$。为了便于闸门的设计和制造，应尽量采用《水利水电工程钢闸门设计规范》（SL 74—2013）推荐的孔口尺寸标准，见表 2-3。

表 2-3　　　　　　　　　露顶式溢洪道闸门的孔口参考尺寸　　　　　　　　单位：m

孔口高度	孔口宽度																	
	1.0	1.5	2.0	2.5	3.0	3.5	4.0	4.5	5.0	6.0	7.0	8.0	10.0	12.0	14.0	16.0	18.0	20.0
1.0	○	○	○	○														
1.5		○	○	○														
2.0			○	○	○	○	○											
2.5				○	○	○	○											
3.0					○	○	○	○	○	○								
3.5						○	○	○	○	○								
4.0							○	○	○	○	○	○	○					

续表

孔高度	孔口宽度																	
	1.0	1.5	2.0	2.5	3.0	3.5	4.0	4.5	5.0	6.0	7.0	8.0	10.0	12.0	14.0	16.0	18.0	20.0
4.5							○	○	○	○	○	○	○					
5.0								○	○	○	○	○	○	○	○			
6.0									○	○	○	○	○	○	○	○		
7.0											○	○	○	○	○	○	○	○
8.0											○	○	○	○	○	○	○	○
9.0												○	○	○	○	○	○	○
10.0													○	○	○	○	○	○
11.0													○	○	○	○	○	○
12.0													○	○	○	○	○	○
13.0														○	○	○	○	○
14.0														○	○	○	○	○
15.0														○	○	○		
16.0														○	○	○	○	○
18.0															○	○	○	○
20.0															○	○	○	○
22.0															○	○		

注　标"○"为推荐孔口尺寸。

（3）枢纽布置。孔口高度愈大，单宽流量愈大，溢流坝段愈短；孔口宽度愈小，孔数愈多，闸墩数也愈多，溢流坝段总长度也相应加大。

（4）下游水流条件。单宽流量愈大，下游消能问题就愈突出。为了对称均衡开启闸门，以控制下游河床水流流态，孔口数目最好采用奇数。

当校核洪水与设计洪水相差较大时，应考虑非常泄洪措施，如适当加长溢流前缘长度；当地形、地质条件适宜时，还可以像土坝一样设置岸边非常溢洪道。

溢流坝段的横缝，有以下两种布置方式（图2-2）：①缝设在闸墩中间，当各坝段间产生不均匀沉降时，不致影响闸门启闭，工作可靠，缺点是闸墩厚度较大；②缝设在溢流孔跨中，闸墩厚度较薄，但易受地基不均匀沉降的影响，且高速水流在横缝上通过，易造成局部冲刷，气蚀和水流不畅。

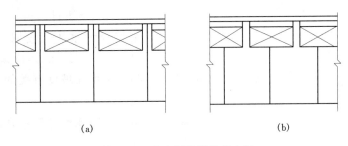

（a）　　　　　　　　　　　　　　（b）

图2-2　溢流坝段横缝的布置

四、溢流坝的剖面设计

溢流坝的基本剖面也呈三角形。上游坝面可以做成铅直面，也可以做成折坡面。溢流面由顶部曲线段、中间直线段和底部反弧段三部分组成，如图2-3所示。设计要求是：①有较高的流量系数，泄流能力大；②水流平顺，不产生不利的负压和空蚀破坏；③形体简单、造价低，便于施工等。

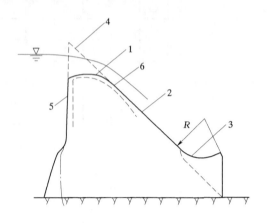

图2-3　溢流坝剖面
1—顶部溢流段；2—直线段；3—反弧段；4—基本剖面；5—薄壁堰；6—薄壁堰溢流水舌

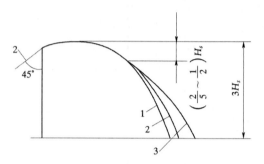

图2-4　克-奥曲线与幂曲线比较
1—幂曲线；2—克-奥Ⅱ型曲线；3—克-奥Ⅰ型曲线

（一）溢流坝的堰面曲线

1. 顶部曲线段

溢流堰面曲线常采用非真空剖面曲线。采用较广泛的非真空剖面曲线有克-奥曲线和幂曲线（或称 WES 曲线）两种。克-奥曲线与幂曲线在堰顶以下 $(2/5\sim1/2)H_s$（H_s 为定型设计水头）范围内基本重合，在此范围以外，克-奥曲线定出的剖面较肥大，常超出稳定和强度的需要，如图2-4所示。克-奥曲线不给出曲线方程，只给定曲线坐标值，插值计算和施工放样均不方便。而幂曲线给定曲线方程，如式（2-6），便于计算和放样。克-奥曲线流量系数约为 $0.48\sim0.49$，小于幂曲线流量系数（最大可达 0.502），故近年来堰面曲线多采用幂曲线。

（1）开敞式溢流堰面曲线。如图2-5所示，采用幂曲线时按下式计算：

$$x^n = KH_s^{n-1}y \qquad (2-6)$$

式中　H_s——定型设计水头，按堰顶最大作用水头 H_{zmax} 的 $75\%\sim95\%$ 计算，m；

n、K——与上游坝面坡度有关的指数和系数，见表2-4；

x、y——溢流面曲线的坐标，其原点设在堰面曲线的最高点。

原点上游宜用椭圆曲线，其方程式为

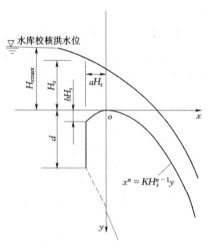

图2-5　开敞式溢流堰面曲线

$$\frac{x^2}{(aH_s)^2} + \frac{(bH_s - y)^2}{(bH_s)^2} = 1 \qquad (2-7)$$

式中　aH_s、bH_s——椭圆曲线的长轴和短轴，若上游面铅直，a、b 可按下式选取：$a \approx$

0.28～0.30，$\dfrac{a}{b} = 0.87 + 3a$。

当采用倒悬堰顶时 [图 2-7（a）] 应满足 $d > \dfrac{H_{z\max}}{2}$。

WES 曲线计算表见表 2-5。

表 2-4　　　　　　　　　　　　　　**K、n 值 表**

上游坝面坡度	K	n	上游坝面坡度	K	n
铅直面 3：0	2.000	1.850	倾斜面 3：1	1.936	1.836

表 2-5　　　　　　　　　　　　　**WES 曲 线 计 算 表**

					$x^n = KH_s^{n-1}y$				
x	0	1	2	3	…				x_c
y	0								y_c

选择不同定型设计水头时堰顶可能出现最大负压值见表 2-6。

表 2-6　　　　　　　　**不同定型设计水头对应的堰顶最大负压表**

$H_s/H_{z\max}$	0.75	0.775	0.80	0.825	0.85	0.875	0.90	0.95	1.00
最大负压值/m	$0.5H_s$	$0.45H_s$	$0.4H_s$	$0.35H_s$	$0.3H_s$	$0.25H_s$	$0.20H_s$	$0.10H_s$	$0.0H_s$

其他作用水头 H_z 下的流量系数 m_s 和定型设计水头 H_s 情况下的流量系数 m 的比值见表 2-7。

表 2-7　　　　　　　　**作用水头、设计水头与流量系数之间的关系**

H_z/H_s	0.2	0.4	0.6	0.8	1.0	1.2	1.4
m_s/m	0.85	0.90	0.95	0.975	1.0	1.025	1.07

（2）设有胸墙的堰面曲线。如图 2-6 所示，当堰顶最大作用水头 $H_{z\max}$（孔口中心线以上）与孔口高度 D 的比值 $\dfrac{H_{z\max}}{D} > 1.5$ 时，或闸门全开仍属孔口泄流时，可按下式设计堰面曲线：

$$y = \frac{x^2}{4\varphi^2 H_s}$$

式中　H_s——定型设计水头，一般取孔口中心线至水库校核洪水位的水头的 75%～95%；

　　　φ——孔口收缩断面上的流速系数，一般取 $\varphi = 0.96$，若孔前设有检修闸门，取 $\varphi = 0.95$；

　　x、y——曲线坐标，其原点设在堰顶最高点，如图 2-6 所示；

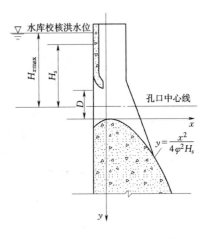

图 2-6　带胸墙大孔口的堰面曲线

其余符号意义同前。

坐标原点的上游段可采用单圆曲线、复合圆曲线或椭圆曲线与上游坝面连接，胸墙底缘也可采用圆弧或椭圆曲线外形，原点上游曲线与胸墙底缘曲线应通盘考虑，若 $1.2 < \dfrac{H_{zmax}}{D} < 1.5$，堰面曲线应通过试验确定。

按定型设计水头确定的溢流面顶部曲线，当通过校核洪水时将出现负压，一般要求负压值不超过 $3\sim6m$ 水柱高。

2. 中间直线段

中间直线段的上端与堰顶曲线相切，下端与反弧段相切，坡度与非溢流坝段的下游坡相同，上切点位置为 $x_c = \left[\dfrac{k}{mn}\right]^{\frac{1}{n-1}} H_s$，下切点可利用作图法求出。

3. 底部反弧段

溢流坝面反弧段是使沿溢流面下泄水流平顺转向的工程设施，通常采用圆弧曲线，$R = (4\sim10)h$，h 为校核洪水闸门全开时反弧最低点的水深。反弧最低点的流速愈大，要求反弧半径愈大。当流速小于 $16m/s$ 时，取下限；流速大时，宜采用较大值。当采用底流消能，反弧段与护坦相连时，宜采用上限值。

挑流圆弧曲线结构简单，施工方便，但工程实践表明容易发生空蚀破坏，为此，许多人开展了可探求合理新型反弧曲线的研究，如球面、变宽度曲面、差动曲面等。

（二）溢流坝剖面设计

溢流坝的实用剖面，是在三角形基本剖面基础上结合堰面曲线修改而成，在剖面设计时往往会出现以下两种情况。

1. 溢流坝堰面曲线超出基本三角形剖面

如图 2-7（a）所示，在坚固完好的岩基上，会出现这种情况，设计时需对基本剖面进行修正。

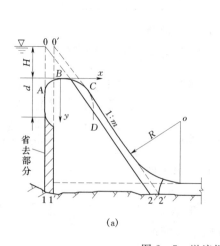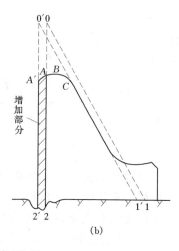

（a）　　　　　　　　　　　　　　（b）

图 2-7　溢流坝剖面绘制

（a）反弧与护坦连接；（b）反弧与挑流鼻坎连接

先绘出非溢流坝三角形基本剖面△102，根据溢流坝的定型设计水头 H_s 和选定的堰面曲线型式，点绘出堰面曲线 $ABCD$，将基本三角形△012 平移至今△$0'1'2'$位置，使下游边$0'2'$与溢流坝面的切线重合，坝上游阴影部分可以省去。为了不影响堰顶泄流，保留高度 d 的悬臂实体，且要求 $d \geqslant 0.5H_{zmax}$（H_{zmax} 为堰顶最大作用水头）。

2. 溢流堰面曲线落在三角形基本剖面以内

如图 2-7（b）所示，当坝基摩擦系数较大时，会出现这种情况。为了满足与基本剖面协调的要求，可将失去的部分坝体体积补上，通常是在溢流坝顶加一斜直线 AA'，使之与溢流曲线相切于 A 点，增加上游阴影部分坝体体积，同时也满足坝体稳定和强度要求。

3. 具有挑流鼻坎的溢流坝

当鼻坎超出基本三角形剖面以外时，如图 2-8 所示，若 $l/h > 0.5$，须核算 $B—B'$ 截面处的应力；若拉应力较大，可考虑在 $B—B'$ 截面处设置结构缝，把鼻坎与坝体分开；若拉应力不大，也可采用局部加强措施，不设结构缝。

溢流坝和非溢流坝的上游坝面要求应尽量一致，并且对齐，以免产生坝段之间的侧向水压力，使坝段的稳定、强度计算复杂化。溢流坝的下游坝面，则不强求与非溢流坝面完全一致对齐，只要两者各自保持一致对齐即可。

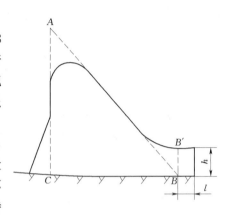

图 2-8　挑流鼻坎的结构缝

五、溢流坝的消能防冲

因为溢流坝下泄的水流具有很大的动能，常高达几百万甚至几千万千瓦，潘家口和丹江口坝的最大泄洪功率均接近 3000 万 kW，如此巨大的能量，若不妥善进行处理，势必导致下游河床被严重冲刷，甚至造成岸坡坍塌和大坝失事。所以，消能措施的合理选择和设计，对枢纽布置、大坝安全及工程造价都有重要意义。

通过溢流坝下泄的水流具有巨大的能量，它主要消耗在三个方面：一是水流内部的互相撞击和摩擦；二是下泄水体与空气之间的掺气摩阻；三是下泄水流与固体边界（如坝面、护坦、岸坡、河床）之间的摩擦和撞击。

消能工消能是通过局部水力现象，把一部分水流的动能转换成热能，随水流散逸。实现这种能量转换的途径有：水流内部的紊动、掺混、剪切及旋滚；水股的扩散及水股之间的碰撞；水流与固体边界的剧烈摩擦和撞击。水流与周围空气的摩擦和掺混等消能形式的选择，要根据枢纽布置、地形、地质、水文、施工和运用等条件确定。消能工的设计原则是：①尽量使下泄水流的大部分动能消耗在水流内部的紊动中，以及水流与空气的摩擦上；②不产生危及坝体安全的河床或岸坡的局部冲刷；③下泄水流平稳，不影响枢纽中其他建筑物的正常运行；④结构简单，工作可靠；⑤工程量小，造价低。

常用的消能方式有底流消能、挑流消能、面流消能和消力戽消能等。

挑流消能是利用溢流坝下游反弧段的鼻坎，将下泄的高速水流挑射抛向空中，抛射水流在掺入大量空气时消耗部分能量，而后落到距坝较远的下游河床水垫中产生强烈的漩滚，并冲刷河床形成冲坑，随着冲坑的逐渐加深，大量能量消耗在水流漩滚的摩擦之中，冲坑也逐渐趋于稳定。鼻坎挑流消能一般适用于基岩比较坚固的中、高溢流重力坝。

　　鼻坎挑流消能设计主要包括：选择合适的鼻坎型式、鼻坎高程、挑射角度、反弧半径、鼻坎构造和尺寸，计算挑射距离和最大冲坑深度。挑流形成的冲坑应保证不影响坝体及其他建筑物的安全。

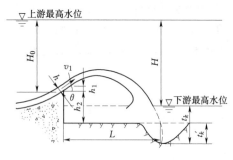

图 2-9　挑流鼻坎消能图

常用的挑流鼻坎型式有连续式和差动式两种。本实训采用连续式挑流鼻坎，如图 2-9 所示。连续式挑流鼻坎构造简单、射程较远，鼻坎上水流平顺、不易产生空蚀。

　　鼻坎挑射角度，一般情况下取 $\theta = 20° \sim 25°$ 为好。对于深水河槽以选用 $\theta = 15° \sim 20°$ 为宜。加大挑射角，虽然可以增加挑射距离，但由于水舌入水角（水舌与下游水面的交角）加大，使冲坑加深。

　　鼻坎反弧半径 R 一般采用 $(8 \sim 10)h$，h 为反弧最低点处的水深。R 太小时，鼻坎水流转向不顺畅；R 过大时，将迫使鼻坎向下延伸太长，增加了鼻坎工程量。鼻坎反弧也可采用抛物线，曲率半径由大到小，这样，既可以获得较大的挑射角 θ，又不至于增加鼻坎工程量，但鼻坎施工复杂，在实际运用中受到限制。

　　鼻坎高程应高于鼻坎附近下游最高水位 $1 \sim 2m$。

　　由于冲坑最深点大致落在水舌外缘的延长线上，故挑射距离按以下公式估算

$$L = \frac{1}{g}\left[v_1^2 \sin\theta\cos\theta + v_1\cos\theta\sqrt{v_1^2\sin^2\theta + 2g(h_1 + h_2)}\right] \quad (2-8)$$

式中　　L——水舌挑射距离，m，挑流鼻坎下垂直面至冲坑最深点的水平距离；

　　　　v_1——坎顶水面流速，m/s，按鼻坎处平均流速 v 的 1.1 倍计，即 $v_1 = 1.1v = 1.1\varphi\sqrt{2gH_0}$（$H_0$ 为库水位至坎顶的落差，φ 为堰面流速系数）；

　　　　θ——鼻坎的挑角；

　　　　h_1——坎顶平均水深 h 在铅直方向的投影，$h_1 = h\cos\theta$，m；

　　　　h_2——坎顶至下游河床面高差，m，如冲坑已经形成，在计算冲坑进一步发展时，可算至坑底。

　　最大冲坑水垫厚度 t_k 的数值与很多因素有关，特别是河床的地质条件，目前估算的公式很多。据统计，在比较接近的几个估算公式中，计算结果相差也高达 $30\% \sim 50\%$，工程上常按下式估算

$$t_k = kq^{0.5}H^{0.25} \quad (2-9)$$

式中　　t_k——水垫厚度，由自水面算至坑底，m；

　　　　q——单宽流量，$m^3/(s \cdot m)$；

　　　　H——上下游水位差，m；

　　　　k——冲坑系数，坚硬完整的基岩 $k = 0.9 \sim 1.2$；坚硬但完整性较差的基岩 $k = 1.2 \sim 1.5$；软弱破碎，裂隙发育的基岩 $k = 1.5 \sim 2.0$。

　　最大冲坑水垫厚度 t_k 求出后，根据河床水深即可求得最大冲坑深度 t_k'。

　　射流形成的冲坑是否会延伸到鼻坎处以致危及坝体安全，主要取决于最大冲坑深度 t_k'

与挑射距离 L 的比值，即 $\dfrac{L}{t_k}$ 值。由于 L 和 t'_k 均为近似估算值，故仅供判断时参考。一般认为：基岩倾角较陡时要求 $\dfrac{L}{t'_k}>2.5$，基岩倾角较缓时要求 $\dfrac{L}{t'_k}>5.0$。

当坝基内有缓倾角软弱夹层时，冲刷坑可能造成软弱夹层的临空面，失去下游岩体的支撑，对坝体抗滑稳定产生不利影响。对于狭窄的河谷，水舌可能冲刷岸坡，也可能影响岸坡的稳定。挑流消能水舌在空中扩散，使附近地区雾化，高水头溢流坝，雾化区可延伸数百米或更远，设计时应注意将变电站、桥梁和生活区布置在雾化区以外或采取可靠的防护措施。连续式挑流鼻坎构造简单，射程远，水流平顺，一般不易产生空蚀。

六、溢流坝的上部结构

溢流坝的上部结构包括闸墩、闸门、工作桥、交通桥、检修桥等，如图 2-10 所示。

1. 闸墩和工作桥

闸墩用来分孔，承受闸门传来的水压力，支撑工作桥和交通桥。

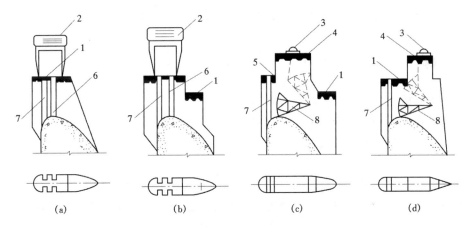

图 2-10　溢流坝顶布置图

1—公路桥；2—门机；3—启闭机；4—工作桥；5—便桥；
6—工作闸门槽；7—检修闸门槽；8—弧形闸门

闸墩的断面形状应使水流平顺，减小孔口的侧收缩，其上游墩头断面常采用半圆形、椭圆形或流线型，下游断面则多采用逐渐收缩的流线型，有时也采用宽尾墩。

闸墩上游墩头可与坝体上游面齐平，也可外悬于坝顶，以满足上部结构布置的要求。

闸墩厚度与闸门形式有关。采用平面闸门时需设闸门槽，工作闸门槽深 0.5~2.0m，宽 1~4m，门槽处的闸墩厚度不得小于 1~1.5m，以保证有足够的强度。弧形闸门闸墩的最小厚度为 1.5~2.0m。如果是缝墩，墩厚要增加 0.5~1.0m。由于闸墩较薄，需要配置受力钢筋和温度钢筋。

闸墩的长度和高度，应满足布置闸门、工作桥、交通桥和启闭机械的要求。平面闸门多用活动式启闭机，轨距一般在 10m 左右。当交通要求不高时，工作桥可兼做交通桥使用，否则需另设交通桥。门机高度应能将闸门吊出门槽。在正常运用中，闸门提起后可用锁定装置挂在闸墩上。弧形闸门一般采用固定式启门机，要求闸门吊至溢流水面以上，工作桥应有相应的高度。交通桥则要求与非溢流坝坝顶齐平。为了改善水流条件，闸墩需向上游伸出一定长度，并将这部分做到溢流坝顶以下约一半堰顶水深处。

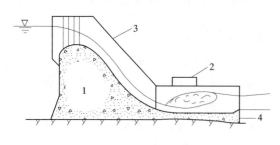

图 2-11　边墩和导墙
1—溢流坝；2—水电站；3—边墩；4—护坦

溢流坝两侧设边墩，起闸墩的作用，同时也起分隔溢流段和非溢流段的作用，如图 2-11 所示。边墩从坝顶延伸到坝址，边墩高度由溢流水深决定，导墙应考虑溢流面上由水流冲击波和掺气所引起的水深增高，一般高出水面 1～1.5m。当采用底流式消能时，导墙需延长到消力池末端。当溢流坝与水电站并列时，导墙长度要延伸到厂房后一定的范围，以减少尾水对电站运行的影响。

为防止温度裂缝，在导墙上每隔 15m 左右做一道伸缩缝。导墙顶厚为 0.5～2.0m，下部厚度由结构计算确定。

2. 闸门和启闭机

有关闸门和启闭机的内容可参考《水闸设计与施工》中的内容。

任务二　泄水孔设计

单元任务目标：泄水孔布置与水力计算。

有压泄水孔设计任务执行过程引导：确定泄水孔的底部高程，进水口形体设计，闸门槽布置，孔身断面设计，渐变段设计，出水口设计与工作闸门布置，泄流能力验算，沿程压力分布计算，泄水孔总体布置图。

提交成果：进出口布置详图，渐变段布置图，泄水孔总体布置图。

考核要点提示：喇叭口布置，门槽型式与尺寸，进出口布置与构造，泄水孔总体布置图的理解。

位于深水以下、重力坝中部或底部的泄水孔称为重力坝的深式泄水孔，又称为深孔，底部的又称为底孔。

一、深式泄水孔的分类和作用

深式泄水孔按其作用分为泄洪孔、冲沙孔、发电孔、放水孔、灌溉孔、导流孔等。泄洪孔用于泄洪和根据洪水预报资料预泄洪水，可加大水库的调洪库容；冲沙孔用于排放库内泥沙，减少水库淤积；发电孔用于发电、供水；放水孔用于放空水库，以便检修大坝；灌溉孔要满足农业灌溉要求的水量和水温，取水库表层或取深水长距离输送以达到灌溉所需的水温；导流孔主要用于施工期导流的需要。在不影响正常运用的条件下，应考虑一孔多用，例如：发电与灌溉结合；放空水库与排沙结合；导流孔的后期改造成泄洪、排沙、放空水库等。城市供水可以单独设孔，以便满足供水水质、高程等要求，也可利用发电、灌溉孔的尾水供水。

深式泄水孔按其流态可分为有压泄水孔（图 2-12）和无压泄水孔（图 2-13）。发电孔必须是有压流；而泄洪、冲沙、放水、灌溉、导流等可以是有压流，也可以是无压流。

深式泄水孔按所处的高程不同可分为中孔和底孔，按布置的层数可分为单层和多层泄水孔。双层泄水孔见图 2-14。

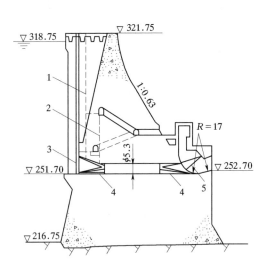

图 2-12　有压泄水孔（单位：m）

1—通气孔；2—平压管；3—检修门槽；

4—渐变段；5—工作闸门

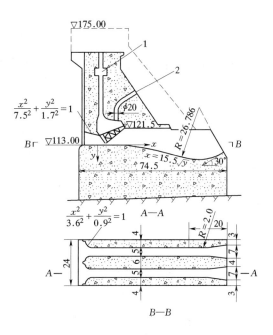

图 2-13　无压泄水孔（单位：m）

1—启闭机廊道；2—通气孔

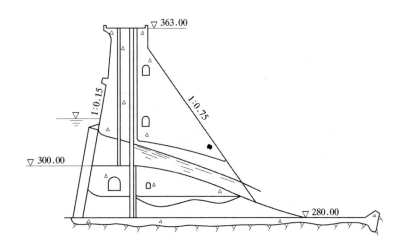

图 2-14　双层泄水孔（高程：m）

二、有压泄水孔设计

有压泄水孔的工作闸门布置在出口处，孔内始终保持满水有压状态。有压深孔孔内流速大、断面较小，工作闸门关闭时，孔内受较大的内水压力，易引起泄水孔周边应力和坝体渗透压力增加，因此，有些孔内衬砌钢板。在有压泄水孔进水口处设置拦污栅和检修闸门或事故闸门，在检修工作闸门和泄水孔时关闭事故闸门，在非泄水期关闭事故闸门，减少孔口受压时间，延长使用寿命。

（一）进水口体形设计

进口形体应尽可能符合流线的规律。有压进水口的形状应与锐缘孔口出流实验曲线相吻合（图 2-15），常用的种类有：①圆形喇叭进水口，用 $\frac{1}{4}$ 环面；②三向圆柱面收缩进水口；③三向椭圆曲面收缩进水口。应根据工程规模、重要性来选择。推荐垂直轴线的剖面线方程为

$$\frac{x^2}{a^2} + \frac{y^2}{b^2} = 1 \tag{2-10}$$

式中　a——椭圆长半轴；

　　　b——椭圆短半轴。

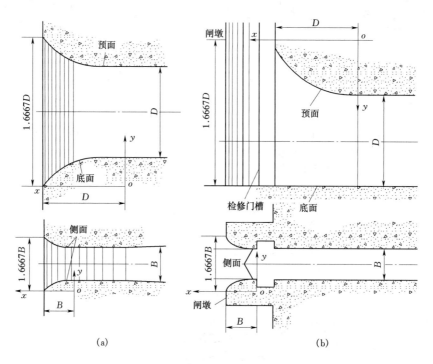

图 2-15　泄水孔进口形状

（a）底面为曲线的进口形状；（b）底面为平底的进口形状

进水口曲面参考值见表 2-8。

表 2-8　　　　　　　　　　进水口曲面参考值表

相关参数	进水孔为圆形（半径 R）	进水孔为矩形 $h/B=1.5\sim2$			
		1/4 圆柱面		1/4 椭圆曲面	
	1/4 环面	顶部	侧墙	顶部	侧墙
a	$(1\sim3)\,R$	$(1\sim2)\,h$	$(1\sim2)\,B$	h	$(0.65\sim0.85)\,B$
b	$(0.25\sim0.35)\,R$	$(1\sim2)\,h$	$(1\sim2)\,B$	$h/3$	$(0.22\sim0.27)\,B$

对于大中型的、重要的工程用椭圆曲面，或进行水工模型试验确定；一般小型工程为施工方便，应采用圆柱面、斜圆柱面；圆形泄水孔直接连进水口，用喇叭形环面进水口。矩形进水口的高宽比一般为 $h/B=1.5\sim2$。

（二）闸门和闸门槽

有压泄水孔一般在进水口设拦污栅和检修闸门，在出口压坡段后设工作闸门。工作闸门可用弧形闸门，也可用平面闸门，但检修门一般采用平面闸门。支承平面闸门的闸门槽形体设计不当，容易产生空蚀。水流经过闸门槽时，先是扩散，随即收缩，闸门槽内产生漩涡，流速增大时漩涡中心压力减少，造成水流脱壁，导致负压出现，引起空蚀破坏和结构振动。流速越大，越应引起重视。

闸门槽分矩形闸门槽［图 2-16（a）］和矩形收缩型闸门槽两种。中小型工程且流速小于 10m/s 的情况用矩形闸门槽。大中型工程且流速大于 10m/s 的情况为使流态较好，减免空蚀，可采用矩形收缩性闸门槽，如图 2-16（b）、（c）所示。

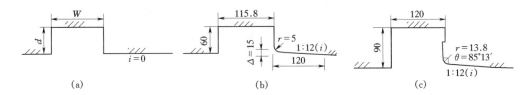

图 2-16 深式泄水孔平面闸门槽型式（单位：cm）
(a) 矩形闸门槽；(b)、(c) 矩形收缩型门槽

根据《水利水电工程钢闸门设计规范》（SL 74—2013），并结合实验研究成果证明，矩形收缩型闸门槽的尺寸应根据闸门尺寸和轨道布置要求确定，闸门槽的宽深比 $W/d=1.6\sim1.8$ 较好，错距 $\Delta=(0.05\sim0.08)W$，下游收缩边墙斜率为 $1:8\sim1:12$，圆角半径 $r=0.1d$，比较理想。

（三）深水孔孔身与渐变段

有压泄水孔多数都采用圆形断面，圆形断面在周长相同的情况下过水能力最大，受力条件最好。在进水口，为适应布置矩形闸门的需要，在矩形断面与圆形断面之间需设置足够长的渐变段，又称方圆渐变段，防止洞内局部负压的产生和空蚀。渐变段分进口渐变段和出口渐变段，如图 2-17 所示。

渐变段的长度应满足断面过渡的需要，一般采用孔身直径的 1.5～2.0 倍，边壁的收缩率控制在 1:5～1:8 之间。为保证洞内有压，出口断面的矩形面积一般小于洞身圆形面积。

（四）有压泄水孔的出水口

当工作闸门全开，自由泄水时，出口附近 1/4～1 倍洞径范围内的洞顶出现负压，容易造成气蚀。为了消除负压，出口断面应缩小，一般缩小到泄水孔断面的 85%～90%，孔顶降低，孔顶坡比采用 1:10～1:5。出口断面收缩，提高了整个泄水孔内的压力，还有利于防止体型变化和洞体表面不平等原因而引起气蚀。

（五）有压孔的水力计算

有压泄水孔的水力计算任务有两个：①验算泄水能力；②孔内沿程压力分布（也称为压

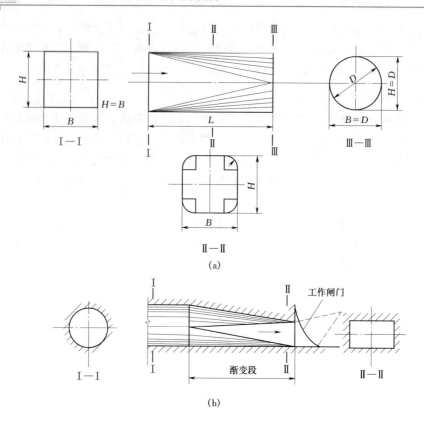

图 2 - 17　渐变段
（a）进口渐变段；（b）出口渐变段

坡线）。

1. 泄水能力按管流公式计算

$$Q = \mu A_c \sqrt{2gH}$$
$$\left. \mu = \frac{1}{\sqrt{1 + \left[\dfrac{2gL}{C^2 R} + \sum \zeta\right]\left(\dfrac{A_c}{A}\right)^2}} \right\}$$
$$(2-11)$$

其中
$$C = \frac{1}{n} R^{1/6}$$

式中　A、A_c——泄水孔孔身和出水口断面面积，m^2；

　　　L、R、ζ——泄水孔的长度（m）、水力半径（m）和局部水头损失系数；

　　　　H——为库水位与出口水面之间的高差，m；

　　　　C——谢才系数；

　　　　n——糙率。

2. 孔内沿程压力分布

根据能量方程求出沿程各断面的压强。要求泄水孔的压强不低于 2m 水柱高，否则应考虑须采取处理措施。

三、无压泄水孔设计

无压泄水孔的工作闸门布置在深孔的进口，使闸门后泄水道内始终保持无压明流。为了防止明满流交替流态发生，需将门后过水断面顶部抬高。由于泄水孔的断面尺寸较大，故对坝体削弱较大。

无压泄水孔在平面上应布置成直线，过水断面多为矩形或城门洞形，一般由压力短管和明流段两部分组成，如图 2-18 所示。

（一）进口压力短管

进口压力短管部分由进口曲面段、检修闸门槽和门槽后部的压坡段组成。进口曲面段与有压泄水孔进口相同，常用 1/4 椭圆曲面，其后接一倾斜的平面压坡段，压坡段的

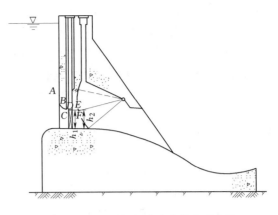

图 2-18 无压坝身泄水孔的典型布置

坡度常采用 1:4~1:6，长度约 3~6m。压坡段的坡度以既保证顶板有一定的压力，又不影响泄量和工作闸门后的流态为原则。无压泄水进水口如图 2-19 所示。

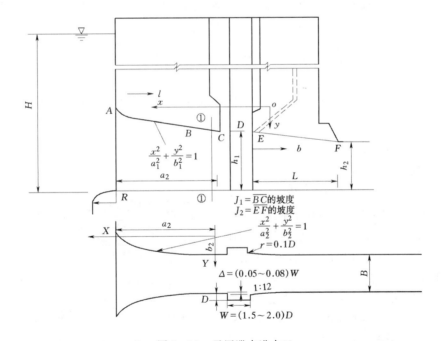

图 2-19 无压泄水进水口

（二）明流段

明流段在任何情况下，必须保证形成稳定的无压流态，严禁明满流交替，故孔顶应有安全超高。明流段为直线且断面为矩形时，顶部到水面的高度可取最大流量时不掺气水深的30%~50%，明流段为直线且断面为城门洞形状时，其拱脚距水面的高度可取不掺气水深的20%~30%。工作闸门后泄槽的底坡可按自由射流水舌底缘曲线设计，通常采用抛物线形状，为了安全，抛物线起点的流速按最大计算值的 1.25 倍考虑。槽底曲线方程为

$$y = \frac{x^2}{6.25\varphi^2 H} \tag{2-12}$$

式中　　x、y——槽底曲线坐标，m；

　　　　φ——孔口流速系数，一般取 $0.90\sim0.96$；

　　　　H——为工作闸门孔口中心线处作用水头，m。

《混凝土重力坝设计规范》（SL 319—2005）建议泄水抛物线方程为

$$y = \frac{gx^2}{2(KV)^2\cos\theta} + x\tan\theta \qquad (2-13)$$

式中　　θ——抛物线起点（坐标 x、y 的原点）处切线与水平方向的夹角，当起始段为水平
　　　　　线时，则 $\theta=0$；

　　　　V——起点断面平均流速，m/s；

　　　　g——重力加速度，9.81m/s^2；

　　　　K——为防止负压产生而采用的安全系数，$K=1.2\sim1.6$，一般取 $K=1.6$。

（三）通气孔

无压泄水孔的工作闸门布置在上游进口，开闸泄水时，门后的空气被水流带走，形成负
压，因此在工作闸门后需要设置通气孔，在泄流时进行补气，通气孔的面积按下式估算

$$a = \frac{0.09V_w A}{[V_a]} \qquad (2-14)$$

式中　　V_w——工作闸门孔口处断面的平均流速，m/s；

　　　　A——闸门后泄水孔断面面积，m^2；

　　$[V_a]$——通气孔允许风速，m/s，一般取 20m/s，最大不超过 40m/s，否则会发出巨大
　　　　　响声；

　　　　a——通气孔断面面积，m^2。

（四）平压管

　　　检修门设在工作闸门之前，仅在隧洞或工作闸门检修时才使用，由于使用的机会较少，启闭设备尽可能简单些。为了减小启门力，往往要求检修门在静水中开启。为此，常在闸墙内设置绕过检修门槽的平压管（图 2-20）。当检修工作结束后，在开启检修门之前，首先打开平压管的阀门，将水放进检修门与工作门之间的空间，使检修门两侧的水位相同，水压平衡，此时再开启检修门，由于是在静水中开启，可以大大减小启门力。

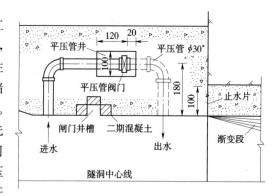

图 2-20　平压管布置

任务三　重力坝细部构造与地基处理

单元任务目标：完成重力坝细部构造与地基处理方案设计。

布置坝体防渗与排水任务执行过程引导：坝体防渗厚度确定坝体排水管幕布置（排水管幕位置、管径、间距）。

布置廊道任务执行过程引导：基础廊道布置与详图（基础廊道位置、尺寸、详图）基础

廊道布置与详图（基础廊道位置、尺寸、详图）。

布置坝基防渗与排水任务执行过程引导：确定防渗帷幕的位置、深度、厚度，帷幕灌浆孔布置（排数、间距、孔径、孔深、方位），坝基主排水孔幕布置（位置、孔深、孔径、间距、方位等），坝体辅助排水孔的布置，形成坝基防渗与排水布置图。

提交成果：包含有细部构造的溢流坝和非溢流坝剖面图，基础廊道和坝体廊道构造详图，横缝止水结构详图、固结灌浆孔布置图、坝基防渗帷幕与坝基排水布置详图。

考核要点提示：坝体防渗与排水构造、廊道布置与构造、坝体的分段与分缝布置与构造、坝基防渗与排水布置与构造。

一、重力坝坝体的防渗与排水设施

1. 坝体防渗

在混凝土重力坝坝体上游面和下游面最高水位以下部分，多采用一层具有防渗、抗冻、抗侵蚀的混凝土作为坝体防渗设施，防渗指标根据水头和防渗要求而定，防渗厚度一般为 $1/10 \sim 1/20$ 水头，但不小于 2m。

2. 坝体排水设施

靠近上游坝面设置排水管幕，以减小坝体渗透压力。排水管幕距上游坝面的距离一般为作用水头的 $1/15 \sim 1/25$，且不小于 2.0m。排水管间距为 $2 \sim 3m$，管径约为 $15 \sim 20cm$。排水管幕沿坝轴线一字排列，管孔铅直，与纵向排水、检查廊道相通，上下端与坝顶和廊道直通，便于清洗、检查和排水，如图 2-21（a）所示。

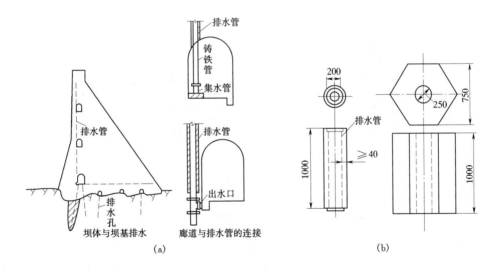

图 2-21　重力坝内部排水构造（单位：mm）

(a) 坝内排水；(b) 排水管

排水管一般用无砂混凝土管，可预制成圆筒形和空心多棱柱形，如图 2-21（b）所示。在浇筑坝体混凝土时，应保护好排水管，防止水泥浆漏入排水管内，阻塞排水管道。

二、重力坝的分缝与止水

为了满足运用和施工的要求，防止温度变化和地基不均匀沉降导致坝体开裂，需要合理分缝。常见的有横缝、纵缝、施工缝。

（一）横缝

垂直于坝轴线，将坝体分成若干个坝段的缝为横缝，横缝分永久性和临时性两种。沿坝轴线 15～20m 设一道横缝，缝宽的大小，主要取决于河谷地形，地基特性，结构布置，温度变化，浇筑能力等，缝宽一般为 1～2cm。

1. 永久性横缝

为了使各坝段独立工作，而设置与坝轴线垂直的铅直缝面，缝内不设缝槽、不灌浆，但要设置止水，缝宽应大于该地区最大温差引起膨胀的极限值 1cm。夏季施工和冬季施工时所留的缝宽是不相同的。在温度最高时，不允许缝间产生挤压力。

（1）止水片（带）。止水片常用的有紫铜片、塑料带、橡胶带等。紫铜片一般采用 1.0～1.6mm 厚，轧成可伸缩的"　　"形状，每侧埋入混凝土的长度为 20～25cm，距坝面 1～2m，应保证接头焊接良好，深入基岩 30～50cm。重力坝横缝内的止水与坝的级别和高度有关。一般高坝，应采用两道金属止水片，中间设沥青井；中低坝可以适当简化，其第一道止水应为紫铜片，对第二道止水及低坝的止水，在气候温和地区可采用塑料止水片，在寒冷地区可采用橡胶（或氯丁橡胶）水止带，如图 2-22（a）、（b）、（c）所示。

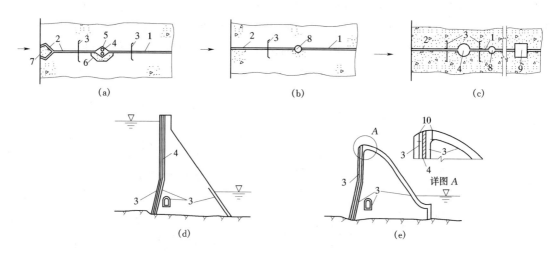

图 2-22　横缝止水
1—横缝；2—沥青油毡；3—止水片；4—沥青井；5—加热电极；6—预制块；
7—钢筋混凝土塞；8—排水井；9—检查井；10—闸门底槛预埋件

（2）止水沥青井。沥青井位于两止水片中间，有方形和圆形两种，边长和直径大约为 20～30cm，井内灌注 Ⅱ 号（或 Ⅲ 号）石油沥青、水泥和石棉粉组成的填料。井内设加热电极，沥青老化时，加热从井底排出，重填新料，如图 2-22（d）和（e）所示。

（3）缝间填料。缝间可夹软木板、沥青油毡等。缝口用聚氯乙烯胶泥、混凝土塞、沥青等封堵。

（4）排水井。在横缝止水之后宜设排水井。必要时检查井和排水井合二为一，断面尺寸约 1.2m×0.8m，井内设爬梯和休息平台，与检查廊道相连通。

2. 临时性横缝

临时性横缝在缝面设置键槽，埋设灌浆系统，施工后灌浆连接成整体。临时横缝主要用于以下几种情况：①对横缝的防渗要求很高时；②陡坡上的重力坝段，即岸坡较陡，将各坝段连成整体，改善岸坡坝段的稳定性；③不良坝基上的重力坝，即软弱破碎带上的各坝段，横缝灌浆后连成了整体，增加坝体刚度；④强地震区（设计烈度在Ⅷ度以上）的坝体，即强地震区将坝段连成整体，可提高坝体的抗震性。当岸坡坝基开挖成台阶状时，坡度陡于1：1时，应按临时性横缝处理。

（二）纵缝

平行于坝轴线的缝称纵缝，设置纵缝的目的，在于适应混凝土的浇筑能力和减少施工期的温度应力，待温度正常之后进行接缝灌浆。

纵缝按结构布置形式可分为铅直纵缝、斜缝和错缝，如图 2-23 所示。

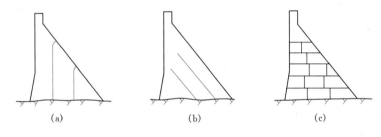

图 2-23 纵缝形式
（a）铅直纵缝；（b）斜缝；（c）错缝

1. 铅直纵缝

纵缝方向是铅直的为铅直纵缝，是最常用的一种形式，缝的间距根据混凝土的浇筑能力和温度控制要求确定，缝距一般为 15～30m，纵缝不宜过多。

为了很好地传递压力和剪力，纵缝面上设呈三角形的键槽，槽面与主应力方向垂直，在缝面上布置灌浆系统（图 2-24）。

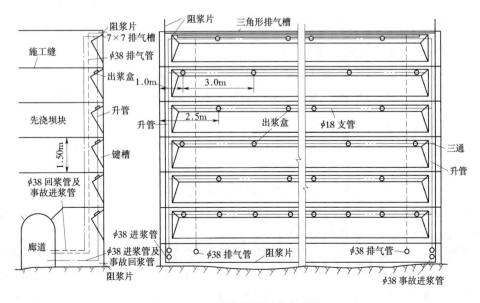

图 2-24 纵缝灌浆系统布置图

待坝体温度稳定，缝张开到 0.5mm 以上时进行灌浆。灌浆沿高度 10～15m 分区，缝体四周设置止浆片，止浆片用镀锌铁片或塑料片（厚 1～1.5cm，宽 24cm）。严格控制灌浆压力为 0.35～0.45MPa，回浆压力为 0.2～0.25MPa，压力太高会在坝块底部造成过大拉应力而破坏，压力太低不能保证质量。

纵缝两侧坝块的浇筑应均衡上升，一般高差控制在 5～10m，以防止温度变化、干缩变形造成缝面挤压剪切，键槽出现剪切裂缝。

2. 斜缝

斜缝大致按满库时的最大主应力方向布置，因缝面剪应力小，不需要灌浆。中国的安砂坝成功地采用了这种方法，斜缝在距上游坝面一定距离处终止，并采取并缝措施，如布置垂直缝面的钢筋、并缝廊道等。斜缝的缺点是：施工干扰大，相邻坝块的浇筑间歇时间及温度控制均有较严格的限制，故目前中高坝中较少采用。

3. 错缝

浇筑块之间像砌砖一样把缝错开，每块厚度 3～4m，（基岩面附近减至 1.5～2m），错缝间距为 10～15m，缝位错距为 1/3～1/2 浇筑块的厚度。错缝不需要灌浆，施工简便，整体性差，可用于中小型重力坝中。

近年来世界坝工由于温度控制和施工水平的不断提高，发展趋势是不设纵缝，通仓浇筑，施工进度快，坝体整体性好。但规范要求高坝利用通仓浇筑必须有专门论证。

（三）水平施工缝

坝体上下层浇筑块之间的结合面称水平施工缝。一般浇筑块厚度为 1.5～4.0m，靠近基岩面用 0.75～1.0m 的薄层浇筑，利于散热，减少温升，防止开裂。纵缝两侧相邻坝块水平施工缝不宜设在同一高程，以增强水平截面的抗剪强度。上、下层浇筑间歇 3～7d，上层混凝土浇筑前，必须对下层混凝土凿毛，冲洗干净，铺 2～3cm 强度较高的水泥砂浆后浇筑。水平施工缝的处理应高度重视，施工质量关系到大坝的强度、整体性和防渗性，否则将成为坝体的薄弱层面。

三、重力坝的坝内廊道系统

重力坝的坝体内部，为了满足灌浆、排水、观测、检查和交通等要求，在坝体内设置了不同用途的廊道，这些廊道相互连通，构成了重力坝坝体内部廊道系统，如图 2 - 25 所示。

（一）基础灌浆廊道

在坝内靠近上游坝踵部位设基础（帷幕）灌浆廊道。为了保证灌浆质量，提高灌浆压力，要求距上游面应有 0.05～0.1 倍作用水头，且不小于 4～5m；距基岩面不小于 1.5 倍廊道宽度，一般取 5m 以上。廊道断面为城门洞形，宽度为 2.5～3m，高度为 3～3.5m。以便满足灌浆作业的要求。廊道上游侧设排水沟，下游侧设排水孔及扬压力观测孔，在廊道最低处设集水井，以便自流或抽排坝体渗水。

灌浆廊道随坝基面由河床向两岸逐渐升高。坡度不宜陡于 45°，以便钻孔、灌浆以及设备的搬运。当两岸坡度陡于 45°时，基础灌浆廊道可分层布置，并用竖井连接。当岸坡较长时，每隔适当的距离设一段平洞，为了灌浆施工方便，每隔 50～100m 宜设置横向灌浆机室。

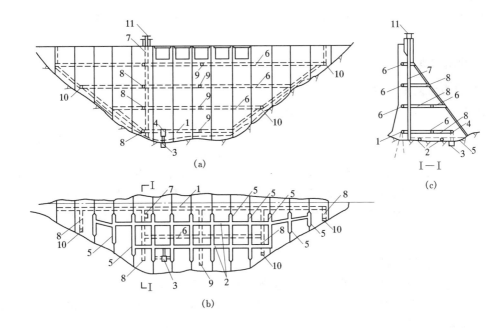

图 2-25　坝内廊道系统图

（a）立面图；（b）水平剖面图；（c）横剖面图

1—坝基灌浆排水廊道；2—基面排水廊道；3—集水井；4—水泵室；5—横向排水廊道；
6—检查廊道；7—电梯井；8—交通廊道；9—观测廊道；10—进出口；11—电梯塔

（二）检查和坝体排水廊道

为检查、观测和坝体排水的方便，需要沿坝高每隔 30m 设置检查和排水廊道一层。断面形式采用城门洞形，最小宽度 1.2m，最小高度 2.2m，廊道上游壁至上游坝面的距离应满足防渗要求且不小于 3m。对设引张线的廊道宜在同一高程上呈直线布置。廊道与泄水孔、导流底孔净距水宜小于 3～5m。廊道内的上游侧设排水沟。

为了检查、观测的方便，坝内廊道要相互连通，各层廊道左右岸各有一个出口，要求与竖井、电梯井连通。

对于坝体断面尺寸较大的高坝，为了检查、观测和交通的方便，尚需另设纵向和横向的廊道。此外，还可根据需要设专门性廊道。

（三）廊道的应力和配筋

因廊道的存在，破坏了坝体的连续性，改变了周边应力分布，其中廊道的形状、尺寸大小和位置对应力分布影响较大。

目前，对于廊道周边的应力分析方法有两种：①对于距离坝体边界较远的圆形、椭圆形、矩形孔道，用弹性理论方法，作为平面问题按无限域中的小孔口计算应力；②对于靠近边界的城门洞形廊道，主要靠试验或有限元法求解。

廊道周边是否配筋，有以下两种处理方法：过去假定混凝土不承担拉应力，配受力筋和构造筋；近来西欧和美国对于坝内受压区的孔洞一般都不配筋，位于受拉区且外形复杂、有较大拉应力的孔洞才配筋。

工程实践证明，施工期的温度应力是廊道、孔洞周边产生裂缝的主要原因，施工中采取适当的温控措施十分重要。为防止产生裂缝后向上游坝面贯穿，靠近上游坝面的廊道应进行限裂配筋。

四、地基处理

(一) 重力坝对地基的要求

坝区天然基岩，不同程度地存在风化、节理、裂隙，甚至断层、破碎带和软弱夹层等缺陷，对这些不利的地质条件必须采取适当的处理措施。处理后的地基应满足下列要求：①应具有足够的抗压和抗剪强度，以承受坝体的压力；②应具有良好的整体性和均匀性，以满足坝基的抗滑稳定要求和减少不均匀沉降；③应具有足够的抗渗性和耐久性，以满足渗透稳定的要求和防止渗水作用下岩体变质恶化。统计资料表明：重力坝的失事有40％是因为地基问题造成的。地基处理对重力坝的经济、安全至关重要，要与工程的规模和坝体的高度相适应。

(二) 坝基的开挖与清理

坝基开挖与清理的最终目的是将坝体坐落在坚固、稳定的地基上。开挖的深度根据坝基应力、岩石强度、完整性、工期、费用、上部结构对地基的要求等综合研究确定。高坝需建在新鲜、微风化或弱风化下部的基岩上；中坝可建在微风化至弱风化中部的基岩上；坝高小于50m时，可建在弱风化中部～上部的基岩上。同一工程中的两岸较高部位对岩基要求可适当放宽。

坝段的基础面上、下游高差不宜过大，并开挖成略向上游倾斜的锯齿状。若基础面高差过大或向下游倾斜时，应开挖成带钝角的大台阶状。两岸岸坡坝段基岩面，尽量开挖成有足够宽度的台阶状，以确保坝体的侧向稳定，对于靠近坝基的缓倾角、软弱夹层，埋藏不深的溶洞、溶蚀面等局部地程地质缺陷应予以挖除。开挖至距利用基岩面0.5～1.0m时，应采用手风钻钻孔，小药量爆破，以免破坏基础岩体，遇到风化的页岩、黏土岩时，应留有0.2～0.3m的保护层，待浇筑混凝土前再挖除。

坝基开挖后，在浇混凝土前，要进行彻底、认真的清理和冲洗：清除松动的岩块，打掉凸出的尖角，封堵原有勘探钻洞、探井、探洞，清洗表面尘土、石粉等。

(三) 坝基的加固处理

坝基加固的目的：①提高基岩的整体性和弹性模量；②减少基岩受力后的不均匀变形；③提高基岩的抗压、抗剪强度；④降低坝基的渗透性。

1. 坝基的固结灌浆

当基岩在较大范围内节理裂隙发育或较破碎而挖除不经济时，可对坝基进行低压浅层灌水浆加固，这种灌浆称为固结灌浆，固结灌浆可提高基岩的整体性和强度，降低地基的透水性。工程试验表明，节理裂隙较发育的基岩固结灌浆后，弹性模量可提高2倍以上。一般在坝体浇筑5m左右时，采用较高强度等级的膨胀水泥浆进行固结灌浆。

固结灌浆孔一般用梅花形和方格形布置，孔距、排距、孔深取决于坝高、基岩构造和位置。靠近坝踵和坝趾处密而深，远离坝踵和坝趾处疏而浅。排距从10～20m逐渐加密到3～4m，孔深从5～8m加深到8～15m。固结灌浆孔的布置如图2－26所示。

固结灌浆宜在基础部位混凝土浇筑后进行，固结灌浆压力要在不掀动基岩的原则下取较大值，无混凝土盖重时取0.2～0.4MPa，有盖重时为0.4～0.7MPa，视盖重厚度而定。特殊情况应视灌浆压力而定。

2. 坝基断层破碎带的处理

断层破碎带的强度低、压缩变形大，易产生不均匀沉降导致坝体开裂，若与水库连通，使渗透压力加大，易产生机械或化学管涌，危及大坝安全。

（1）垂直河流方向的陡倾角断层破碎带。这种情况对漏水影响不大，要改善其力学特性，采用混凝土塞（或混凝土拱）。当断层破碎带宽度小于 2～3m 时，取塞的厚度为 1～2 倍的破碎带宽度，两侧挖成 1：1～1：0.5 的斜坡，以便使坝体压力通过塞（或拱）传到两边完整的岩石上，如图 2-27 所示。

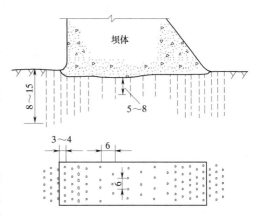

图 2-26　固结灌浆孔的布置（单位：m）

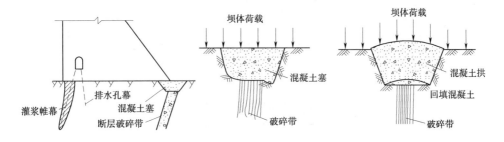

图 2-27　陡倾角断层破碎带的处理

（2）顺河流方向的陡倾角断层破碎带。这种情况，首先沿整个坝基设置水平混凝土塞改善应力性能；其次在破碎带与防渗帷幕线交点处，设置近似垂直而较深的混凝土塞；最后在塞下接较深的防渗帷幕，如图 2-28 所示。

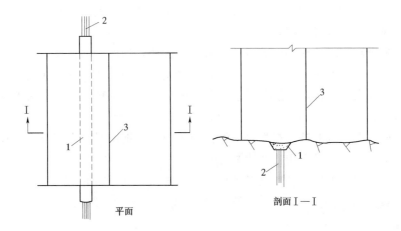

图 2-28　顺河流方向的陡倾角断层破碎带的处理

1—混凝土塞；2—断层破碎带；3—横缝

（3）缓倾角破碎带。这种情况同时存在强度、防渗和滑动问题，除加厚表层混凝土塞外，还应考虑其下面埋深部位对沉陷和稳定的影响。可以开挖若干个斜井和平洞，井和洞应大于破碎带宽度，回填混凝土，形成由混凝土斜塞和水平塞组成的刚性骨架，封闭该范围内的破碎物，以阻止其产生挤压变形和减少地下渗流的破坏作用。对于小而浅的破碎带，应彻底挖除，如图 2 - 29 所示。

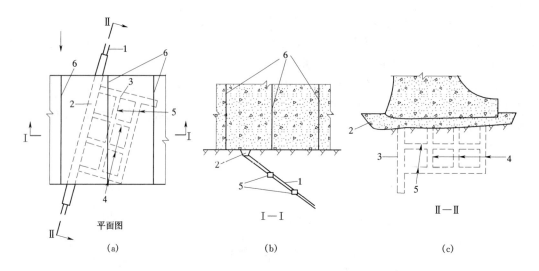

图 2 - 29　缓倾角断层破碎带的处理
1—断层破碎带；2—地表混凝土塞；3—阻水斜塞；4—加固斜塞；5—平洞回填；6—伸缩缝

3. 软弱夹层的处理

岩石层间软弱夹层厚度较小，遇水容易发生软化或泥化，致使抗剪强度低，特别是倾角小于 30°的连续软弱夹层更为不利。对浅埋的软弱夹层，将其挖除，回填与坝基强度等级相近的混凝土。对埋藏较深的软弱夹层，应根据埋深、产状、厚度、充填物的性质，结合工程具体情况，采取相应不同的处理措施：

（1）设置混凝土塞。对埋藏较深、较厚，倾角平缓的软弱夹层，在层间打洞；设置混凝土塞，起到混凝土键的抗滑作用，如图 2 - 30（a）所示。

（2）设混凝土深齿墙。在坝趾处设置混凝土深齿墙，切断软弱夹层直达完整基岩，如图 2 - 30（b）所示。这种方法在坝基上、下游均可采用，常用于软弱夹层相对较浅的坝基。

（3）预应力锚索加固。对于层数较多，位置较深，走向平行，夹层较薄的坝基，在基岩内采用预应力锚索加固，以加大岩体抗滑力，如图 2 - 30（c）所示。

（4）设钢筋混凝土抗滑桩。在坝趾下游侧岩体内设置钢筋混凝土抗滑桩，穿过软弱夹层固定在完整的基岩上，抗滑作用比较明显。

实践证明：在同一工程中，根据具体情况，常采用多种不同的处理方法。

（四）坝基的防渗和排水

1. 帷幕灌浆

帷幕灌浆是最好的防渗方法，可降低渗透水压力，减少渗流量，防止坝基产生机械或化学管涌。常用的灌浆材料有水泥浆和化学浆，应优先采用膨胀水泥浆。化学浆可灌性好，抗

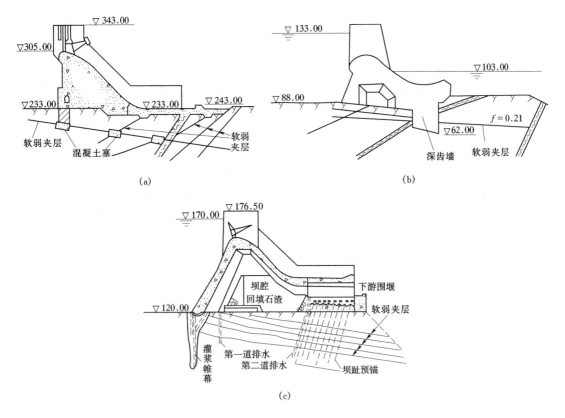

图 2-30　软弱夹层的处理（高程：m）

渗性好，但价格昂贵。

防渗帷幕布置在靠近上游坝面的坝轴线附近，自河床向两岸延伸，如图 2-31 所示。钻孔和灌浆常在坝体灌浆廊道内，靠近岸坡可以在坝顶、岸坡或平洞内进行。钻孔一般为铅直或向上游倾斜不大于 10°，如图 2-32 所示。

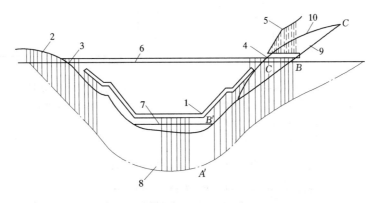

图 2-31　防渗帷幕沿坝轴线的布置
1—灌浆廊道；2—山坡钻进；3—坝顶钻进；4—灌浆平洞；
5—排水孔；6—正常蓄水位；7—原河水位；8—防渗帷
幕底线；9—原地下水位线；10—蓄水后地下水位线

防渗帷幕的深度应根据作用水头、工程地质、地下水文特性确定：坝基内透水层厚度不大时，帷幕可穿过透水层，深入相对隔水层 3～5m。相对隔水层较深时，帷幕深度可根据防渗要求确定，常用坝高的 0.3～0.7 倍，形成河床部位深、两岸渐浅的帷幕布置形式。

防渗帷幕的厚度应当满足抗渗稳定的要求，即帷幕内的渗透坡降应小于容许的渗透坡降 $[J]$。防渗帷幕厚度应以浆液扩散半径组成区域的最小厚度为准，厚度与排数有关，中高坝可设两排以上，低坝设一排，多排灌浆时一排必须达到设计深度，两侧其余各排可取设计深度的 $1/2～1/3$。孔距一般为 1.5～4.0m，排距宜比孔距略小，还可以在上游坝踵处加一排补强，如图 2-32 所示。

帷幕灌浆的时间，应在坝基固结灌浆后并要求坝体混凝土浇筑到一定的高度（有盖重后）施工。灌浆压力在孔底应大于 2～3 倍坝前静水头，帷幕表层段应大于 1～1.5 倍坝前静水头，但应不破坏岩体为原则。

防渗帷幕伸入两岸的范围由河床向两岸延伸一定距离，与两岸不透水层衔接起来，当两岸相对不透水层较深时，可将帷幕伸入原地下水位线与最高库水位交点（图 2-31 中 B 点）处为止。岸坡在水库最高水位以上的水通过排水孔或平洞排出，增加岸坡的稳定性。

2. 坝基排水

降低坝基底面的扬压力，可在防渗帷幕后设置主排水孔幕和辅助排水孔幕，如图 2-32 所示。

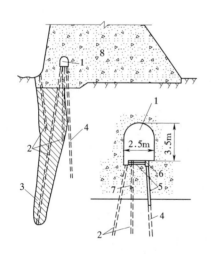

图 2-32　防渗帷幕和排水孔幕布置
1—坝基灌浆排水廊道；2—灌浆孔；3—灌浆帷幕；
4—排水孔幕；5—$\phi100$ 排水钢管；6—$\phi100$
三通；7—$\phi75$ 预埋钢管；8—坝体

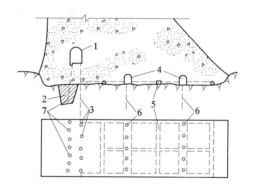

图 2-33　坝基排水系统
1—灌浆排水廊道；2—灌浆帷幕；3—主排水孔幕；
4—纵向排水廊道；5—半圆混凝土管；
6—辅助排水孔幕；7—灌浆孔

主排水孔幕在防渗帷幕下游一侧，在坝基面处与防渗帷幕的距离为 0.5～1.0 倍的帷幕孔距，且应大于 2m。主排水孔幕一般向下游倾斜，与帷幕成 10°～15°夹角。主排水孔孔距为 2～3m，孔径约为 150～200mm，孔径过小容易堵塞，孔深可取防渗帷幕深度的 0.4～0.6 倍，高中坝的排水孔深不宜小于 10m。

主排水孔幕在帷幕灌浆后施工。排水孔穿过坝体部分要预埋钢管，钢管上端接有三通接头，将基岩内渗水引至廊道边沟内，渗水通过排水沟汇入集水井，自流或抽排向下游。管顶有盖，必要时可去盖检修排水孔。穿过坝基部分排水孔需待帷幕灌浆后才能钻孔。

辅助排水孔幕高坝一般可设 2~3 排；中坝可设 1~2 排，布置在纵向排水廊道内，孔距约 3~5m，孔深 6~12m。有时还在横向排水廊或在宽缝内设排水孔。纵横交错、相互连通就构成了坝基排水系统，如图 2-33 所示。如下游水位较深，历时较长，要在靠近坝趾处增设一道防渗帷幕，坝基排水系统要靠抽排。

项目驱动案例二：溢流坝设计

基本资料与项目驱动案例一相同。

一、溢流孔口的设计

1. 溢流方式的确定

溢流重力坝既要挡水又要泄水，不仅要满足稳定和强度要求，还要满足泄水要求。因此需要有足够的孔口尺寸。较好体型的堰型可满足泄水要求，并使水流平顺不产生空蚀破坏，主要泄水方式有开敞溢流式和孔口溢流式。根据比较本设计采用开敞溢流式。

2. 洪水标准确定

根据山区、丘陵区水利水电枢纽工程水工建筑洪水标准规范要求，采用 50 年一遇洪水设计，500 年一遇洪水校核。

3. 设计流量的选择

确定设计流量时，先拟定溢流坝的泄水方式，然后进行调洪演算。求得各方案的防洪库容。设计洪水位和校核洪水位及相应的下泄流量，还必须考虑其他建筑物分担的泄洪任务。

$$Q = Q_s - \alpha Q_0$$

式中　Q_s——下泄流量；

　　　α——下泄影响系数；

　　　Q_0——经过建筑物等的下泄流量。

4. 单宽流量 q 的确定

单宽流量是确定孔口尺寸的重要依据，单宽流量大，溢流孔口的宽度可以缩短。有利于枢纽的布置，但增加下游消能的困难，下游的局部冲刷可能更严重。反之，单宽流量小，有利于下游消能，但溢孔口的宽度增大，对枢纽的布置不利。因此，一个经济而安全的单宽流量必须综合地质条件、下游河流水深、枢纽布置、消能等各种困难，经技术经济比较后确定。

工程实践证明对于软弱夹层岩石常取 $q = 20 \sim 50 \mathrm{m^3/(s \cdot m)}$，中等坚硬的岩石取 $q = 50 \sim 100 \mathrm{m^3/(s \cdot m)}$，特别坚硬的岩石 $q = 100 \sim 150 \mathrm{m^3/(s \cdot m)}$。本设计取 $q = 80 \mathrm{m^3/(s \cdot m)}$。

5. 溢流孔口尺寸的确定

（1）孔口净宽的计算。

$$B_{校} = Q_{校}/q = 1060/80 = 13.25 \quad (\mathrm{m})$$

$$B_设 = Q_设 / q = 640 / 80 = 8 \quad (\text{m})$$

孔口尺寸计算表见表 2-9。

根据以上计算取溢流坝孔口净宽为 21m。假设每孔净宽为 7m，孔数为 3。

（2）溢流坝总长度的确定。根据工程经验，拟定闸墩的厚度初拟中墩厚 $d=4$m，边墩厚 $d=3$m，则溢流坝总长度（不包括边墩）B_1 为

$$B_1 = nb + (n-1)d + 2t$$
$$= 21 + 2 \times 4 = 29 \quad (\text{m})$$

表 2-9　　孔口尺寸计算表

计算情况	泄量 /(m³/s)	单宽流量 /[m³/(s·m)]	孔口净宽 /m
设计情况	640	80	7～13
校核情况	1060	80	11～22

（3）闸门高度的确定。

闸门顶高程＝正常高水位＋（0.3～0.5）＝354＋0.5＝354.5 （m）

门高＝闸门顶高程－堰顶高程＝354.5－348＝6.5 （m）

门高取 7m。

闸墩顶部高程与非溢流坝顶路面高程相同。

（4）堰顶高程的确定。根据公式 $Q = \varepsilon m b \sqrt{2g} H^{\frac{3}{2}}$，初拟时 ε 取 0.95，m 取 0.502，忽略行进流速水头，故堰顶高程即为设计洪水位减去堰上水头 H。

$$H_{0校} = \left(\frac{1060}{0.95 \times 0.502 \times 21 \sqrt{2 \times 9.81}} \right)^{\frac{2}{3}} = 8.30 \quad (\text{m})$$

$$H_{0设} = \left(\frac{540}{0.95 \times 0.502 \times 21 \sqrt{2 \times 9.81}} \right)^{\frac{2}{3}} = 5.93 \quad (\text{m})$$

堰顶高程计算表见表 2-10。

根据以上计算取堰顶高程为 348m。

表 2-10　　　　　　　　堰顶高程计算表

计算情况	流量 /(m³/s)	侧收缩系数	流量系数	孔口净宽 /m	堰上水头 /m	水位高程 /m	堰顶高程 /m
校核情况	1060	0.95	0.502	21	8.30	356.3	348
设计情况	540	0.95	0.502	21	5.93	355.0	349.07

（5）定型设计水头的确定 H_s。

堰上最大水头 H_{max}＝校核洪水位－堰顶高程＝356.3－348＝8.3 （m）

定型设计水头为 $H_s =$（75%～95%）H_{max}

$$H_s = 6.23 \sim 7.89$$

取 $H_s = 7$m。

（6）泄流能力校核。

闸墩用半圆形　$\xi_0 = 0.45$，$\xi_k = 0.4$，$\varepsilon = 1 - 0.2[(n-1)\xi_0 + \xi_k] \dfrac{H_0}{nb}$

式中　　n——溢流孔数；

$\quad\quad b$——每孔的净宽；

$\quad\quad H_0$——堰顶水头；

ξ_0——闸墩形状系数；

ξ_k——边墩形状系数。

$$\varepsilon_{设} = 1 - 0.2 \times [(3-1) \times 0.45 + 0.4] \times \frac{5.93}{3 \times 7} = 0.93$$

$$\varepsilon_{校} = 1 - 0.2 \times [(3-1) \times 0.45 + 0.4] \times \frac{8.30}{3 \times 7} = 0.90$$

确定流量系数 m。

设计情况

$$\frac{H_z}{H_s} = \frac{H_{0设}}{H_s} = \frac{5.93}{7} = 0.847$$

$$\frac{m_s}{m} = 0.975 + \frac{1 - 0.975}{0.2} \times (0.847 - 0.8) = 0.981$$

$$m_s = 0.981 \times 0.502 = 0.49$$

校核情况

$$\frac{H_z}{H_s} = \frac{H_{0校}}{H_s} = \frac{8.3}{7} = 1.186$$

$$\frac{m_s}{m} = 1 + \frac{1.025 - 1}{0.2} \times (1.186 - 1) = 1.023$$

$$m_s = 1.023 \times 0.502 = 0.51$$

泄洪能力校核计算表见表 2-11。

表 2-11　　　　　　　泄洪能力校核计算表

计算情况	m	ε	B/m	H/m	Q/(m³/s)	$\left\|\dfrac{Q'-Q}{Q}\right\| \times 100\%$
设计情况	0.49	0.93	21	5.93	612	4.4%
校核情况	0.51	0.90	21	8.30	1021	3.7%

二、溢流坝剖面设计

溢流堰面曲线常采用非真空剖面线，采用较为广泛的非真空剖面曲线有克-奥曲线和 WES 曲线两种，经比较本工程选用 WES 曲线，溢流坝的基本剖面为三角形。一般其上游面为铅直，溢流面由顶部的曲线、中间的直线、底部的反弧三部分组成。

（1）上游堰面曲线。原点上又采用椭圆曲线，其方程为

$$\frac{x^2}{(aH_s)^2} + \frac{(bH_s - y)^2}{(bH_s)^2} = 1$$

式中　a、b——系数，$a = 0.28 \sim 0.30$，$\dfrac{a}{b} = 0.87 + 3a$；

　　　　H_s——定型设计水头。

根据计算为 $H_s = 7\text{m}$，取 $a = 0.28$。代入公式计算得 $b = 0.16$。

椭圆方程为

$$\frac{x^2}{(0.28 \times 7)^2} + \frac{(0.16 \times 7 - y)^2}{(0.16 \times 7)^2} = 1$$

上游堰顶椭圆曲线坐标计算表见表 2-12。

表 2-12		上游堰顶椭圆曲线坐标计算表			
坐标 \ 计算公式	$\dfrac{x^2}{(0.28\times7)^2}+\dfrac{(0.16\times7-y)^2}{(0.16\times7)^2}=1$				
x	-1.96	-1.47	-0.98	-0.49	0
y	1.12	0.379	0.15	0.036	0

（2）WES 曲线设计。原点下游采用 WES 曲线，其方程为

$$x^n = kH_s^{n-1}y$$

式中　n、k——系数，上游面垂直时，$n=1.85$，$k=2.0$；

　　　H_s——定型设计水头，m。

顶部的曲线段确定后，中部的直线段与顶部的反弧段相切，其坡度一般与非溢流坝下游坡率相同，即为 1：m，直线段与 WES 曲线相切时，切点 C 的横坐标 x_c 为

$$x_c = [k/(mn)]^{\frac{1}{n-1}}H_s = \left[\frac{2.0}{0.75\times1.85}\right]^{\frac{1}{1.85-1}}\times7 = 10.76 \quad (\text{m})$$

下游 WES 堰面曲线坐标计算表见表 2-13。

表 2-13			下游 WES 堰面曲线坐标计算表								
坐标 \ 计算公式	$x^{1.85}=2\times7^{0.85}y$										
x	1	2	3	4	5	6	7	8	9	10	10.76
y	0.096	0.34	0.73	1.24	1.88	2.63	3.5	4.48	5.57	6.77	7.75

（3）反弧半径的确定。根据工程经验，挑射角 $\theta=25°$。挑流鼻坎应高出下游最高水位 1~2m，鼻坎的高程为 332.0+1=333.0 （m）。

上游水面至挑坎顶部的高差 H_0=校核水位-坎顶高程=356.3-333=23.3 （m）

反弧段过流宽度　　　　$B_0=21+2\times4=29$ （m）

流能比　　　$K_E = \dfrac{Q_{\text{校}}}{B_0\sqrt{gH_0^{1.5}}} = \dfrac{1060}{29\times\sqrt{9.81}\times23.3^{1.5}} = 0.10$

坝面流速系数　　　$\varphi = \sqrt[3]{1-\dfrac{0.055}{K_E^{0.5}}} = 0.94$

$$V_0 = \varphi\sqrt{2gH_0} = 20.1$$

坎顶水深　　　$h = \dfrac{Q_{\text{校}}}{B_0 V_0} = \dfrac{1060}{29\times20.1} = 1.82$ （m）

反弧段半径　　$R = (4\sim10)h = 7.28\sim18.2$，取 $R=10\text{m}$

$$R\cos\theta = R\cos25 = 9.06 \quad (\text{m})$$

反弧段的圆心求法：先画一条平行与坝的下游面且相距圆弧半径 R 的直线，再画一条与挑坝顶点相距为 $R\cos25°$ 的水平线，两线的交点即为圆心。

三、消能防冲设计

1. 根据地形地质条件选用挑流消能

挑流消能的原理：①空中挑距，即利用鼻坎挑射出的水流在空中扩散掺气消耗一部分功能；②水下消能，即利用扩散了的水舌落入下游河床时与下游河道水体发生碰撞，并在水舌入

水点附近形成的两个漩滚消耗剩余的大部分功能。

挑流消能的优点：构造简单，不需修建大量的下游护坦，便于维修。其缺点：挑流引起的水流雾化严重，尾水波动大。

2. 挑流消能计算

$$L = \frac{1}{g}\left[V_1^2\sin\theta\cos\theta + V_1\cos\theta \sqrt{V_1^2\sin^2\theta + 2g(h_1 + h_2)}\right]$$

其中

$$V_1 = 1.1V_0 = \varphi \sqrt{2gH_0} = 22.11$$

$$h_1 = h\cos\theta = 1.82 \times \cos25° = 1.65 \quad (\text{m})$$

式中　L——水舌抛距，m，如有水流向心集中影响者，则抛距还应乘以 0.90～0.95 的折减系数；

　　V_1——坎顶水面流速，m/s；

　　H_0——水库水位至坎顶的落差，m；

　　θ——鼻坎的挑角，为 25°；

　　h_1——坎顶垂直方向水深，m；

　　h——坎顶平均水深，m；

　　h_2——坎顶至河床面高差，m，333－328＝5（m），如冲坑已经形成，可算至坑底；

　　φ——堰面流速系数。

$$L = \frac{1}{9.81} \times (187.24 + 295.72) = 49.23 \quad (\text{m})$$

最大冲坑水垫厚度按下式估算

$$t_k = kq^{0.5}H^{0.25}$$

其中

$$q = \frac{Q}{B_0} = \frac{1060}{29} = 36.55$$

式中　t_k——水垫厚度，自水面算至坑底，m；

　　q——单宽流量，m³/(s·m)；

　　H——上下游水位差，m，$H=356.3-332=24.3$（m）；

　　k——冲刷系数，可冲性类别属于可冲，取 $k=1.1$。

$$t_k = kq^{0.5}H^{0.25} = 1.1 \times 36.55^{0.5}24.3^{0.25} = 14.77 \quad (\text{m})$$

$$t'_k = 14.77 - 5 = 9.77 \quad (\text{m})$$

消能防冲验算

$$\frac{L}{t'_k} = \frac{49.23}{9.77} = 5.04 > 2.5$$

验算结果满足要求。

四、溢流坝顶布置

1. 闸墩

闸墩的墩头形状，上游采用半圆形，下游采用半圆形，其中上游布置于工作桥顶部，高程取非溢流坝顶高程，总长 14.3m。中墩的厚度为 4m，边墩的厚度为 3m，溢流坝的分缝设在闸孔中间，故没有缝墩，工作闸门槽深 0.8m，宽 1.3m，检修闸门槽深 0.5m，宽 0.5m。闸墩横剖面图见图 2－34。

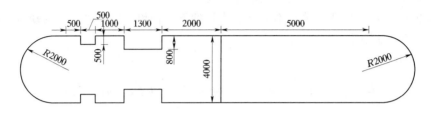

图 2 - 34 闸墩横剖面图 (单位: mm)

2. 工作桥布置

工作桥布置固定或移动式启闭机，当采用移动式启闭机时，工作桥和交通桥可以合二为一，当采用固定式启闭机时，两者可以分开布置工作桥和交通桥相互间的位置，应由非溢流坝坝顶的交通要求确定。本工程采用固定式启闭机，宽7m，高程为356.3m。

导墙布置，边墩向下游延伸成导墙，部分延伸到挑流鼻坎的末端，导墙需分缝，间距为15m，其横断面为梯形，顶宽厚0.5m。

五、重力坝细部构造

1. 坝顶构造

(1) 非溢流坝段。根据交通要求坝顶做混凝土路面，横坡为2%。两边每隔10m设置排水管，汇集路面的雨水，并排入水库中。坝顶设置防浪墙，与坝体连成整体。其结构为钢筋混凝土。防浪墙设在坝体横缝处留有伸缩缝，缝为防止水，墙高为1.2m，厚度为25cm，以满足运用安全的要求，坝顶公路两侧设有0.5m的人行道，并高出坝顶路面20cm。坝顶总宽度为5m，下游设置栏杆及路灯。

(2) 溢流坝段。溢流坝的上部设有闸门、闸墩、门机。其剖面图如图2-35所示。

(3) 交通桥等结构和设备。

2. 廊道的布置和尺寸

(1) 基础灌浆廊道。位置：廊道底部距坝基面5m，上游侧距上游坝面4m。形状：城门洞形，底宽2.5m，高3m。内部上游侧设排水沟，并在最底处设集水井。

(2) 坝体廊道 (图2-36)。自基础廊道沿坝高每隔12m设置一层廊道，共两层，底部高程分别为331m、343m。形状为城门洞形，其上游侧距上游坝面3m，底宽2m，高2.5m。为了减小扬压力，在坝体内设置排水管，d 为15cm，间距为3m，无砂多孔混凝土管。排水管将渗水收集到廊道内排出。

3. 横缝布置

为了防止坝体因温度变化和地基不均匀沉陷而产生裂缝，满足施工的需要，坝体需要分缝，设置横缝 (图2-37)，垂直于坝轴线布置。缝距为20m，缝宽2cm，内有止水，溢流坝段横缝间距为17.5m，坝段总长35m。

4. 坝体止水

除横缝止水外，上游设两道止水片和一口防渗沥青井等。止水片采用1.0mm厚的紫铜片。第一道止水片距上游坝面1.0m。两道止水片间距为1m，中间设置直径20cm的沥青井，止水片的下部深入基岩30cm并与混凝土紧密嵌固，上部伸到坝顶。

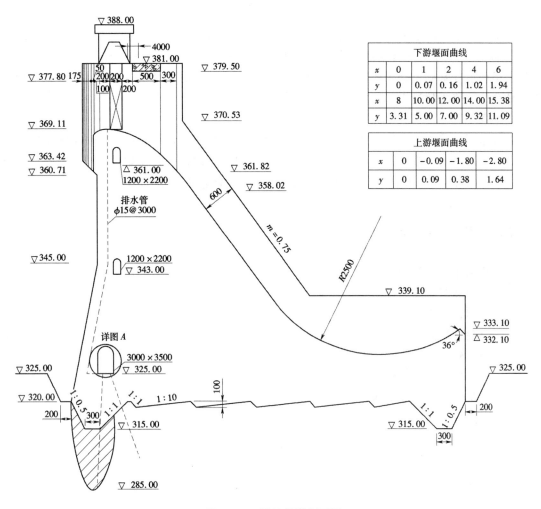

下游堰面曲线				
x	0	1	2	4	6
y	0	0.07	0.16	1.02	1.94
x	8	10.00	12.00	14.00	15.38
y	3.31	5.00	7.00	9.32	11.09

上游堰面曲线			
x	0	-0.09	-1.80	-2.80
y	0	0.09	0.38	1.64

图 2-35　溢流坝段剖面图

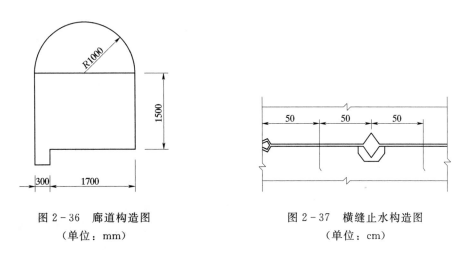

图 2-36　廊道构造图
（单位：mm）

图 2-37　横缝止水构造图
（单位：cm）

六、地基处理

天然地基常存在着不同程度的缺陷，必须经过处理才可作为坝基础。

1. 基础开挖

由于坝址处河床上有 1~2m 的覆盖层，地基开挖时应把覆盖层挖除。坝底面的最低高程为 326.0m，顺水方向开挖成锯齿状，并在上下游坝基面开挖一个浅齿墙，沿坝轴线方向的两岸岸坡坝段基础，开挖成有足够宽度的分级平台，平台的宽度至少为 1/3 坝段长，相邻两级平台的高差不超过 10m。

2. 帷幕设计

帷幕作用：①防止坝底渗透压力；②防止坝基产生机械或化学管涌。在基础灌浆廊道内钻设防渗帷幕。防渗帷幕采用膨胀水泥浆做灌浆材料。其位置布置在靠近上游坝面的坝基及两岸。帷幕的深度取 13m，河床部位深，两岸逐渐变浅。灌浆孔直径取 80mm 方向垂直，孔距取 2m，设置一排。

七、绘制溢流坝剖面

绘制步骤如下：

（1）绘制非溢流坝剖面。

（2）绘制椭圆曲线和 WES 曲线。

（3）绘制直线段。

（4）绘制反弧段。

（5）剖面修正。

（6）绘制坝顶结构。

（7）绘制廊道等细部构造。

（8）标注。

项目三 重力坝总体布置图绘制

工 作 任 务 书					
课程名称	重力坝设计与施工		项目	非溢流坝设计	
工作任务	重力坝总体布置图的绘制		建议学时	3	
班级		学员姓名		工作日期	
实训内容 与目标	(1) 重力坝总体布置绘图； (2) 细部构造详图绘制				
实训步骤	(1) 绘制重力坝下游立视图； (2) 绘制重力坝平面布置图； (3) 绘制非溢流坝剖面图； (4) 绘制； (5) 其他细部构造详图				
提交成果	(1) 重力坝总体布置图； (2) 非溢流坝剖面图； (3) 溢流坝剖面图； (4) 其他细部构造详图				
考核要点	(1) 开挖轮廓线绘制； (2) 溢流坝坝顶布置； (3) 对结构与功能的理解				
考核方式	(1) 知识考核采用笔试、提问； (2) 技能考核依据设计报告和设计图纸进行提问、现场答辩、项目答辩、项目技能过关考试				
工作评价	小组 互评	同学签名：_____		年 月 日	
	组内 互评	同学签名：_____		年 月 日	
	教师 评价	教师签名：_____		年 月 日	

任务 绘制重力坝总体布置图

单元任务目标：完成绘制重力坝总体布置图。

任务执行过程引导：绘制重力坝下游立视图，绘制重力坝平面布置图，绘制非溢流坝剖面图，其他细部构造详图。

提交成果：重力坝总体布置图。

考核要点提示：坝轴地形线，开挖控制线，开挖轮廓线，坝体分缝分段，开挖线的绘制，溢流坝坝顶布置，溢流坝堰面曲线段、反弧段的表达，对整体图结构与功能的理解。

一、工程枢纽布置

应说明以下情况。

（1）枢纽等级：主要建筑级别，次要建筑物级别。

（2）枢纽组成：非溢流坝和溢流坝。

（3）分段情况：各种坝的分段情况，包括长度、段数等。

（4）本枢纽主要的技术指标：坝顶高程、最低坝基高程、最大坝高、堰顶高程、坎顶高程等。

二、工程设计图纸的绘制

有部分图的设计已经在前面的工作中完成，下面主要是完成整体设计图。重力坝设计图包括内容很多，本项目主要需完成的设计图包括重力坝下游立视图、平面布置图、主要细部构造图。一般来说设计的顺序是先绘制下游立视图，再绘制平面布置图，最后完成细部构造图，但有时这三部分工作需要交叉进行。工程图设计是一个工作量大、工作艰巨的任务，需要集中精力连续作业，否则很难在规定时间内完成任务。

重力坝下游立视图设计的主要步骤如下：

（1）绘制坝轴河床地形线（坝轴线位置在坝址地形图中已经给出）。

（2）绘制开挖控制线。

（3）坝的分缝分段。

（4）对划分的各坝段从左至右标上序号。

（5）画出实际开挖轮廓线。

（6）定出坝顶路面线，确定坝长。

（7）绘出溢流坝详细的立视图。

（8）标注尺寸。

重力坝平面布置图设计的主要步骤是：

（1）绘出坝顶路面。

（2）根据各分段平台高程，计算平距，绘出上游坝踵和下游坝址线。

（3）绘制开挖线。

（4）绘制溢流坝平面布置详图。

（5）绘制其他部位详图。

（6）标注尺寸。

典型重力坝设计图如图 3-1～图 3-11 所示。

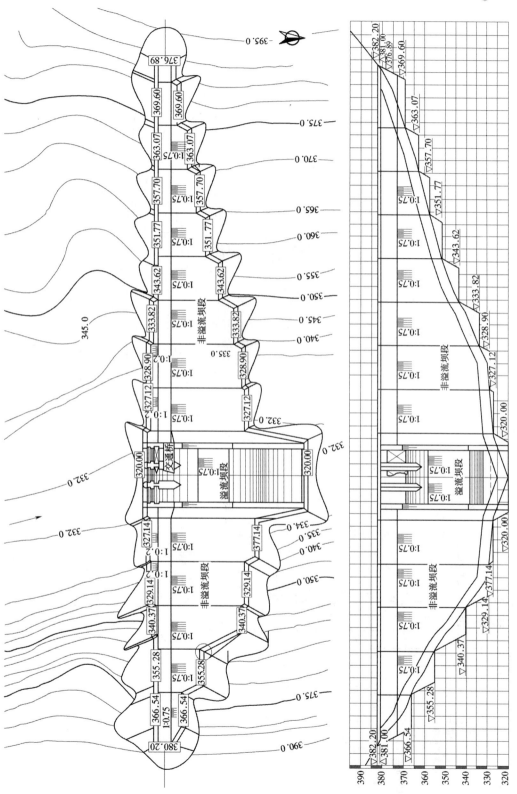

图 3 - 1　重力坝平面布置图和下游立视图（单位：m）

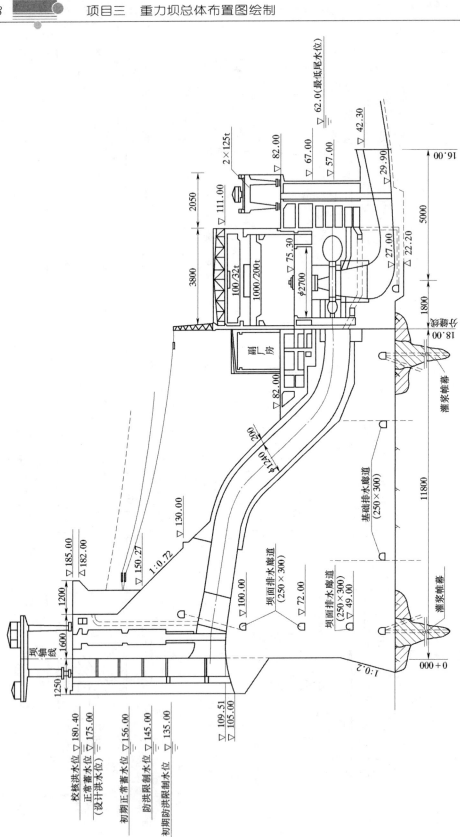

图 3 - 2 三峡水利枢纽大坝与厂房剖面图（单位：m）

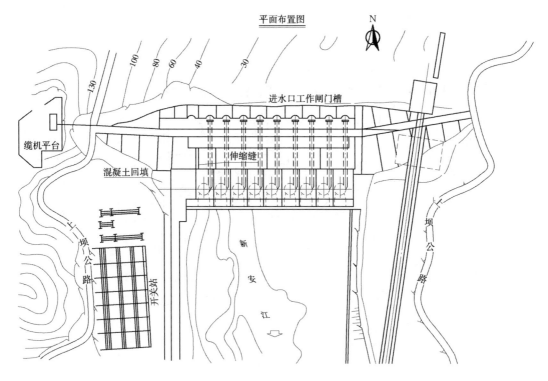

图 3-3　新安江水电站大坝枢纽平面布置图（单位：m）

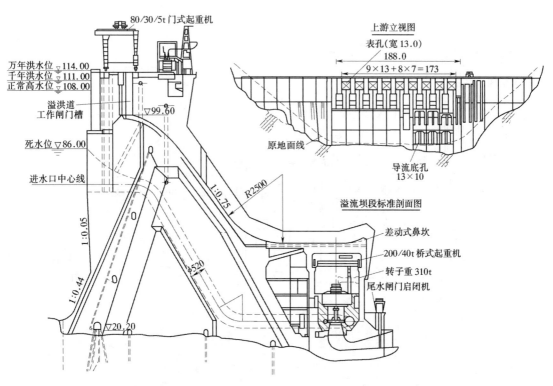

图 3-4　新安江水电站溢流坝剖面图和上游立视图（单位：m）

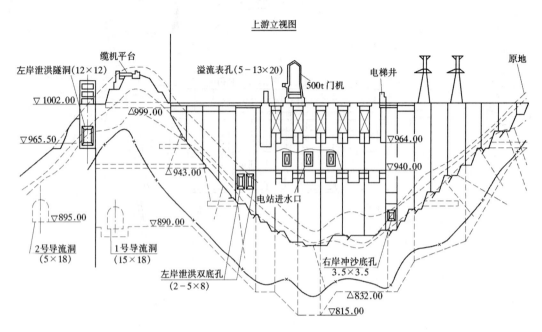

图 3-5　漫湾水电站大坝上游立视图（单位：m）

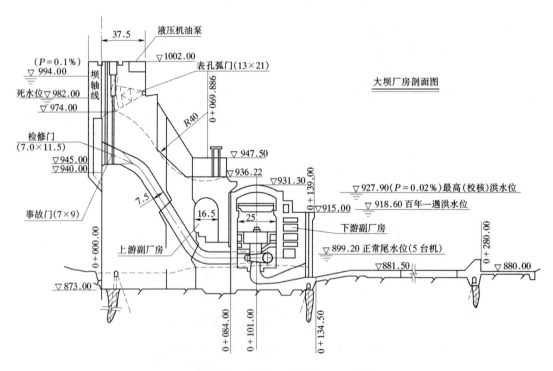

图 3-6　漫湾水电站大坝厂房剖面图（单位：m）

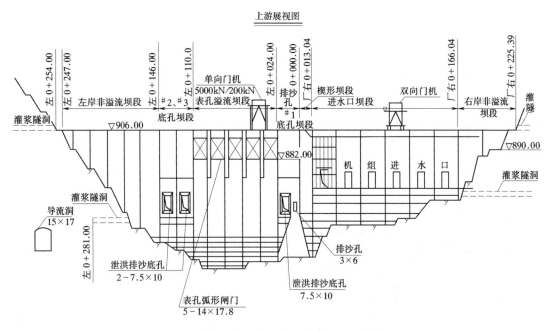

图 3-7　大朝山水电站大坝上游展视图（单位：m）

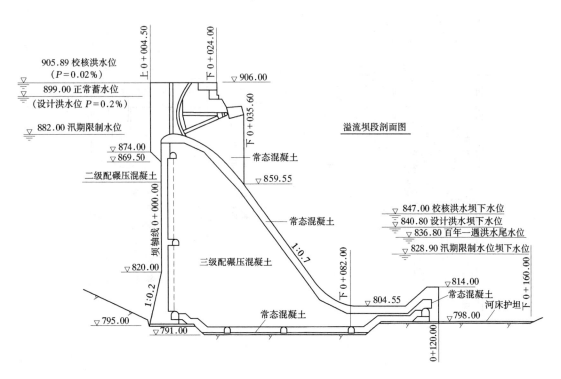

图 3-8　大朝山水电站溢流坝段剖面图（单位：m）

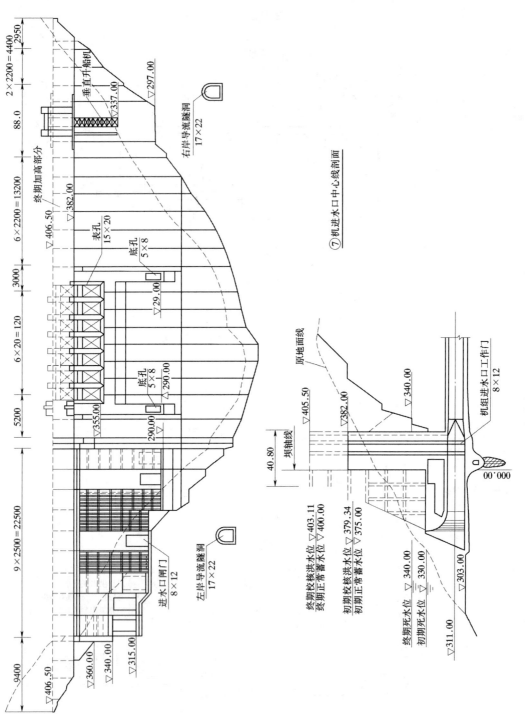

图 3 - 9　龙滩水电站进水口中心线剖面图（单位：m）

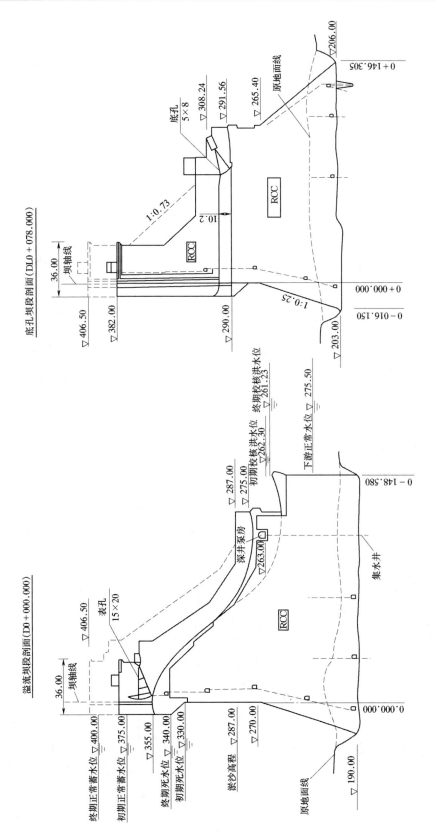

图 3 - 10　龙滩水电站大坝剖面图（单位：m）

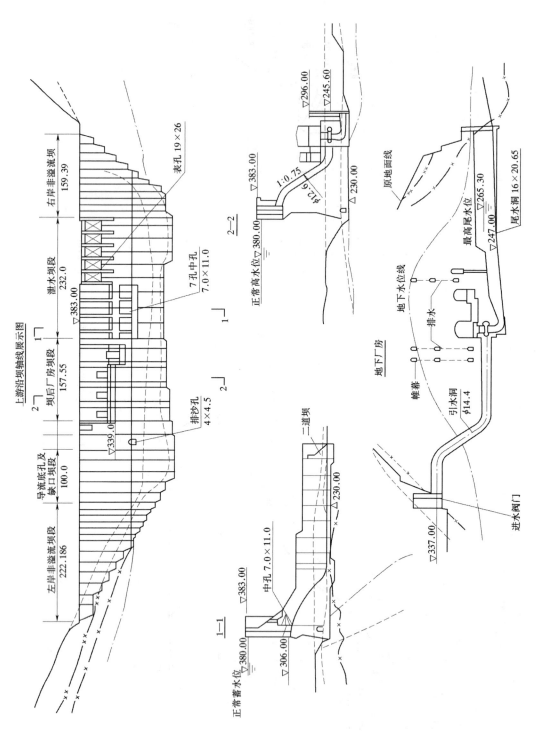

图 3-11　向家坝水电站大坝上游展视图和坝段及地下厂房剖面图（单位：m）

项目四　重力坝施工组织设计编制

工 作 任 务 书				
课程名称	重力坝设计与施工		项目	重力坝施工组织设计编制
工作任务	确定重力坝施工组织设计的编制内容、步骤		建议学时	0.5
班级		学员姓名	工作日期	
工作内容与目标	(1) 掌握混凝土重力坝施工特点； (2) 了解重力坝施工组织设计编制依据； (3) 掌握重力坝施工组织设计编制内容、步骤			
工作步骤	(1) 学习重力坝施工特点； (2) 学习重力坝施工组织设计编制依据； (3) 学习重力坝施工组织设计编制内容、步骤			
提交成果	收集参考文献，完成重力坝施工组织设计编写提纲			
考核要点	(1) 重力坝施工特点分析； (2) 重力坝施工组织设计编制依据； (3) 重力坝施工组织设计编制内容、步骤			
考核方式	(1) 知识考核采用笔试、提问； (2) 技能考核依据设计报告和设计图纸进行答辩评审			
工作评价	小组互评	同学签名：_____		年　月　日
	组内互评	同学签名：_____		年　月　日
	教师评价	教师签名：_____		年　月　日

任务目标：完成重力坝施工组织设计编写提纲。

任务执行过程引导：重力坝施工特点分析，重力坝施工组织设计编制依据选定，重力坝施工组织设计编制内容，重力坝施工组织设计编制步骤、流程确定。

提交成果：重力坝施工组织设计编写提纲。

考核要点提示：重力坝施工组织设计编制依据的选定，施工组织设计编制提纲的制定。

一、混凝土重力坝施工特点

混凝土工程施工在水利水电工程建设中占有重要地位，特别是以大坝为主体的枢纽工程，其施工速度直接影响着建设工期，施工质量的好坏，关系着工程的安危。据粗略估计，在混凝土闸坝式枢纽工程中，用于混凝土施工的各种费用约占工程总投资的 50%～70%。因此，做好混凝土工程施工组织设计，不断提高施工技术和施工管理水平对保证工程质量、降低造价、缩短建设周期具有重要作用。

混凝土工程施工，涉及砂石骨料制备、混凝土拌和、混凝土运输、钢筋、模板、浇筑仓面作业、温度控制和接缝灌浆等许多环节。本书主要涉及坝体（包括闸体）大体积混凝土的施工组织设计问题。

混凝土重力坝施工一般具有以下几个特点：

（1）工程量大、工期长。大中型水利水电工程的混凝土工程量通常都有几十万至几百万立方米，从浇筑基础混凝土开始到工程基本建成蓄水（或第一台机组投产），一般需要经历3～5年或更多时间才能完成。为了保证混凝土质量和加快施工速度，必须采用综合机械化施工手段，选择技术先进、经济合理的施工方案。

（2）施工条件困难。水工混凝土施工多为大范围、露天高处作业，且工程多位于高山峡谷地区，施工运输和施工机械布置受到地形地质、水文气象等自然条件的限制，施工条件比较困难。

（3）施工季节性强。水工混凝土施工，往往由于气温、降水、施工导流和拦洪度汛等因素的制约，不能连续均衡施工。有时为了使建筑物能挡水拦洪或安全度汛，汛前必须达到一定的工程形象面貌，因而使得施工的季节性强，施工强度高。

（4）温度控制要求严格。水工混凝土多属大体积混凝土，通常需要采用分缝分块进行浇筑。为了防止混凝土（特别是基础约束部位的混凝土）温度裂缝，保证建筑物的整体性，必须根据当地的气温条件，对混凝土采取严格的温度控制、表面保护和接缝灌浆等技术措施。

（5）施工技术复杂。混凝土重力坝因其用途和工作条件不同，一般体型复杂多样，常采用多种强度等级的混凝土，另外，混凝土浇筑又常与地基开挖、处理及一部分安装工程发生交叉作业，且由于工种工序繁多，相互干扰，矛盾很大。因此在设计和实施中，要很好地分析研究各工序的衔接配合关系，分清主次，合理地进行组织安排。

二、设计依据和设计内容

水利水电枢纽是各个水工建筑物组成的建筑群。水工混凝土工程施工组织设计一般是按单个水工建筑物为对象进行编制的。在编制施工组织设计时，应从整个枢纽工程施工全局出发，根据施工现场的实际条件，选择最优的施工方案，以最少的人力和物力，在规定的期限内保质保量地完成或提前完成该项工程。

1. 设计依据

（1）枢纽总布置、建筑物结构型式、尺寸和工程量等水工设计图纸和文件。

（2）施工总进度计划拟定的混凝土浇筑起止时间以及施工导流、拦洪度汛、蓄水发电和通航、灌溉等对工程形象面貌的要求。

（3）场内交通道路、混凝土拌和系统、风水电供应和大型临时设施等施工总平面布置资料。

（4）建筑物所在地区的地形、地质和气象等自然条件，地基开挖与处理、基坑排水、安装工程等协调配合的施工技术条件。

（5）国家和主管部门颁布的有关规程规范。

（6）国内外先进的施工经验和技术，以及有关施工单位的施工技术水平。

2. 设计内容

（1）分析基本资料，研究施工条件。主要包括建筑物结构型式、尺寸、工程量等特性，坝区地形地质、水文气象、交通道路等地理环境以及导流度汛、地基处理、金属结构和机电安装、混凝土原材料供应等施工技术条件。

（2）编制施工进度计划。根据施工总进度计划要求和施工导流方案，研究确定建筑物混凝土施工分期和各期工程形象面貌，编制施工进度计划，并进行必要的平衡调整。施工进度图表中，一般应包括混凝土施工所需的大型临建设施（如施工栈桥、缆机平台、专用交通道路，大型机械拆迁等）的土建、安装工程量和施工进度，并附混凝土月浇筑强度曲线、劳动力需要量曲线、建筑物控制断面升高及相应的混凝土冷却与接缝灌浆进程曲线、主要技术经济指标等。

（3）选择混凝土浇筑方案。根据建筑物混凝土施工分期和进度计划，研究混凝土浇筑和供料运输方法，选择主要施工机械设备，确定施工布置。

（4）拟定主要施工措施。主要包括混凝土原材料选择与配合比设计、混凝土温度控制措施、混凝土浇筑作业、模板选型与设计、建筑物接缝灌浆等。

（5）提出技术供应计划。根据施工进度计划和定额资料，分别计算劳动力、主要材料、预制构件和施工机械设备需要量，并提出分年度或各施工分期需要量计划，由施工总组织汇总。

（6）绘制施工布置图。根据选定的施工方案，绘制混凝土运输线路和浇筑机械布置图、

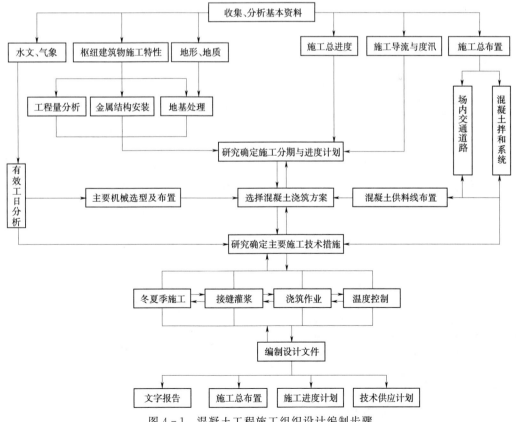

图 4-1　混凝土工程施工组织设计编制步骤

各期工程形象进程图、大型临建设施结构布置图、特殊部位混凝土（如空腹坝的空腹封拱、预留宽槽回填、闸墩预应力混凝土等）和滑模、真空模板等施工布置图。如果各期混凝土施工采用不同方法，还需绘制各分期施工布置图。

三、设计步骤

上述各项内容的排列次序基本上就是设计的编制顺序。但由于混凝土工程施工涉及面广、技术复杂，在设计过程中，上述各项内容往往需要由浅入深交错进行，要经过反复论证，才能获得最优的施工方案。混凝土工程施工组织设计的编制步骤可参见图4-1。

项目五　重力坝施工进度计划编制

工　作　任　务　书				
课程名称	重力坝设计与施工		项目	重力坝施工进度计划编制
工作任务	编制重力坝施工进度计划		建议学时	2.5
班级		学员姓名	工作日期	
工作内容与目标	(1) 了解重力坝施工进度的影响因素； (2) 掌握重力坝施工分期及施工程序的划分； (3) 掌握重力坝施工进度计划的编制步骤、编制方法			
工作步骤	(1) 学习重力坝施工进度的主要影响因素； (2) 学习重力坝施工分期及施工程序的划分； (3) 学习重力坝施工进度计划的编制步骤及方法			
提交成果	完成重力坝施工组织设计中的施工进度计划部分			
考核要点	(1) 重力坝施工进度影响因素； (2) 重力坝施工分期及施工程序划分； (3) 重力坝施工进度计划的编制			
考核方式	(1) 知识考核采用笔试、提问； (2) 技能考核依据设计报告和设计图纸进行答辩评审			
工作评价	小组 互评	同学签名：_____		年　　月　　日
	组内 互评	同学签名：_____		年　　月　　日
	教师 评价	教师签名：_____		年　　月　　日

任务一　施工进度主要影响因素分析

任务目标：重力坝施工进度安排的主要影响因素分析。

任务执行过程引导：分析自然条件（水文、气象等条件）对进度安排的影响，分析坝型对进度安排的影响，分析导流与度汛措施对进度安排的影响，分析温度控制、宽槽回填和接缝灌浆对进度安排的影响，分析金属结构安装对进度安排的影响，分析地基处理对进度安排的影响，分析施工方案与施工组织对进度安排的影响，分析施工不均衡性对进度安排的影响。

提交成果：完成重力坝施工进度计划中的"影响因素分析"部分。

考核要点提示：重力坝施工进度影响因素分析。

一、自然条件

水利水电枢纽所在地区的地形、地质、水文、气象等自然条件，特别是水文和气象条件，对混凝土工程施工影响较大，编制施工进度计划时，应首先对其进行分析和研究。

1. 水文特性

导流方式、施工分期、施工方法和施工进度计划等都与工程所在河段的水文特性有密切关系。我国多数河流洪枯流量相差悬殊，水位变幅大；山区河流洪峰频繁，陡涨陡落，洪枯相间；大江大河则汛期洪峰历时长、洪量大。此外，北方河流还有冬季封冻、春季流凌壅高水位的现象。这些水文特性都要求设计选用的导流方式和施工进度计划等与之相适应。

2. 气象条件

工程所在地区的气温、降水（雨、雪）、湿度、冰冻和大风等气象条件，直接影响混凝土的施工质量和施工速度。为了使工程施工能顺利进行，常需采取各种辅助设施和工艺措施，不仅增加了临建工程量和费用，而且增加了施工技术的复杂性，延长了工期。

根据有关资料统计，高寒地区的自然条件，对混凝土施工有如下影响：

（1）冬季混凝土浇筑强度降低。以桓仁、青铜峡两工程为例，其冬季混凝土浇筑强度分别为春、秋季节浇筑强度的31％～54％和39％～80％。

（2）严寒季节混凝土浇筑机械效率降低。以常用的大型混凝土浇筑机械（门座式起重机简称"门机"，塔式起重机简称"塔机"，缆索起重机简称"缆机"）为例，在不同气候条件下，其效率见表5-1。

表5-1　　　　　　　　**不同季节混凝土浇筑机械效率参考表**　　　　　　　　%

季节 浇筑机械	温　和	寒　冷	严　寒	季节 浇筑机械	温　和	寒　冷	严　寒
门机	100	80	65	缆机	100	80	60
塔机	100	80	65				

（3）高原地区海拔对混凝土浇筑机械、人工定额的影响见表5-2。

表5-2　　　　　　　　　　**高原地区施工定额系数**

海拔/m	<1500	1500～2000	2000～2500	2500～3000	3000～3500
机械定额	1.00	1.15	1.25	1.35	1.45
人工定额	1.00	1.05	1.10	1.15	1.20

我国北方寒冷地区的工程，一般冬季施工期长达3～4个月甚至5～7个月之久。为减少冬季施工复杂的保温设施，降低工程造价，有些工程在冬季停浇混凝土，这样将使全年施工期减少15％～30％乃至50％。因此，在编制坝体施工进度计划时，应考虑因冬季停浇混凝土而增加其他季节混凝土浇筑强度和总工期。

在炎热季节且气温年变化较大的地区浇筑混凝土（特别是基础混凝土），常需采取混凝土预冷、薄层浇筑等多种夏季作业措施。条件困难时，也可考虑高温期间全部或白天停浇混凝土。对此应统计高温气候的天数，研究控制性工期的要求等。究竟采用何种办法和措施，经济上是否合理，均需进行综合比较论证。

二、重力坝坝型

1. 坝型与施工方法

（1）混凝土坝的类型较多。重力坝结构比较简单，拱坝及支墩坝次之，闸坝及河床式电站较复杂。坝型不同，选用的施工方法也不同，机械设备、进度计划、施工强度都随之不同。

（2）各类坝型在满足施工进度的要求下，其分层厚度、仓位流水时间和程序都应有不同安排。

（3）重力坝混凝土体积大、仓位多、分层薄、结构体型简单，施工速度为浇筑强度控制，多采用配套的大容量浇筑机械进行施工。

（4）支墩坝和河床式闸坝、电站厂房等，混凝土数量相对较少，但模板、钢筋复杂，施工进度为仓位准备工作（时间）所控制。为此，应采用多种施工机械配合，灵活调度，加快仓位准备，进行流水作业。

不同坝型混凝土浇筑的准备工作（时间）参见表 5-3。

表 5-3　　　　　　　　　　　　不同坝型混凝土浇筑的准备时间

工程名称	坝型	准备时间/d	工程名称	坝型	准备时间/d
古田一级	宽缝重力坝	2	梅山	连拱坝撑墙	7～8
龙羊峡	重力拱坝	4	青铜峡	闸坝	7～10
桓仁	大头支墩坝	5	葛洲坝	预应力闸墩	10～15

2. 坝型与模板及钢筋工程量

（1）根据国内部分工程资料并参照国外工程的一些实例，不同坝型的每立方米混凝土立模面积系数列于表 5-4。若以重力坝每立方米混凝土的立模面积为标准，则支墩坝为其 2～6 倍，而河床式电站闸坝高达 7～10 倍。

表 5-4　　　　　　　　　　　　不同坝型立模面积系数　　　　　　　　　单位：m²/m³

坝　型	立模面积系数	坝　型	立模面积系数	坝　型	立模面积系数
重力坝	0.10～0.16	单支墩大头坝	0.30～0.45	平板坝	1.10～1.70
重力拱坝	0.14～0.25	双支墩重力坝	0.32～0.60		
宽缝重力坝	0.15～0.25	河床式电站闸坝	0.70～1.10		

（2）以混凝土含筋量比较，青铜峡重力坝段平均含筋量为 $1.65kg/m^3$，溢流坝段则为 $4.25kg/m^3$，上犹江重力坝（坝内式厂房）平均含筋量为 $22.72kg/m^3$，梅山连拱坝平均含筋量为 $27.0kg/m^3$。据粗略统计，将不同坝型结构的含筋量列于表 5-5。

表 5-5　　　　　　　　　　　　不同坝型结构含筋量　　　　　　　　　单位：kg/m³

坝型结构	重力式挡土墙	重力坝	重力拱坝	溢流坝	溢流堰	闸墩
含筋量	5	5	10	10～15	25	40

三、导流与度汛

1. 施工导流方式

混凝土工程施工进度的安排，必须与确定的施工导流方式相适应，综合考虑截流、度汛、拦洪、工农业引水、航运、蓄水发电等控制时间和要求来决定各施工时段的施工进度计划和上升速度、浇筑强度等。

2. 施工期度汛

坝体施工期间度汛方案对施工进度影响极大。施工期间安全度汛方案基本上分为两大类，即河床围堰全年挡水和河床基坑或坝体过水分流度汛。

(1) 河床围堰全年挡水。采用这类方案，混凝土施工和其他工作可常年在围堰保护下的基坑内正常进行，对施工进度和工期有充分保证。但是这样的方案，导流建筑物和围堰的工程量大、工期长，需要从整个枢纽工程施工的全局出发，通过技术经济综合比较论证后才能采用。

(2) 河床基坑或坝体过水分流度汛。这类方案对混凝土施工，特别是对基础部位的混凝土施工进度影响较大，基坑过水后，善后清淤和恢复施工所占用的时间较长。国内部分工程基坑过水影响施工进度的情况见表 5-6。

表 5-6　　　　　　　　基坑过水影响工期情况统计

工程名称	基坑过水次数	过 水 时 间	过水影响工期/月	备　注
龙羊峡	1	1981 年 9 月	2	土石围堰、非常溢洪道过水
安康	4	1983 年 6—8 月	3	正在施工阶段
大化	9	1981 年 5 月 21 日至 11 月 10 日	5～6	设计为土石过水围堰
青铜峡	1	1964 年 7 月 26 日	4	非常情况迫使炸开围堰

总之，在研究施工导流方案和施工进度时，应进行全面的考虑和安排，特别是对中、后期导流与度汛的复杂性要有足够的认识，对水库蓄水方式也应周密考虑。

四、温度控制、宽槽回填和接缝灌浆

混凝土温度控制、宽槽回填和接缝灌浆也是影响施工进度的主要因素。目前高坝混凝土浇筑多采用柱状分块法，因此认真搞好混凝土温度控制是缩短建设工期极为重要的措施。

实践证明，坝体混凝土施工过程中，采取必要的冬、夏季温度控制措施，加大分块尺寸，提高浇筑强度，取消或减少接缝灌浆或宽槽回填，是加快工程进度、保证混凝土质量的有效方法。温度控制的配套设施，应与混凝土拌和系统同期建成投产。

当混凝土温度降到设计稳定温度时，方能进行接缝灌浆或宽槽混凝土回填，其时间应当安排在低温季节进行，混凝土冷却方式和需要的时间，须经计算和经济比较后确定。

五、金属结构安装

混凝土坝内往往布置有引水钢管、泄水孔的钢板衬砌、拦污栅、闸门及启闭机、输电铁塔等金属结构和设备，其安装量大、精度要求高，对混凝土施工有较大干扰。为了使金属结构安装工作不致过多影响混凝土浇筑进度，通常采用二期混凝土施工，即钢管、门槽埋件埋入先浇的混凝土预留槽或洞内，待金属结构安装完毕后再回填混凝土。若需要先安装后浇筑时，应安排安装所需的工期。

六、地基处理

有的工程地基加固和处理往往与混凝土施工交织在一起，因此，编制施工进度时需要统筹考虑。

闸、坝工程的地基处理包括软基的防渗墙、桩基加固，岩基的固结灌浆、帷幕灌浆、地基排水系统以及断层破碎带特殊处理等。

上述这些地基处理工作，有的（如防渗墙、桩基加固等）必须在基础混凝土浇筑前完成；有的（如固结灌浆、岸坡接触灌浆等）与混凝土施工交叉进行；有的（如帷幕灌浆）则在坝体廊道内进行，并应在水库蓄水之前完成。因此，混凝土施工进度计划中要安排其施工时间，考虑相互干扰的影响。

七、施工方案与施工组织

大中型闸、坝工程，通常都采用机械化施工。施工方案、施工组织状况和管理水平，对实现施工进度计划均有很大影响。

混凝土拌和、运输和浇筑系统的布置要统筹安排，尽量减少拆迁次数，以免影响施工进度。必须拆迁时，在进度计划中要列出施工栈桥架设、升高和主要机械安装、拆迁等工作的顺序和时间，使施工计划能紧密衔接、连续进行。

常用的大型施工机械设备的安装、拆迁工期参见表 5-7。

表 5-7　　　　　　　　大型施工机械设备的安装及拆迁工期

名　　称	简　　称	安装、拆迁工期/d
MQ540/30 型门座式起重机	10/30t 丰满门机	6～9
MQ540/30 型高架门座式起重机	10/30t 小高架门机	9～12
10/20t 四连杆门座式起重机	10/20t 东德门机	9～15
SDMQ1260/60 型门座式起重机	20t 高架门机	30～75
25/10t 塔式起重机	25t 塔机	15～30
10～25t 缆索起重机	25t 缆机	150～180（安装）

注　1. 表中工期数均不包括土建工期。
　　2. 栈桥拆散时间未计在内。
　　3. 采用起吊设备进行拆装。

混凝土的砂石骨料、拌和与运输系统，原则上应在坝体基础混凝土浇筑之前安装调试完毕，确保基础混凝土正常浇筑。在安排混凝土施工时，应认真研究落实这一基本条件，有关混凝土砂石料、拌和与运输系统的建设工期参见表 5-8。

表 5-8　　　　　混凝土砂石骨料、拌和与运输系统的建设工期统计

工程名称	建设工期/月		工程名称	建设工期/月	
	砂石骨料系统	拌和与运输系统		砂石骨料系统	拌和与运输系统
龙羊峡	24	20	三门峡	16	21
刘家峡	20	16	丹江口	20	18
潘家口	12	18	大化	23	25
新安江	9	8	葛洲坝	22（西坝系统）	20（右岸 42m 高程系统）

八、施工不均衡性

如上所述，由于工程所在地区自然条件不同，坝体结构型式和技术复杂程度各异，以及导流度汛、施工方法和施工组织的差别等，使得混凝土施工过程中常常发生不均衡现象。为此，在编制施工进度计划时，应着力进行协调平衡，以求得最好的经济效果。根据我国坝体混凝土机械化施工状况，在确定混凝土浇筑计算强度时需要用到下述几个参数。

1. 混凝土浇筑的不均衡系数

（1）月不均匀系数，参见表 5-9。

表 5-9 混凝土浇筑高峰年的月、日不均匀系数

坝　　型	重力坝	坝　　型	重力坝
月不均匀系数	1.2～1.5	日不均匀系数	1.1～1.3

（2）日不均匀系数。应根据结构物复杂程度，钢筋、模板与浇筑工序的衔接情况以及高峰日浇筑仓位数量等因素考虑，一般可参见表 5-9。

（3）小时不均匀系数。小时浇筑入仓强度，通常按仓面大小和仓位多少来确定，为了满足高峰月浇筑强度要求，根据气温条件和仓面准备情况，小时浇筑强度不可避免地要有所波动，其不均匀系数一般为 1.2～1.5。

2. 混凝土浇筑有效时间

一般来说，混凝土浇筑的有效时间，与工程所在地区的气候条件、机械运转工况、交通道路和施工场地布置情况、原材料和动力（风、水、电）供应状况以及法定节假日数等因素有关，设计时通常按正常情况考虑。

（1）年工作天数。混凝土施工的年工作天数，一般应对当地气候条件进行统计分析后确定，在采取必要的施工措施情况下，可定为 305d。

（2）月工作天数。设计时，月工作天数常取 25d。施工阶段，高峰月的工作天数可取 28d。

（3）日工作小时数。设计时，日工作小时数常取 20h。

任务二　施工分期与程序

任务目标：重力坝施工分期的确定和施工程序安排。

任务执行过程引导：根据建筑物布置特点、施工总进度计划要求等方面对工程面貌的要求对重力坝进行施工分期，根据重力坝施工内容和进度安排进行施工程序的确定。

提交成果：重力坝施工进度计划中的"施工分期与程序"部分。

考核要点提示：重力坝施工分期的确定；重力坝施工程序的确定。

一、施工分期

根据建筑物布置特点、施工总进度计划要求、施工导流方式以及拦洪度汛、蓄水发电、航运、灌溉和过木等方面对工程面貌的要求，混凝土施工分期大体上有以下三种。

（一）按建筑物立面分期

在峡谷地区或覆盖层较厚的河床上建坝，施工导流通常采用一次断流的方式，坝体在上下游围堰保护下施工，基本上按基础部位、中部和上部三个阶段进行施工，即初期、中期和后期三个阶段。

1. 初期阶段

基础部位的混凝土工程量一般约占整个建筑物混凝土的 15%～20%，这部分混凝土施工工作面小，施工项目多（如开挖清基、地基处理、基坑排水以及混凝土冷却、接缝灌浆管路系统和观测仪器埋设等），相互干扰。同时，由于混凝土拌和、运输和浇筑机械设备

系初期运行，还需要一个协调完善的过程。因此，在施工进度安排上要适当留有余地。

有的工程规模不大，地质条件较好，建筑物体型和结构比较简单，且汛期洪峰流量较大，往往采用枯水期导流、汛期基坑过水的导流方案，这时应着重研究河床基坑初期度汛措施问题。如果采用土石过水围堰，则宜在汛前将基础部位的混凝土浇至河床常水位以上，以代替上游围堰挡水。总之，采用枯水期导流、汛期基坑过水的导流方案时，要认真研究并采取有效措施，合理安排基础部位的混凝土施工，使其具备安全度汛条件，并为汛后迅速恢复混凝土施工创造条件。

2. 中期阶段

坝体混凝土浇至河床常水位以上即进入中期施工。中期混凝土一般约占总量的60%～70%。在这一阶段，各项施工技术措施与混凝土拌和、运输和浇筑等机械化施工系统已日臻完备，可以较高的速度进行浇筑，建筑物上升较快。中期混凝土施工处在建筑物中部，施工中可能要遇到发电和灌溉引水的进水口、泄洪（或导流）底孔和中孔以及压力钢管等部位，由于其体型和结构比较复杂，影响混凝土连续均衡施工。因此，在中期的混凝土施工进度编制中，应重点研究逐年安全度汛、临时断面挡水、接缝灌浆、宽槽混凝土回填、闸门预埋件和压力钢管安装等施工程序问题，使其协调紧凑，满足工期要求。

3. 后期阶段

后期混凝土工程量集中于建筑物上部（有的工程以溢流堰顶为分界），约占总量的10%～15%，这一阶段的混凝土工程量虽然不大，但多系闸墩、胸墙、排架、桥梁等钢筋混凝土薄壁结构，而且混凝土浇筑与闸门、启闭机安装和混凝土预制构件吊装等发生交叉作业，施工干扰多，技术复杂、困难，因而混凝土浇筑强度较低。

按上述施工分期，以混凝土坝为例，在正常施工条件下其各个施工阶段大致的工期见表5-10。

表 5-10　　　　　　　　　　混凝土坝各施工阶段所占工期参考表

坝体混凝土总量 /万 m³	初期 /月	中期 /月	后期 /月	总工期 /月
<50	5～6	6～12	6～8	17～26
50～100	6～8	12～18	6～12	24～38
100～200	6～12	18～24	12～18	36～54
200～300	8～12	24～36	18～24	50～72
300～500	12～18	36～48	18～24	66～90
500～1000	12～18	48～60	24～30	84～108
>1000	18～24	54～72	24～30	96～126

（二）按建筑物平面分期

在河面宽阔、流量较大的河床上，或者河中有可利用的岛屿、滩地的河床上建坝，一般多采用分期（或明渠）导流。采用这类导流方式时，建筑物的混凝土施工分期，基本上是按导流分期划分的。这样可分为两种情况：

（1）分期完建。即左岸（或右岸）一期基坑中的建筑物基本建成后，再进行第二期基坑建筑物施工，届时由永久泄水建筑物导流。每期工程分别安排各自的施工程序和进度，如葛洲坝等工程。

（2）交错施工。即当第一期基坑工程形成导流（如明渠、底孔或梳齿）条件并将混凝土浇至河床常水位以上，随即进行河床截流，开始第二期基坑施工。在这期间，第一期基坑部位的混凝土浇筑，仍可照常进行；待第二期基坑的混凝土浇至常水位以上，河床中的水工建筑物混凝土浇筑即可按工程形象面貌要求，均衡上升。

如上所述，按照河床水工建筑物在平面上划分混凝土施工分期，通常可分为 2～3 期，各期仍按基础部位、中部和上部三阶段进行施工。

（三）按工程建设分期

根据国家的经济力量、工程效益、淹没损失等情况，有的工程采取分期建设，第一期采取高坝设计，按低坝施工；以后在适当时间再进行第二期工程，将大坝加高到最终设计高程，如丹江口、龚嘴等工程。

分为两期建设的工程一般规模较大，在第一期工程建设中应研究并安排与第二期工程建设相衔接的有关问题和措施。如位于第一期工程周围的属第二期工程的基础部位开挖应基本结束，仅预留保护层；位于第一期工程正常蓄水位之下的第二期工程建筑物的土建和安装工程的埋设构件，均应安排在第一期工程建设时期内予以完成；大型临建结构设置应考虑第二期工程施工时利用的可能性，以及以后进行第二期施工时新老混凝土坝面结合措施等问题。

二、施工程序

1. 施工准备

在混凝土开仓浇筑以前，做好各项施工准备是保证施工顺利进行的首要工作。经验证明，只有做好充分准备，才能保证施工质量，加快施工速度。施工准备的主要内容如下：

（1）场区交通道路、风水电供应及通信管线畅通。

（2）混凝土拌和、运输和浇筑机械等安装调试完毕。

（3）砂石骨料、水泥、掺和料等混凝土原材料供应充裕。

（4）需要的钢筋、模板和预制构件加工、制作完毕，并有一定的储备。

（5）其他生产、生活设施等准备。

2. 基坑排水

施工期间经常性基坑排水，是基础混凝土施工中的一个重要条件，配备足够的排水能力，才能保证混凝土施工正常进行。

3. 清基验收

建筑物地基开挖和处理，应按设计要求在浇筑混凝土前完成，并经专门委员会检查验收后方能浇筑混凝土。

如遇特殊情况，地基开挖与混凝土浇筑需要平行作业时，必须满足在混凝土建筑物附近进行爆破（地基开挖）的有关规定，并进行适当的安全防护。

在一般情况下，基坑混凝土施工开始以后，不得再进行岸坡开挖。

4. 仓面准备

基础部位的混凝土浇筑仓面，在清理松动岩块后即可组装模板和绑扎钢筋，混凝土浇筑入仓以前，必须将仓内木屑、杂物和积水清除干净。在混凝土面上继续浇筑时，模板组装与凿毛可同时进行。

5. 混凝土浇筑

为了连续均衡地进行混凝土施工，必须根据建筑物结构特点、混凝土温控要求和浇筑能力，合理地进行分缝分块，并按跳仓排块顺序，编制混凝土浇筑进度计划。在编制混凝土浇筑计划时，要注意以下几点：

（1）基础部位混凝土尽量安排在温和季节浇筑。

（2）先浇筑与导流、度汛有关重点部位。

（3）优先浇筑结构复杂或控制工期的部位。

（4）先浇筑填塘部位的混凝土，待其达到温控要求并进行接触灌浆后，再浇筑与之相邻部位。

（5）尽快全面完成基础块的混凝土浇筑，以保护建筑物地基免受破坏和风化。

6. 混凝土养护

混凝土浇筑完毕后应及时养护。养护的方法和时间，应根据当地气候条件，水泥品种和混凝土温控要求确定。

7. 混凝土冷却与接缝灌浆

水工大体积混凝土浇筑后通常需要冷却散热。冷却散热一般分两期进行。为了降低混凝土最高温升需要进行第一期冷却。第一期冷却有天然散热和人工冷却两种方法，或者两种方法同时进行。混凝土达到设计稳定温度后才能进行接缝灌浆，为此必须进行二期冷却。

任务三　施工进度计划编制

任务目标： 掌握重力坝施工进度计划的内容及编制步骤。

任务执行过程引导： 了解重力坝施工进度计划编制原则，熟悉重力坝施工进度计划编制过程中的注意事项，掌握重力坝施工进度计划的编制步骤。

提交成果： 重力坝施工进度计划中的"施工进度安排"部分。

考核要点提示： 重力坝施工进度计划编制步骤，重力坝施工进度安排。

一、编制原则

（1）符合枢纽工程施工总进度计划确定的开工和竣工日期。

（2）满足各阶段施工导流和安全度汛对坝体工程形象面貌的要求。

（3）满足坝体拦洪、蓄水发电、通航过木和引水灌溉等对坝体浇筑高程的要求。

（4）坝体混凝土浇筑进度应与地基开挖和处理、温度控制和接缝灌浆以及金属结构安装的施工进度协调一致，并按设计规定满足坝体施工期间的稳定安全要求。

（5）坝体混凝土浇筑强度和上升速度是可行的和合理的，并留有余地。

二、编制中应注意的问题

（1）坝体混凝土施工第一个枯水期能否按进度计划顺利进行，对保证整个工程的施工进度有着特殊的意义。如果由于拟定的导流方案（包括导流方式、标准和建筑物结构型式等）使围堰工程量大、占用枯水期施工时间过多而影响基坑混凝土施工不能按计划完成时，应对导流方案做进一步研究，必要时要在导流标准或围堰结构型式上做相应的修改。

（2）坝的结构型式和布置，以及过多的结构分缝、孔洞和埋件，都对施工进度有较大影响。如果施工进度安排上无法保证各阶段形象面貌要求和安全度汛，则应要求水工设计进一步研究简化坝体结构和布置的可能性。

（3）坝体基础部位混凝土应尽量安排在低温季节进行。在正式开仓浇筑以前，砂石骨料和混凝土拌和系统、供料运输的交通道路和主要浇筑机械安装等，必须已经安排就绪，以确保施工质量和安全。

三、编制步骤

（1）准备各项基本资料。

1）按照水工设计图纸，编制坝体混凝土施工分层分块特性表（表5-11）。

2）计算建筑物不同部位、高程的混凝土工程量，并绘成累计曲线（图5-1）。

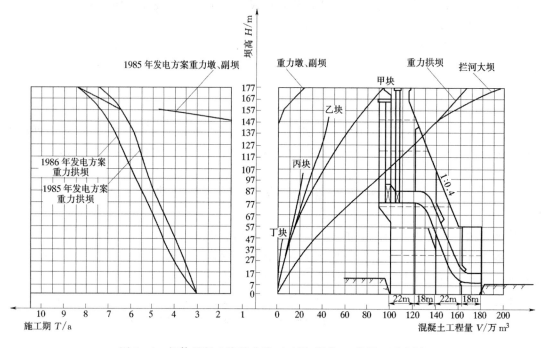

图5-1　坝体混凝土浇筑曲线（工期-坝高-工程量）示意图

3）按照温度控制设计要求，编制建筑物不同部位、高程、月份的混凝土温度控制指标（表5-12）。

（2）跳仓排块分析。根据建筑物混凝土浇筑分层分块和浇筑块间歇时间，并参考一般坝体浇筑强度和上升速度有关资料（表5-13及表5-14），进行跳仓排块流水分析，初拟比较详细的施工进度计划。

（3）施工技术条件分析。对实施拟定的施工进度计划中遇到的施工技术问题，如施工布置、机械设备、温度控制和施工干扰等，应进行分析研究，并提出解决的措施。

（4）编制混凝土施工进度计划表。以某大坝二期工程为例，施工进度计划表格形式详见表5-15。

（5）主要施工指标综合平衡。施工指标综合平衡重点是混凝土浇筑强度平衡，应尽可能地保持均衡生产，避免出现过高的浇筑强度，同时需满足总进度计划的综合平衡要求。

（6）编写文字说明或专题报告。

表 5 - 11　某大坝混凝土施工分层分块特性

坝段	左重 1~4	1	2、3	4、5	6、7	8	9	10	11	12	13	14、15	16、17	18	右重 1~5
面积/m² 甲	≤500	≤500	650	380	380	760/506	760/506	760/506	728/485	760/506	380	380	380	464	≤500
乙			286	286	382	382	382	382	366	382	286	286	286	390	
丙			320	320	426	426	426	426	409	426	320	320	320		
丁					316/140	316/140	316/140	316/140	303/135	140	110				
层厚/m A₁区下	1.5~2.0	1.5~2.0				1.5~2.0	1.5~2.0	1.5~2.0	3.0	3.0				1.5~2.0	1.5~2.0
A₁区上	2.0~2.5	2.0~2.5				2.0~2.5	2.0~2.5	2.0~2.5	3.0	3.0				2.0~2.5	2.0~2.5
A₂区下			3.0	3.0							3.0	3.0	3.0		
A₂区上			3.0	3.0							3.0	3.0	3.0		
B区			5.0~6.0	5.0~6.0	3.0	3.0	3.0	3.0	3.0	3.0	5.0~6.0	5.0~6.0	5.0~6.0		
C区	5.0~6.0	5.0~6.0	5.0~6.0	5.0~6.0	5.0~6.0	5.0~6.0	5.0~6.0	5.0~6.0	5.0~6.0	5.0~6.0	5.0~6.0	5.0~6.0	5.0~6.0	5.0~6.0	5.0~6.0

注：
1. 该坝为混凝土重力坝，高177m，坝段前缘最大长度为24m。
2. 浇筑块面积760m²为右者，系指前缘发电引水进口牛腿部位。
3. A、B、C区系按温度控制设计确定，详见表5-12。

表 5-12　　　　　　　　　　　　　　　某大坝混凝土施工逐月温度控制指标

月份	月平均气温/℃	受基础强约束的 A下 区 [ΔT]≤20℃			受基础强约束的 A上 区 [ΔT]≤23℃			水库死水位以下按 B 区 [T]≤32~34℃		水库死水位以上按 C 区 [T]≤35~37℃		温度控制措施
		H/t 中部坝段	H/t 边缘坝段	T	H/t 中部坝段	H/t 边缘坝段	T	H/t	T	H/t	T	
1	-9.3	2.0/5.6	3/7	5~8	3/7	5~6/10~14	5~8	3~8/7~10	5~8	3~10/7~10	5~8	加热水、预热骨料;仓面搭设暖棚施工
2	-4.3	2.0/5.0	3/7	5~8	3/7	5~6/10~14	5~8	3~6/7~10	5~8	3~10/7~10	5~8	
3	2.7	2.0/5.0	3/7	5~8	3/7	5~6/10~14	5~8	3~6/7~10	5~8	3~10/7~10	5~8	
4	8.6	1.5/7.0	3/8	5~10	3/8	≤5/10~12	5~10	3~6/7~12	5~10	3~6/7~12	5~10	常温浇筑
5	13.1	1.5/5.0	3/8~10	≤13	2.5/8	≤4/10~12	≤13	3~6/7~12	13~16	3~6/7~12	15~16	加冷水与冰拌和;料堆高h>6m,地弃取料;料堆上喷水雾
6	15.7	1.5/5.0	3/15	≤13	2.5/8	≤4/10~12	≤13	3~6/7~14	13~16	3~6/7~14	15~16	
7	18.2	1.5/5.0	3/16	≤13	2/8	≤3/10~12	≤13	3~6/7~14	13~16	3~6/7~14	15~16	
8	17.5	1.5/5.0	3/15	≤13	2/8	≤3/10~12	≤13	3~6/7~14	13~16	3~6/7~14	15~16	
9	12.7	1.5/5.0	3/15	≤13	2.5/8	≤4/10~12	≤13	3~6/7~14	13~16	3~6/7~14	15~16	
10	5.7	2.0/7.0	3/8	5~8	3/7	≤5/10~12	5~8	3~6/7~10	5~8	3~6/7~10	5~8	常温浇筑
11	-2.3	2.0/5.0	3/7	5~8	3/7	5~6/10~14	5~8	3~6/7~10	5~8	3~6/7~10	5~8	加热水、预热骨料;仓面搭设暖棚施工
12	-8.5	2.0/5.0	3/7	5~8	3/7	5~6/10~14	5~8	3~6/7~10	5~8	3~6/7~10	5~8	

表 5 - 13

坝体混凝土月平均浇筑强度参考表

坝体混凝土总量 /万 m³	月平均浇筑强度 /万 m³	月强度占总量的百分比 /%
20～60	1.2～3.0	6.0～5.0
60～120	2.5～4.5	4.0～3.75
120～250	3.5～6.0	3.0～2.4
250～500	5.0～12.0	2.4～2.0

注 表中数值为正常浇筑混凝土时段的平均范围。

表 5 - 14

坝体上升速度参考表

坝型 \ 坝体	一般坝段	引水、溢流坝段	闸坝
重力坝	2.5～5.0	2.0～3.0	4.0～6.0
重力拱坝	3.5～5.5	2.0～3.0	4.0～6.0
支墩坝	4.5～6.0		
轻拱坝	4.0～5.5		

注 冬季施工上升速度视气温情况酌情增大或降低。

表 5 - 15　　某大坝二期工程施工进度计划表

序号	工程项目及部位	工程量	计划进度					
			1981年	1982年	1983年	1984年	1985年	1986年
(1)	(2)	(3)	(4)	(5)	(6)	(7)	(8)	(9)
一	大江电站							
	1. 基础开挖							
	覆盖层	$446.15\times10^4\,\mathrm{m}^3$	312.51	133.06				
	岩石	$127.56\times10^4\,\mathrm{m}^3$	36.26	97.86	1.75			
	2. 混凝土浇筑	$224.96\times10^4\,\mathrm{m}^3$						
	上游引水渠	$11.18\times10^4\,\mathrm{m}^3$	0.29	10.11	0.71		0.07	
	下游引水渠	$13.97\times10^4\,\mathrm{m}^3$		8.88	2.22		2.82	
	左安装场	$18.23\times10^4\,\mathrm{m}^3$		6.62	9.39	2.22		
	右安装场	$9.35\times10^4\,\mathrm{m}^3$			2.11	6.70	0.54	
	8～21号机组	$174.87\times10^4\,\mathrm{m}^3$			60.23	75.81	28.28	
	坝顶面、二期混凝土及其他	$17.36\times10^4\,\mathrm{m}^3$		10.55		0.27	15.49	1.60
	3. 灌浆							
	骨节灌浆	32288m		4969	26193	1126		
	帷幕灌浆	10035m				6240	3795	
	4. 金属结构安装	28972t				4216	15236	4520
	5. 机电结构安装	44800t/14台				埋件	机组	1989年
二	一号船闸							
	1. 基础开挖							
	覆盖层	$41.55\times10^4\,\mathrm{m}^3$		41.55				
	岩石	$36.47\times10^4\,\mathrm{m}^3$		34.97	1.50			
	2. 混凝土浇筑	$139.14\times10^4\,\mathrm{m}^3$						
	上游隔水墙及导航墙	$3.35\times10^4\,\mathrm{m}^3$		2.05	0.88	0.71	0.21	
	重力墩	$1.13\times10^4\,\mathrm{m}^3$		0.21			0.92	
	进口段	$6.19\times10^4\,\mathrm{m}^3$		1.95	2.54	1.70		

续表

序号	工程项目及部位	工程量	计划进度					
			1981年	1982年	1983年	1984年	1985年	1986年
(1)	(2)	(3)	(4)	(5)	(6)	(7)	(8)	(9)
	上闸首	$15.20 \times 10^4 \mathrm{m}^3$		0.12	5.94	4.13		
	闸室	$62.71 \times 10^4 \mathrm{m}^3$		0.03	13.67	39.30	9.71	
	下闸首	$18.79 \times 10^4 \mathrm{m}^3$			11.19	7.60		
	下游导航墙及隔流堤	$26.92 \times 10^4 \mathrm{m}^3$		5.36	2.69		2.19	
二	公路桥预制件、二期混凝土及其他	$4.76 \times 10^4 \mathrm{m}^3$					4.76	
	3. 灌浆							
	固结灌浆	19252m		1121	13037	5094		
	帷幕灌浆	860m				860		
	4. 金属结构安装	4317t		18	27	266	4006	
三	大江冲砂闸							
	1. 基础开挖							
	覆盖层	$34.45 \times 10^4 \mathrm{m}^3$	12.42	22.03				
	岩石	$79.43 \times 10^4 \mathrm{m}^3$		75.76	3.67			
	2. 混凝土浇筑	$66.86 \times 10^4 \mathrm{m}^3$						
	上游防冲铺盖	$3.21 \times 10^4 \mathrm{m}^3$		2.66	0.55			
	闸室	$14.76 \times 10^4 \mathrm{m}^3$		0.66	10.13	3.90		
	下游护坦	$30.01 \times 10^4 \mathrm{m}^3$		6.40	15.02	8.59		
	右导墙	$14.86 \times 10^4 \mathrm{m}^3$		2.28	9.96	2.62		
	胸墙、坝面、预制构件等	$4.03 \times 10^4 \mathrm{m}^3$				4.03		
	3. 灌浆							
	固结灌浆	5875m		98	4131	1647		
	帷幕灌浆	6092m			37	4900	1155	
	4. 金属结构安装	5320t				1522	3778	20
四	右岸重力坝混凝土	$6.52 \times 10^4 \mathrm{m}^3$			0.25	1.70		4.57
五	右岸50×104V变电所混凝土	$8.60 \times 10^4 \mathrm{m}^3$			1.07	5.20	2.33	
六	大江与淤堤混凝土	$21.04 \times 10^4 \mathrm{m}^3$	7.36	2.68	4.90	3.10	3.04	

项目驱动案例三：重力坝施工进度计划编制

一、工程基本资料

S 水库位于 F 江干流中游河段，S 水利枢纽属 II 等大（2）型工程，工程任务是以防洪为主，结合发电，兼顾灌溉、供水和旅游等综合开发利用。坝址以上集水面积 $2630km^2$，主流长 122.7km。水库总库容 19260 万 m^3，电站装机容量 $2×15MW$，多年平均发电量 6837 万 $kW·h$。

（一）水文气象条件

该流域属亚热带季风气候区，雨量丰沛，四季变化明显。3—4 月初春季节，地面盛行东南风，多降连绵细雨。5—7 月春末夏初，暖湿太平洋高压气团渐向大陆推进，锋面常在流域上空停滞或摆动，造成连续降水，降水强度大且量多，俗称梅雨。7—9 月盛夏季节，天气炎热，盛行偏南风，多雷阵雨和台风雨。10—11 月秋季，天气以晴朗少雨为主。12—2 月寒冬季节，地面盛行偏北风，气温低，会出现雨雪天气。

（二）工程地质条件

坝址位于 M 镇以北 2.5km 的 F 江干流峡谷段上，河流流向自北向南，横切岩层走向，河谷呈宽"U"字形，坝址上游 3km 至坝址处河谷呈喇叭形逐渐扩大。坝址区河床高程 25～28m，宽约 170～190m；河床左岸为漫滩和 I 级阶地；右岸为深水槽，水深约 2m。两岸山脊高程：左岸 250m，右岸 350m。两岸谷坡基本对称，山坡坡度约为 40°。

（三）主要建筑物

枢纽主要建筑物包括拦河坝、泄洪闸、发电厂房及升压站等。

1. 拦河坝

拦河坝采用混凝土重力坝，坝顶高程 52.2m，拦河坝坝顶长度 268.5m，坝顶宽度 9.0m。溢流坝段长 138.0m，最大坝高 34.7m，坝基宽度 33.0m；两岸非溢流坝段长 76.0m，上游面铅直，下游坝坡 1：0.7；电站厂房坝段长 54.5m。坝体采用 C15 混凝土，溢流面为 C25 混凝土，上游面为 C20 混凝土，坝体横缝设止水。

2. 泄洪闸

泄洪闸布置在溢流坝段坝顶，共 9 孔，每孔净宽 12m，长 33.0m，闸墩厚 3.0m。溢流堰面采用 WES 型实用堰型，堰顶高程 35.0m。堰顶设有 9 扇 $12m×16.2m$ 的露顶式弧形钢闸门，由液压启闭机启闭，9 孔泄洪闸共用一扇检修钢闸门。下游采用戽式消力池戽流消能，戽池长 30.0m，池深 3.5m，坎高 1.5m，底板采用 C30 钢筋混凝土现浇结构，厚 2.0m。戽后接 C20 钢筋混凝土护坦，长 30.0m，护坦末端设抛石防冲槽与河道相接。消力池和护坦两侧分别设有导墙，长 62.0m。

3. 发电厂房

主厂房全长 54.5m，主机房布置在主厂房右端，长 32.0m，安装 $2×15MW$ 灯泡贯流式水轮发电机组，机组间距 14.5m，水轮发电机中心轴高程 19.6m，主机房运行层高程 29.7m。装配场布置在主厂房左端，长 22.5m，地坪高程 39.6m。主厂房内安装 1 台 63/20t

电动双梁桥式起重机，行车跨度 15.0m。机组间及主机房段间均设有永久性伸缩缝。

副厂房长 19.87m，宽 12.48m，布置有中控室、开关室、电工实验室、通信室、电缆层等。

4. 升压站

升压站地坪高程 39.45m，占地面积 40.0m×17.1m，内设 1 台主变压器、110kV 出线构架及户外配电设备。

电站进水口进口底高程 18.0m。进水口设检修门和拦污栅各一道，分别配有坝顶门机和清污机。进水口前设有拦沙坎，坎顶高程 33.0m。机组尾水管出口设事故检修门，配固定式启闭机，尾水管出口底高程 16.9m，经 1∶5 的倒坡与下游河道衔接。

二、工期要求

根据施工招标文件的总工期，计划 2002 年 9 月 1 日开工（以开工令为准），到 2005 年 5 月 31 日竣工，总工期 33 个月。

三、水库控制性施工进度

（一）施工准备工程

从 2002 年 9 月 1 日（以开工令为准）进场开始进行施工准备工作，2003 年 1 月基本结束，需要完成场内施工道路、施工供风、供水、供电系统及通信系统、砂石料筛分系统、混凝土拌和系统、库棚系统、办公生活设施，以及其他施工企业的建设。砂石料筛分系统、混凝土拌和系统为施工准备工程的关键项目。

（二）导流工程和主体工程进度

本工程分三期施工，各期施工进度见表 5-16。

表 5-16　　　　　　　　　　　水库控制性施工进度

序号	（单位）工程名称	紧前（工作）	起 止 时 间
1	开工	—	2002.9.1
2	施工准备	—	2002.9.1—2003.1
3	一期截流、围堰修建	2	2002.9.30—2002.10.30
4	一期围堰拆除	6	2003.10.15—2003.11.15
5	一期基坑土方开挖	2	2002.9.15—2002.11.30
6	一期基坑石方开挖	3	2002.10.1—2003.1.15
7	一期工程混凝土浇筑	6	2003.1.16—2003.11.30
8	厂房基础开挖	—	2001.9.15—2003.1.15
9	一期厂房混凝土施工	8	2003.1.16—2004.7.30
10	一期厂房机组安装	9	2004.8.1—2005.3.31
11	二期截流	7	2003.9.20
12	二期混凝土围堰	11	2003.9.21—2003.11.30
13	二期基坑主体工程开挖	12	2003.10.15—2004.1.15
14	二期工程混凝土浇筑	13	2004.1.16—2004.9.29

续表

序号	（单位）工程名称	紧前（工作）	起 止 时 间
15	二期基坑内泄洪闸安装	14	2004.9.30—2004.11.9
16	三期截流、上下游围堰施工	15，21	2004.11.10—2004.11.15
17	三期工程主体工程混凝土浇筑	16	2004.11.16—2005.2.28
18	坝顶预制混凝土梁板及交通桥部分	17	2005.3.1—2005.3.30
19	导流底孔封堵	17	2005.3.1—2005.3.30
20	三期围堰拆除	18	2005.4.1—2005.4.15
21	混凝土纵向围堰拆除	11	2004.4.1—2004.4.30
22	工程竣工	20	2005.5.31

1. 一期工程

一期围堰从 2002 年 9 月 1 日进场后开始修建，当年 9 月下旬截流，10 月末完建。在二期截流前的 2003 年 10 月中旬开始拆除，11 月 15 日拆完。

一期拦河坝工程：砂砾石（土方）开挖在 2002 年 9 月 15 日开始开挖，当年 11 月底全部结束，开挖强度为 0.474 万 m³/月；石方开挖在 2002 年 10 月初开始开挖，2003 年 1 月中旬结束，开挖强度为 0.618 万 m³/月；混凝土浇筑在 2003 年 1 月中旬开始浇筑，2003 年 11 月底浇筑完成，浇筑强度 0.5 万 m³/月。在一期浇筑时左岸三孔泄洪闸预留二期施工时的过水缺口，缺口底高程为 24.0m，宽 39m，该缺口为第三期施工的部位。

厂房是一期施工的重点，计划于 2001 年 9 月中旬开始基础开挖，至 2003 年 1 月中旬完成，月平均开挖强度为 1.84 万 m³/月（土石方合计）；厂房基础下部混凝土于 2003 年 1 月中旬开始浇筑，进出口段下部混凝土与其平行施工，并于当年 7 月底结束；厂房上部结构混凝土与进出口段上部结构混凝土同步施工，自 2003 年 8 月初开始，2004 年 3 月底前电站闸门具备安装条件，该部分混凝土浇筑于 2004 年 7 月底全部结束，使电站在 2004 年 8 月 1 日具备发电机组安装条件，厂房房建自 2004 年 7 月初开始，到 2005 年 3 月底全部完成。

2. 二期工程

二期上、下游围堰采用混凝土围堰，施工时分段进行，在 2003 年 9 月中、下旬实现子围堰二期截流，当年 9 月中、下旬开始浇筑二期混凝土围堰，至当年 11 月末完成二期混凝土围堰浇筑。

主体工程开挖自 2003 年 10 月中旬开始进行，2004 年 1 月中旬开挖结束，土石方开挖月平均强度为 0.291 万 m³/月；混凝土浇筑自 2004 年 1 月中旬开始进行，至 2004 年 9 月底，二期基坑内的泄洪闸具备安装条件。混凝土浇筑平均强度为 0.62 万 m³/月。

3. 三期工程

三期上、下游围堰于 2004 年 11 月 11 日截流，11 月 15 日完成上、下游围堰填筑。

主体工程混凝土浇筑（左岸三孔泄洪闸 24m 高程以上部分）于 2003 年 11 月 15 日开始浇筑，2005 年 2 月底全部结束，混凝土浇筑强度为 0.6025 万 m³/月；坝顶预制混凝土梁板及交通桥部分于 2005 年 3 月底全部结束；导流底孔封堵在 2005 年 3 月底结束，三期围堰拆除于 2005 年 4 月 15 日结束，混凝土纵向围堰拆除在 2004 年 4 月底结束，整个工程于 2005 年 5 月 31 日竣工。

项目六 砂石骨料和混凝土生产系统设计

工 作 任 务 书				
课程名称	重力坝设计与施工		项目	砂石骨料和混凝土生产系统设计
工作任务	对重力坝施工的砂石骨料和混凝土生产系统进行设计		建议学时	1
班级		学员姓名	工作日期	
工作内容与目标	(1) 掌握砂石料生产系统的设计原则、步骤; (2) 掌握混凝土生产系统的设计原则、步骤			
工作步骤	(1) 学习砂石料生产系统的设计原则、步骤; (2) 学习混凝土生产系统的设计原则、步骤			
提交成果	完成重力坝施工临建辅助设施的砂石料生产系统及混凝土生产系统设计			
考核要点	(1) 砂石料生产系统的设计; (2) 混凝土生产系统的设计			
考核方式	(1) 知识考核采用笔试、提问; (2) 技能考核依据设计报告和设计图纸进行答辩评审			
工作评价	小组 互评	同学签名:_____		年 月 日
	组内 互评	同学签名:_____		年 月 日
	教师 评价	教师签名:_____		年 月 日

任务一 砂石料生产系统设计

任务目标:根据坝址附近一定区域地质勘探结果及施工进度、质量要求等因素对砂石料生产系统进行设计。

任务执行过程引导:料场规划的原则,砂石料(天然砂石料、人工砂石料)开采量的确定,砂石料加工能力的确定,骨料的储存方式。

提交成果:砂石料生产系统设计。

考核要点提示:砂石料场规划,砂石料生产系统规模、组成确定,成品骨料的储存。

一、砂石料场规划

砂石料的主要原料来源于天然砂砾石料场（包括陆地料场、河滩料场和河床料场）、岩石料场和工程弃渣。

（一）料场规划的原则

砂石料场规划是工程建设前期准备工作的重要内容，是砂石料加工系统设计的基础，对工程混凝土成本控制有着重要影响。砂石料场规划的原则是：

（1）砂石料综合规划设计应严格按《水利水电工程施工组织设计规范》（SL 303—2017）或已经多个工程验证的成熟经验作为设计依据。

（2）砂石料规模必须以相应深度的勘探资料为基础。资料内容应包括料场质量、储量、级配组成、产状分布、剥采比（料场无用层的重量与有用层重量的比值）和开采条件。砂石料规划一经审查确定，一般不宜做总体方案上的重大变动，除非经过全面论证工作，决策要慎重。

（3）料源规划应与施工承包商普遍采用的施工设备和施工管理水平相适应。

（4）分期施工的工程，应统筹考虑料源在各期的使用及其加工系统的延续性。分期使用料源时前后期原料应统筹安排。

（5）在进行料场选择时，要了解工程的需要和河流梯级（或地区）的近期发展规划、料源状况，以便确定建立梯级共用或分区性的砂石生产基地，或建设专用的砂石系统。

（6）根据工程混凝土工程量、级配资料，结合料源的实际情况，通过综合的技术经济比较确定。满足水工混凝土对骨料的各项质量要求，其储量力求满足各设计级配的需求，并有必要的富余量。初查精度的勘探储量一般不少于需要量的 3 倍；详查精度的勘探量一般不少于设计需要量的 2 倍。成品骨料的利用率，一般宜在 90% 以上，低于 90% 时，应采取级配调整措施，做到经济合理。

（7）对于人工采石场，要从岩性、夹层、埋藏状况来判断其开采和加工条件。一般地说，岩石的强度高，特别是冲击强度高，岩石的可碎性、可磨性差，对设备的磨蚀性大。这对破碎筛分设备及工艺流程的选择极其重要。对于天然砂砾料场，须进行质量评价。对于不符合质量要求的砂砾料，要研究改善质量的可能性和经济价值。

（8）选用的主要料场应场地开阔，高程适宜，储量大，质量好，开采季节长，主、辅料场应能兼顾洪枯季节互为备用的要求。应优先选用可采储量为工程需要量 50% 以上的料场，与砂石料用户或现成铁路、码头距离在 5～10km 以内的料场，有用成分在 80% 以上的料场，天然砂砾料场平均剥采比在 0.2 以下、采石场平均剥采比在 0.4 以下的料场，覆盖层的厚度不超过 12～15m 的料场，天然砂砾料场有用料层的厚度在 3m 以上、采石场在 12～15m 以上的料场，料场附近有足够的回车和堆料场地、不占或少占农田、不拆迁或少拆迁现有生活、生产设施的料场。

（9）通过综合的技术经济分析，选定料场规划方案。在进行料场技术经济分析时，要在满足质量、数量前提下，优先选用开采、运输、加工费用低的方案。一般来讲，天然料的生产成本低于人工料，应优先考虑利用。

随着大型、高效、耐用的骨料加工设备的发展，以及工程管理水平的提高，人工骨料的成本接近甚至低于天然料。人工骨料比天然骨料具有许多优越性，如级配可按需要调整、质量稳定、管理集中、生产均衡、自然条件影响小、堆料场占地少等。

工程弃渣是一种低廉的砂石料源，应充分利用其中的有用料。

（10）选择可采率高、天然级配与设计级配较为接近、需人工骨料调整级配数量少的料场。采用天然料与人工料搭配生产混凝土时，要进行非常认真细致的工作。特别是大型工程，若规划工作不细致或资料不全，选定的方案可能会对工程施工造成重大影响。采用搭配方案通常是天然料储备非常丰富，料源质量指标满足要求，但料场天然级配的可调整性差，采用级配平衡调整后，仍不能达到混凝土级配要求时，一般通过开采部分人工料进行解决。总之，料源规划应因地制宜，就地取材，充分利用现有料源资源，做到经济、可行。

（11）应充分考虑自然景观、珍稀动植物、文物古迹保护方面的要求，将料场开采后的景观、植被恢复（或美化改造）列入规划之中，以防止水土流失，保护环境。

料源规划是一项十分复杂的系统工程，在遵循以上基本原则的基础上，结合以往的工程建设经验对拟建工程的料源进行规划。

（二）砂石料开采量的确定

1. 天然砂石料开采量的确定

砂石料开采量以主体工程混凝土量为计算依据，并考虑工程地质缺陷处理、超挖回填、临建工程、施工损耗等附加混凝土工程量。骨料开采量取决于混凝土中各种粒径料的需要量，即与混凝土的设计级配有关。若第 i 组骨料所需的净料量为 q_i，则要求开采天然砂石料的总量 Q_i 可按下式计算：

$$Q_i = (1 + k) \frac{q_i}{p_i} \qquad (6-1)$$

式中　Q_i——由第 i 种骨料粒径控制的天然砂石料的开采总量，t；

　　　k——骨料生产过程的损失系数，为各生产环节损失系数的总和，即 $k = k_1 + k_2 + k_3 + k_4$，其中 k_1、k_2、k_3、k_4 的取值可参考表 6-1；

　　　q_i——所需第 i 种骨料的净料量，t；

　　　p_i——天然砂石料中第 i 种骨料粒径含量的百分率。

表 6-1　　　　　　　　　　天然骨料生产过程骨料损失系数

生产环节		损失系数	损 失 系 数 数 值		
			砂	小石	大中石
开挖作业	水上	k_1	0.15~0.2	0.02	0.02
	水下		0.3~0.45	0.05	0.03
加工过程		k_2	0.07	0.02	0.01
运输储存		k_3	0.05	0.03	0.02
混凝土生产		k_4	0.03	0.02	0.02

第 i 种骨料需要量 q_i 与第 j 种强度等级混凝土的工程量 v_j 有关，也与该强度等级混凝土中第 i 种粒径骨料的单位用量 e_{ij} 有关。于是，第 i 组骨料的净料需要量 q_i 可表达为

$$q_i = (1 + k_e) \sum e_{ij} v_j \qquad (6-2)$$

式中　k_e——混凝土出机后运输、浇筑中的损失系数，一般为 1%~2%；

　　　v_j——含有第 i 种粒径骨料的不同强度等级混凝土的工程量，m³；

e_{ij}——第 j 种强度等级混凝土中第 i 种粒径骨料的单位用量，t/m^3。

由于天然级配与混凝土的设计级配难以吻合，总有一些粒径的骨料含量较多，另一些粒径的骨料短缺。若为了满足短缺粒径的需要而加大开采量，将导致其余各粒径的骨料的弃料增加，造成浪费。为避免上述现象，减少开采总量，可采取如下措施：

（1）调整混凝土骨料的设计级配。在允许的情况下，减少短缺骨料用量，但随之可能会使水泥用量增加，引起水化热温升高、温度控制困难等一系列问题，故需通过技术经济比较才能确定。

（2）破碎大骨料搭配短缺小骨料。若天然骨料中大石多于中小石，可将大石破碎一部分去满足短缺的中小石。采用这种措施，应调整破碎机的排料口，使出料中短缺骨料达到最多，尽量减少二次破碎和新的弃料，以降低加工费用。

2. 人工骨料开采量确定

如需要开采石料作为人工骨料的料源，则石料开采量可按下式计算：

$$V_r = \frac{(1+k)eV_0}{\beta\gamma} \tag{6-3}$$

式中 k——人工骨料损失系数，碎石的加工损失为 $2\% \sim 4\%$，人工砂的加工损失为 $10\% \sim 20\%$，运输储存损失为 $3\% \sim 6\%$；

e——每立方米混凝土骨料用量，t/m^3；

V_0——混凝土的总需用量，m^3；

β——块石开采成品获得率，取 $85\% \sim 95\%$；

γ——块石密度，t/m^3。

在采用或部分采用人工骨料方案时，若有可用的开挖弃料，则将其扣除后确定实际开采量。

二、砂石料加工能力的确定

1. 工作制度

砂石料加工厂的工作制度可根据工程特点，参照表 6-2 确定，但在骨料加工厂生产不均衡，以及骨料供应高峰期时，每月实际工作天数和实际工作小时数可高于表 6-2 所列数值。具体选定要结合毛料开采、储备和加工厂各生产单元间的调节能力，以及净料的运输条件等综合考虑加班小时数。筛洗和中细碎一般采用二班工作制，制砂宜采用三班工作制。

表 6-2 骨料加工厂工作时间

月工作日数/d	日工作班数	日有效工作时数/h	月工作小时数/h
25	2	14	350
25	3	20	500

2. 加工厂规模划分

我国大中型水利水电工程混凝土骨料生产，一般均设置专项的砂石料加工厂，大型工程砂石生产的月处理量为 10 万～30 万 t，特大型的葛洲坝、三峡工程的月处理能力分别达 80 万 t、155 万 t。

砂石加工厂按其所处理原料的规模、功能、类别、服务对象和机动性能，大体上可归纳如图 6-1 所示几种类型。

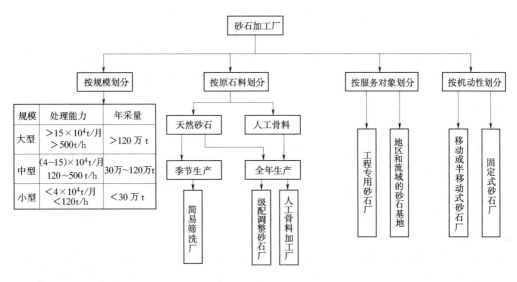

图 6-1　砂石厂分类框图

3. 生产能力的确定

砂石料加工厂的生产能力应满足高峰时段的平均月需要量，即

$$Q_d = K_s(Q_c A + Q_0) \qquad (6-4)$$

式中　Q_d——骨料加工厂的月处理能力，t/月；

　　　Q_c——高峰时段混凝土月平均浇筑强度，m^3/月；

　　　Q_0——其他工程砂石的月需要量，t/月；

　　　A——每立方米混凝土的砂石用量，t/m^3，一般可取 $2.15 \sim 2.20 t/m^3$；

　　　K_s——计及砂石加工、转运损耗及弃料在内的综合补偿系数，一般可取 $1.2 \sim 1.3$，
　　　　　　天然砂石料还应考虑级配不平衡引起的弃料补偿。

砂石料加工厂的小时生产能力与作业制度有很大关系，在高峰施工时段，一个月可以工作 25d 以上，一天也可 3 班作业。但为了统计、分析和比较，建议采用规范化的计算方法，一般可按每月 25d，每天 2 班 14h 计算。按高峰月强度计算处理能力时，每天可按 3 班 20h 计算。

4. 加工厂厂址的选择

加工厂的设置应综合考虑工程施工总体布置、料源情况、水文、地质、环境保护等因素，一般在砂石系统总体规划时，应与料场位置、骨料运输方案、工程分期、施工标段等条件综合比较选定。

（1）对于分期施工，多品种料源的加工厂设置应充分考虑，统一设置，互为补充，尽量减少工厂设置数量，以减少投资，方便管理。

（2）多料场供料的天然砂石加工厂厂址，一般在主料场附近设厂，也可在距混凝土工厂较近的地段设厂，进行技术经济比较后确定。

（3）人工骨料料场离坝址较近，砂石加工厂宜设在距料场 $1 \sim 2km$ 的范围内，以利于提高汽车运输效率；也可设在混凝土工厂附近，以便与混凝土拌和系统共用净料堆场，以减少

土建工程量，方便管理。若料场距坝址较远，可将粗碎车间布置在料场附近，以减少汽车运距，粗碎车间至加工厂间可用胶带机运输半成品料，加工厂的位置则根据当地条件，通过方案比较确定。

（4）充分利用自然地形，尽量利用高差进行工艺布置组织料流，降低土建和运转费用。

（5）厂址应尽量选择靠近交通干线，水、电供应方便，有利于排水的地段。

三、骨料的储存

（一）骨料堆场的任务和种类

为了解决骨料生产与需求之间的不平衡，应设置砂石料堆场。砂石料储存分毛料堆存、半成品堆存和成品料堆存。毛料堆存用于解决砂石料开采与加工之间的不平衡；半成品料（经过预筛分的砂石混合料）堆存用于解决砂石料加工各工序间的不平衡；成品料堆存用于保证混凝土连续生产的用料要求，并起到降低和稳定骨料含水量（特别是砂料脱水），降低或稳定骨料温度的作用。

砂石料的总储量取决于生产强度和管理水平。毛料的储备应与半成品和成品料的储备统一考虑，总储备量满足停采期混凝土浇筑用料的 1.2 倍，或不少于高峰期 10d 的用料。半成品料活容积和储备量应不少于 8h 处理量。成品料堆活容量一般为满足混凝土生产 5～7d 的骨料需要量，若混凝土加工厂设有成品料堆时，按满足混凝土生产 3～5d 的骨料需要量设置。为减少占地和储料建筑物，减少成品料储备时间过长产生的污染，应力求少储备成品料和半成品料，尽量多储备毛料，使加工厂能常年均衡生产。

成品料仓各级骨料的堆存，必须设置可靠的隔墙，以防止骨料混级。隔墙高度按骨料自然休止角（34°～37°）确定，并超高 0.8m 以上。成品堆场容量应满足砂石料自然脱水要求。

（二）骨料堆场的型式

（1）台阶式。如图 6-2 所示，利用地形的高差，将料仓布置在进料线路下方，由汽车或铁路矿车直接卸料。料仓底部设有出料廊道（又称地弄），砂石料通过卸料弧形阀门卸在皮带机上运出。为了扩大堆料容积，可用推土机集料或散料。这种料仓设备简单，但须有合适的地形条件。

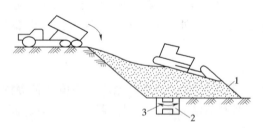

图 6-2 台阶式骨料堆
1—料堆；2—廊道；3—出料皮带机

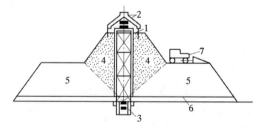

图 6-3 栈桥式骨料堆
1—进料皮带机栈桥；2—卸料小车；3—出料
皮带机；4—自卸容积；5—死容积；
6—垫底损失容积；7—推土机

（2）栈桥式。如图 6-3 所示，在平地上架设栈桥，栈桥顶部安装有皮带机，经卸料小车向两侧卸料。料堆呈棱柱体，由廊道内的皮带机出料。这种堆料的方式，可以增大堆料高度（9～15m），减少料堆占地面积。但骨料跌落高度大，易造成逊径和分离，而且料堆自卸容积（位于骨料自然休止角斜线中间的容积）小。

（3）堆料机。堆料机是可以沿轨道移动的，有悬臂扩大堆料范围的专用机械。双悬臂堆料机如图 6-4（a）所示，动臂堆料机如图 6-4（b）所示，动臂可以旋转和仰俯（变幅范围为±16°左右），能适应堆料位置和堆料高度的变化，避免骨料跌落过高而产生逊径。

为了增大堆料高度，常将其轨道安装在土堤顶部，出料廊道则设于土堤两侧。

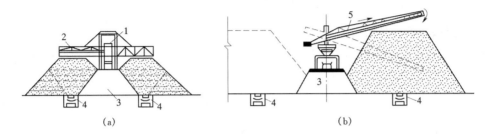

图 6-4 堆料机堆料

（a）双悬臂式；（b）动臂式

1—进料皮带机；2—可两侧移动的梭式皮带机；3—路堤；4—出料皮带机廊道；5—动臂式皮带机

（三）骨料堆存中的质量控制

防止粗骨料跌碎和分离是骨料堆存质量控制的首要任务。卸料时，粒径大于 40mm 的骨料的自由落差大于 3m 时，应设置缓降设施。皮带机接头处高差控制在 1.5m 以下。堆料分层进行，逐层上升。储料仓除有足够的容积外，还应维持不小于 6m 的堆料厚度。要重视细骨料脱水，并保持洁净和一定湿度。细骨料在进入拌和机前，其表面含水率应控制在 5% 以内，湿度以 3%~8% 为宜，因过干容易分离。

设计料仓时，位置和高程应选择在洪水位之上，周围应有良好的排水、排污设施，地下廊道内应布置集水井、排水沟和冲洗皮带机污泥的水管等。料仓设计要符合安全、经济和维修方便的要求，尽量减少骨料转运次数，防止栈桥排架变形和廊道不均匀沉陷。

任务二 混凝土生产系统设计

任务目标： 根据重力坝施工进度、质量要求等因素对混凝土生产系统进行设计。

任务执行过程引导： 混凝土生产系统设置，拌和设备容量的确定，混凝土生产系统的布置要求，混凝土生产系统的组成，拌和楼型式的选择。

提交成果： 混凝土生产系统设计。

考核要点提示： 混凝土生产系统的设置，混凝土生产系统的组成，拌和楼型式的选择。

混凝土生产系统一般由拌和楼（站）及其辅助设施组成，包括混凝土原材料储运、二次筛分冷却（或加热）等设施。

一、混凝土生产系统

（一）混凝土生产系统设置

根据工程规模、施工组织的不同，可集中设置一个混凝土生产系统，也可设置两个或两个以上的混凝土生产系统。混凝土生产系统可采用集中设置、分散设置或分标段设置。在混凝土建筑物比较集中、混凝土运输线路短而流畅、河床一次拦断全面施工的工程中采用集中设置，如三门峡、新安江工程等。当在河流流量大而宽阔的河段上，工程采用分期导流、分期施工时，一般按施工阶段分期设置混凝土生产系统，如葛洲坝、隔河岩、三峡工程。若工程分标招标，并在招标文件中要求承包商规划建设相应混凝土生产系统时，可按不同标段设置，如二滩工程大坝（Ⅰ标）和厂房（Ⅱ标）混凝土生产系统。

（二）拌和设备容量的确定

混凝土生产系统生产能力一般根据施工组织安排的高峰月混凝土浇筑强度，按下式计算混凝土生产系统小时生产能力：

$$P = Q_m K_h / (mn) \tag{6-5}$$

式中　P——混凝土生产系统小时生产能力，m^3/h；

Q_m——高峰月混凝土浇筑强度，$m^3/$月；

m——月工作日数，一般取 25d；

n——日工作小时数，一般取 20h；

K_h——不均匀系数，一般取 1.5。

按式（6-5）计算的小时生产能力，应按设计浇筑的最大仓面面积、混凝土初凝时间、浇筑层厚度、浇筑方法等条件，校核所选拌和楼的小时生产能力，以及与拌和楼配备的辅助设备的生产能力等是否满足要求。

（三）混凝土生产系统的布置要求

（1）拌和楼尽可能靠近浇筑点，混凝土生产系统到坝址的距离一般在 500m 左右，爆破距离不小于 300m，厂房宜布置在浇筑部位同侧。

（2）厂址选择要求地质良好、地形比较平缓、布置紧凑，拌和楼要布置在稳定的基岩上。

（3）厂房主要建筑物地面高程应高出当地 20 年一遇的洪水位，混凝土生产系统在沟口时，要保证不受山洪或泥石流的威胁。受料坑、地弄等地下建筑物一般在地下水位以上。

（4）混凝土出线应顺畅，运输距离应按混凝土出机到入仓的运输时间不超过 60min 计算，夏季不超过 30min。

（5）厂区的位置和高程要满足混凝土运输和浇筑施工方案要求。

二、混凝土生产系统的组成

水利水电工程因河流、地形地貌、坝型、混凝土工程量等因素差别较大，因而混凝土生产系统车间组成不尽相同。通常混凝土生产系统由拌和楼（站）、骨料储运设施、胶凝材料储运设施、二次冲洗筛分、预冷热车间、空气站、实验室、外加剂车间及其辅助车间等组成。

1. 拌和楼（站）

拌和楼（站）是混凝土生产系统的主要部分，也是影响混凝土生产系统的关键设备。一般根据混凝土质量要求、浇筑强度、混凝土骨料最大粒径、混凝土品种和运输等要求选择拌和楼（站）。

2. 骨料储运设施

骨料储运设施包括骨料输送和储存，按拌和楼生产要求，向拌和楼供应各种满足质量要求的粗细骨料。

拌和楼一般采用轮换上料，净骨料（包括细骨料）供料点至拌和楼的输送距离宜在300m以内，当大于300m时，应在混凝土生产系统设置骨料调节堆（仓）。若骨料采用汽车运输，骨料中转较困难，粗骨料调节堆的活容积一般为混凝土生产系统生产高峰日平均需要量2～3d的用量，细骨料不宜小于3d需用量；若采用胶带机转运骨料，场地布置困难，粗骨料调节堆活容积为混凝土生产系统生产高峰日平均需要量1～2d的用量，细骨料为2～3d的用量。

混凝土生产系统骨料调节堆可采用料堆堆料和料仓储料两种方式。对混凝土工程量较小、生产时间短的工程可采用料堆堆料，堆料高度5～8m；对混凝土工程量较大、生产时间长、生产环境要求高，混凝土月浇筑强度较高的工程，为减少骨料二次污染，宜采用料仓堆料。如水口工程采用14个φ14m×20m圆形混凝土结构骨料罐，其中4个砂罐供高峰期3d骨料需要量；三峡二期工程4个混凝土生产系统均采用圆形钢结构骨料罐，供3d需要量，其中90m、79m高程混凝土生产系统采用φ16m×16m钢罐。

骨料调节堆无论采用何种形式，当堆料高度大于5m时，粗骨料应设置缓降器，细骨料应设置防雨设施。

3. 胶凝材料储运设施

混凝土生产系统胶凝材料储运设施一般包括水泥和粉煤灰两部分，距拌和楼距离不宜大于20m。目前，大、中型工程一般不采用袋装水泥，混凝土生产系统应设置一定数量的散装水泥罐。一般工程施工时间较长，粉煤灰供应不确定因素多，灰源多而不稳定，质量差异较大，为利于混凝土质量控制，粉煤灰罐不宜少于2个。

混凝土生产系统胶凝材料从料源到工地运输，必要时可设置胶凝材料中转库，中转库的布置地点一般由施工总组织确定。混凝土生产系统内胶凝材料宜采用气力输送。

4. 二次冲洗筛分

粗骨料在长距离运输和多次转储过程中，常常发生破碎和二次污染，为了满足骨料质量要求，一般在混凝土生产系统设置二次冲洗筛分设施，控制骨料超逊径含量，排除石渣石屑。

二次冲洗筛分有两种形式：一是地面冲洗二次筛分，冲洗筛分后骨料直接储存在一次风冷料仓，如三峡二期98.7m高程等5个混凝土生产系统；二是地面冲洗、楼顶二次筛分，筛分后的骨料直接进拌和楼料仓，如湖南五强溪96m高程混凝土生产系统。

5. 实验室

混凝土生产系统应设置混凝土实验室，承担混凝土材料、混凝土拌和质量的控制和检验。混凝土生产系统实验室建筑面积可按混凝土工程量来计算，每1万 m^3 混凝土实验室建筑面积不宜小于 $1m^2$（包括监理单位现场实验室），且总面积不宜小于 $250m^2$。

6. 外加剂车间

目前，水利水电工程外加剂一般以浓缩液或固体形状运到工地，再配成液剂使用。固体浓缩外加剂在工地一般设置拆包、溶解、稀释、匀化稳定和输送几道工序。外加剂溶解在不能自流容器中，可用提升泵输送至拌和楼，拌和楼外加剂储液灌应设置回液管至外加剂车间，如三峡二期工程90m和79m高程混凝土生产系统。若采用液体外加剂在工地可不设置专用车间，随配随用。

三、拌和楼型式的选择

拌和楼从结构布置形式上可分为直立式、二阶式、移动式三种型式，从搅拌机配置可分为自落式、强制式及涡流式等形式。

1. 直立式拌和楼

直立式拌和楼是将骨料、胶凝材料、料仓、称量、拌和、混凝土出料等各环节由上而下垂直布置在一座楼内，物料只作一次提升。这种楼型在国内外广泛采用，适用于混凝土工程量大、使用周期长、施工场地狭小的水利水电工程。直立式拌和楼是集中布置的混凝土工厂，常按工艺流程分层布置，分为进料层、储料层、配料层、拌和层及出料层共5层，如图6-5（a）所示。其中配料层是全楼的控制中心，设有主操纵台。

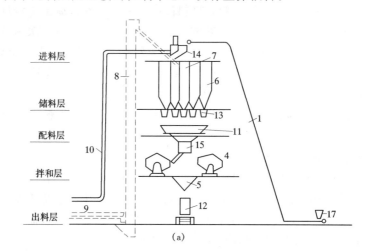
（a）

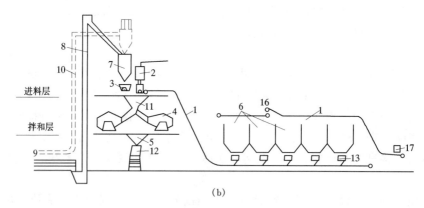
（b）

图6-5　混凝土拌和楼布置示意图

（a）单阶式；（b）双阶式

1—皮带机；2—水箱及量水器；3—水泥料斗及磅秤；4—拌和机；5—出料斗；6—骨料仓；
7—水泥仓；8—斗式提升机；9—螺旋机输送水泥；10—风送水泥管道；11—集料斗；
12—混凝土吊罐；13—配料器；14—回转漏斗；15—回转喂料器；
16—泄料小车；17—进料斗

骨料和水泥用皮带机和提升机分别送到储料层的分格仓内，每格装有配料斗和自动秤，称好的各种材料汇入骨料斗，再用回转器送入待料的拌和机，拌和用水则由自动量水器量好后，直接注入拌和机。拌好的混凝土卸入出料层的料斗，待运输车辆就位后，开启气动弧门出料。各层设备可由电子传动系统操作。

一座拌和楼通常装 2～4 台 1000L 以上的锥形拌和机，呈巢形布置。拌和楼的生产容量有 4×3000L、2×1600L、3×1000L 等，国内外均有成套的设备可供选用。

为了控制骨料超逊径引起的质量问题，可采用运送混合骨料至拌和楼顶进行二次筛分。我国研制的首台 4×3000L 楼顶带二次筛分的拌和楼于 1989 年在五强溪工程安装，1990 年 6 月投入使用，是五强溪工程混凝土生产的主力设备。该拌和楼工艺流程如图 6-6 所示。

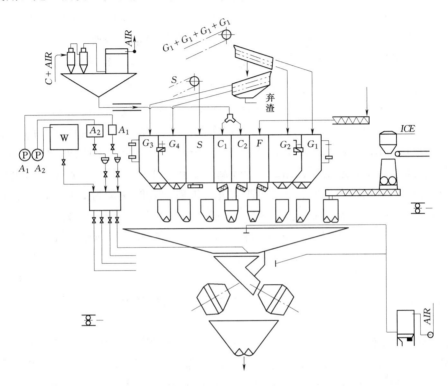

图 6-6　五强溪水电站 4×3000L（楼顶二次筛分）拌和楼工艺流程

2. 二阶式拌和楼

二阶式拌和楼是将直立式拌和楼分成两部分：一是骨料进料、料仓储存及称量；二是胶凝材料、拌和、混凝土出料控制等。两部分中间用皮带机连接，一般布置在同一高程上，也可利用地形高差布置在两个高程上。此结构形式安装拆迁方便，机动灵活，如图 6-5（b）所示。小浪底工程混凝土生产系统 4×3000L 拌和楼即采用这种形式。

3. 移动式拌和楼

移动式拌和楼一般用于小型水利水电工程，混凝土骨料粒径在 80mm 以下。

项目驱动案例四：砂石料生产系统设计

一、工程基本资料

G 水电站位于贵州省 W 江 G 滩口上游 1.5km 处，装机容量为 3000MW。为保证 G 水电站工程项目的建设，在大坝左岸下游马鞍山附近建设 M 砂石加工系统，负责生产、供应工程所需的部分混凝土骨料，即主要承担导流洞、永久堵头、四面体与缺陷处理、水垫塘、渡江大桥、厂房围堰、上下游围堰部位主体工程共计 102.35 万 m³ 混凝土的生产任务，并向其他辅助工程承包人供应砂石料和混凝土。

M 砂石加工系统生产能力按高峰月浇筑强度 4.8 万 m³ 混凝土的生产任务进行设计施工，生产能力为：粗碎 400t/h、成品碎石 200.2t/h、成品砂 101.53t/h。料源主要利用导流洞及地下厂房洞室群Ⅰ～Ⅱ类围岩的洞挖料。该类围岩为厚层灰岩，坚硬至极坚硬，层间结合好，裂隙少而短小，方解石胶结，局部岩溶较为发育；导流洞的洞挖可用料约 60 万 m³，地下厂房洞室群的洞挖量约 60 万 m³，满足马鞍山砂石料总量的需要。

该砂石加工系统于 2002 年 6 月 28 日开工，2003 年 1 月 3 日建成投产。

二、系统布置

M 砂石加工系统布置在大坝左岸下游距坝轴线约 850m，位于 4 号公路和 6 号公路之间的区域，地面高程为 495～544m。系统由粗碎车间、半成品料仓、预筛分车间、中碎细碎（制砂）车间、筛分调节料仓、筛分车间、成品料仓等组成，各车间之间通过胶带机连接。其中：粗碎车间布置在靠近 4 号公路的 540m 高程平台；半成品料仓布置于 4 号公路和系统内 1 号公路外侧 524m 高程，以充分利用冲沟进行堆料，其储存量为 25000m³，料仓的底部设地弄；预筛分车间布置在小山上端 544m 高程平台，为整个系统的最高处；中碎、细碎（制砂）车间布置在预筛分楼下方 536m 高程，车间内设有 NP1007 型反击式破碎机和 VI400 型立轴式冲击破碎机各 2 台；筛分调节料仓布置于中碎车间同高程平台外侧，储存量为 1000m³，料仓底部设 2 条地弄；筛分车间布置于筛分调节料仓下方 527m 平台，因技术施工设计中增加喷混凝土骨料生产，在筛分楼左侧增设了 1 台 2ZD1530 振动筛用来生产喷混凝土骨料。

成品料仓分成品砂仓和成品碎石仓。其中：成品砂仓布置在筛分下方 515m 平台，储量为 9600m³，底部设地弄；成品碎石仓布置在中碎、筛分车间东侧 515m 平台，由大石（40～80mm）、中石（20～40mm）、小石（5～20mm）和喷混凝土骨料（5～10mm）4 个料仓组成，料仓底部设地弄。

三、加工工艺流程

为确保 G 水电站施工进度和工程质量，砂石加工系统设计遵循工艺先进可靠、成品砂石质量符合规范要求及砂石生产能力满足工程需要的原则，在保证砂石质量和数量的前提下，选择砂石单价相对较低、总投资相对较少的设计方案。根据 G 水电站 M 砂石加工系统料源的岩性，采用如下工艺流程：破碎采用粗碎、中碎及细碎（制砂）三段破碎工艺，其中，粗碎、中碎为开路生产；细碎（制砂）与筛分车间形成闭路循环；细碎主要起制砂作用，兼级配平衡和细骨料整形作用。筛洗采用预筛分、分级筛分和脱水筛分 3 种筛洗工艺。细砂石粉回收装置，起调节砂的石粉含量和细度模数作用。砂石加工系统的工艺流程见图 6-7。

粗碎车间并排布置 2 台 NP1210 反击式破碎机，每台粗碎前设有 1 台 GZT1045 重型振动给料机，即回采石渣经重型振动给料机，将小于 80mm 的毛料筛下，将大于 80mm 的毛料送进 NP1210 反击式破碎机进行破碎，毛料粗碎后经过胶带机运输进入半成品料仓堆存作预筛料源。

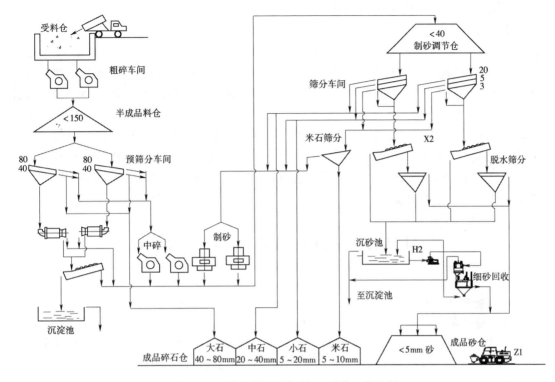

图 6-7　G 水电站 M 砂石加工系统工艺流程

预筛分车间并排布置 2 台 2YKR1645 圆振动筛，筛孔尺寸分别为 80mm×80mm 和 40mm×40mm，半成品料由槽式给料机 1000mm×1500mm 均匀给料，经由胶带机输送到预筛分车间分级后，将大于 80mm 和部分 40～80mm 石料经胶带机送往中碎进行第二次破碎（中碎共布置 2 台 NP 1007 反击式破碎机），将满足成品料的大石 40～80mm 经由胶带运输进成品料仓堆存，将小于 40mm 的混合料进入 FX1836 圆筒洗石机进行冲洗，并将圆筒洗石机尾部格筛所流失的小于 5mm 的料进入 FC12 螺旋分级机进行分级去泥，冲洗去泥后的石料由胶带机运输与中碎后的产品混合后再由胶带机运输至筛分调节料仓。

筛分车间并排布置 2 台 3YKR2160 圆振筛，共设 3 层筛网，筛孔尺寸分别为 20mm×20mm、5mm×5mm 及 ϕ3mm 的筛孔。筛分调节料仓的料经 GZG90-160 振动给料机均匀给料，由胶带机送至筛分车间进行分级，分级后一部分满足成品用料的中石（20～40mm）、小石（5～20mm）分别由胶带机输送到各自成品仓中堆存，部分小石（5～20mm）进入 2ZD1530 米石筛，经分级后将 5～15mm 的喷混凝土所需骨料由胶带机输送到成品仓中堆存，将 10～20mm 的石料与多余的中石、小石和部分 3～5mm 粗砂由胶带机分流输送到细碎（制砂）车间。细碎（制砂）车间共布置 2 台 VI400 立轴式冲击式破碎机（其中 1 台备用），破碎后的产品返回筛分原料仓与筛分车间进行闭路生产。筛分分级后将小于 5mm 的砂送至 FC15 螺旋洗砂机分级，再进入 ZWf11530 直线脱水筛脱水，经胶带机运输进入砂仓。筛分车间流失的细砂和石粉流进沉砂池，再进入细砂回收系统，即细砂和石粉由砂泵从沉砂池中抽取进入强力高效脱水装置的旋流器浓缩，再经过高效脱水筛脱水，然后与直线脱水筛脱水后的砂混合后一同经胶带机进入砂仓储存。

四、系统的主要设备选型与配置

为提高砂石加工系统长期运行的可靠性，砂石加工系统加工的关键设备均采用技术领先、质量可靠、单机生产能力大、且使用经验成熟的进口设备。如：粗碎破碎选用的NP1210反击式破碎机，中碎破碎选用的NP1007反击式破碎机，均具有破碎性能优越及产量高、粒形好、针片状含量极少的优点；细碎破碎（制砂）选用的VI400立轴式冲击破碎机，具有破碎性能优越、生产处理能力大、产砂率高、粒形好等优点；预筛分选用的2YKR1645圆振动筛，筛分选用了3YKR2160型圆振动筛及3层筛分机，使筛分楼的高度大为降低，节省了土建工程量；脱水筛选用的ZWA1530直线振动筛、喷混凝土骨料筛分选用的2ZD1530振动筛及细砂石粉回收装置选用的2E48-90W-3A型强力高效脱水装置，均为质量可靠、技术领先的设备。

项目驱动案例五：混凝土生产系统设计

一、工程基本资料

基本资料同案例二。

Y混凝土生产系统承担G水电站大坝工程总量约316.25万 m^3 的混凝土生产任务，其中外供混凝土约25万 m^3。该系统所生产大坝工程预冷混凝土以出机口温度为7℃的 C_{180-30}，C_{180-35} 的三、四级配为主，外供预冷混凝土出机口温度为14℃。Y系统按满足混凝土月高峰浇筑强度12.5万 m^3 的拌和要求设计，其生产能力为常态混凝土 595m^3/h，预冷混凝土 385m^3/h。

Y系统工程的工艺及结构设计、开挖、设备材料采购、施工几乎同步进行，于2004年9月进场开工到2005年3月1号拌和楼正式投产，随后2号、3号拌和楼也相继投产。

二、系统工艺及布置

Y混凝土生产系统采用了预冷混凝土生产的工艺流程（图6-8），布置在右岸大坝上游距离坝轴线约350m的S冲沟内的640.5m、665m、670m、680m和693m高程的5个平台上，其中在670m高程平台上还根据设计要求预留了二次筛分车间的建安位置（图6-9）。

（一）骨料的输送工艺及布置

该系统骨料输送过程中各车间之间采用胶带机联系，与L砂石系统接口处为1条砂胶带和1条骨料胶带平行进料，其中：砂输送胶带为单线运输、长约630m；粗骨料输送胶带在骨料调节料仓前为单线运输，而出骨料调节料仓地弄后为双线。

粗骨料的运输路线为：接烂泥沟砂石系统出料胶带→骨料调节料仓→调节料仓底部地弄→一次风冷料仓→经风冷料仓下设地弄接保温廊道→各拌和楼。

砂的运输路线为：接烂泥沟砂石系统出料胶带→砂调节料仓→各拌和楼。

1. 粗骨料调节料仓

粗骨料调节仓设置在680m高程平台，两侧靠坡，料仓长58.1m、挡墙高7m、下底宽19m、堆料高度为12m，由四面钢筋混凝土挡墙分隔成单仓容量为2160m^3 的4个料仓，储料总容量为8640m^3（活容量约为7440m^3），可满足高峰月平均日混凝土浇筑强度5000m^3 的

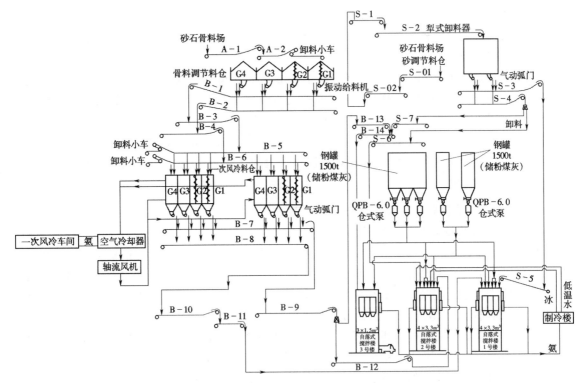

图 6-8　G 水电站 Y 混凝土生产系统的工艺流程简图

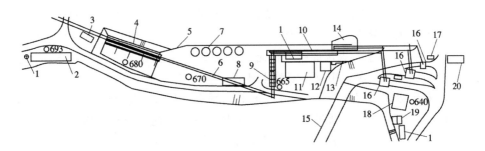

图 6-9　G 水电站 Y 混凝土生产系统布置示意图

1—冷却塔；2—空压机房及 1 号配电房；3—中控室；4—骨料仓及地弄；5—砂胶带；6—骨料胶带；
7—胶凝材料罐；8—机电仓库；9—一次风冷料仓及地弄；10—骨料输送地弄；11—一次风冷车间；
12—2 号配电房；13—外加剂车间及外加剂池；14—砂仓；15—混凝土输送回车隧道；16—拌和楼；
17—沉渣池；18—制冷楼；19—水泵房及 3 号配电房；20—调度值班室

粗骨料需用量。从 L 砂石系统输送来的骨料经电动卸料小车将来料分进 4 个料仓，其中特大石、大石料仓设置有梯式缓降器，料仓下设有 2 条地弄，地弄内设置槽式振动给料机和 2 条胶带宽为 1000m、带速为 2m/s、输送能力为 1200t/h 的输料胶带机，向一次风冷料仓供料。

2. 一次风冷料仓

一次风冷料仓设置在 670m 高程平台，为 2 组（共 8 个）钢结构料仓，坐落在钢筋混凝土双带式输送机地弄上，单仓容积约 240m³，总容积 1920m³。在 665m 高程平台的地弄旁设置梁柱结构的风冷平台，其顶高程为 670m，平台上对应每个料仓配 1 台离心风机和空气冷却器。地弄为钢筋混凝土箱形结构，中间设置有隔墙，并设置有振动给料机、输料胶带机，通过胶带机向拌和楼供料，从一次风冷料仓到拌和楼的所有胶带机全部设保温廊道。

3. 砂调节料仓

Y 系统砂仓位于 670m 平台，砂仓的一面靠山坡、其他三面为钢筋混凝土墙，其储存总容量约 2500m³（活容量约为 2100m³），可满足高峰月平均日混凝土浇筑强度的砂需要量。砂仓进料采用胶带机输送、犁式卸料器卸料，进料胶带机的带宽为 800mm、带速为 2m/s、输送能力为 800t/h；砂仓下设 2 条带宽为 650mm、带速为 2.5m/s、输送能力为 650t/h 的胶带机，通过地弄下的气动弧门给料，1 条胶带机向 1 号拌和楼供料，另 1 条胶带机向 2 号、3 号拌和楼供料。

（二）供风系统及胶凝材料的输送工艺及布置

1. 供风系统的输送工艺及布置

供风系统布置在场内最高处 693m 平台上，设置总供风量为 200m³/min 的大型空气压缩机站。供风系统主要供给骨料调节料仓、一次风冷料仓廊道、砂调节料仓廊道气动弧门、外加剂药池搅拌等用气，以及水泥粉煤灰卸灰及输送、3 台拌和楼的用风等；同时要求拌和楼的供风风压不小于 0.7MPa，水泥、粉煤灰用风风压不小于 0.4MPa。

Y 系统为满足各时期施工用风要求，在空气压缩站内配置了 2 种型号的空气压缩机，即 4 台 LW-40/8 型空气压缩机和 2 台 L3.5-20/8 型空气压缩机。每台空气压缩机均配置有后冷却器、油水分离器、储气罐、减压装置等，并设高温型冷却塔 1 座。

2. 胶凝材料的输送工艺及布置

Y 系统在 670m 高程平台上游坡顺坡脚一线按单列形式布置了 2 个水泥罐和 3 个粉煤灰罐（因当地粉煤灰供应紧张）。2 个水泥储罐可存储水泥 3000t 能满足高峰月平均日混凝土浇筑强度 4d 的需要；3 个粉煤灰储罐可存储粉煤灰 4500t，储罐均为金属罐体，其基础根据二期场坪开挖揭露地质情况采用钢筋混凝土环板基础，罐体支撑为钢筋混凝土支撑。水泥、粉煤灰均采用专用散装水泥罐车运输至 670m 高程平台，用气力输送至相应储罐。胶凝材料罐底设置有破拱装置，出料均通过下引仓式泵 QPB-6.0 输送至搅拌楼储罐。

G 水电站 Y 预冷混凝土生产系统对水泥的需求量为 65t/h，对粉煤灰的需求量为 25t/h；并要求单楼的水泥最大输送能力为 35t/h，单楼的粉煤灰最大输送能力为 15t/h。因此，选用了方便 PCL 程控的引仓式泵 QPB-6.0 输送装置作为胶凝材料输出设备，5 个罐下各设 1 台，其输送水泥的能力为 55t/h，输送粉煤灰的能力为 40t/h，水泥总输送能力为 110t/h，粉煤灰总输送能力为 120t/h。储罐的除尘设备采用清灰动能大、清灰效率高的 MC-48 压力式袖袋除尘器，其处理风量达 130m³/min，除尘效率为 99%。

（三）外加剂输送工艺及布置

外加剂车间设置在 670m 高程平台，并在 665m 高程配置 4 个成品储液池（已建 3 个，预留 1 个池的位置），外加剂车间布置在外加剂池上。外加剂车间配置有 2 个搅拌桶，可同时配备 2 种外加剂（减水剂和引气剂），外加剂配好后可以自流到外加剂成品储液池。成品储液池和配液均采用风动搅拌，并配以机械搅拌器。外加剂可自流输送至各拌和楼。

（四）拌和楼

拌和楼系统由 2 座 4×3.3m³ 的新楼和 1 座 3×1.5m³ 的拌和楼组成。3 座拌和楼均布置在 640.5m 高程平台上，其中：2 座新楼主要承担本合同工程混凝土的生产任务，单楼的铭牌混凝土产量为 240m³/h（四级配常态混凝土），当按 6—8 月生产出机口温度为 7℃的预冷混凝土时，其单楼生产能力为 160m³/h；1 座 3×1.5m³ 混凝土拌和楼主要担负电站进水口、引水隧洞、地面开关站的外供混凝土生产任务，单楼的铭牌混凝土产量为 115m³/h，当按 6—8 月生产出机口温度为 14℃的预冷混凝土时其生产能力为 65m³/h（预冷混凝土砂石骨料与大坝共用）。

（五）骨料人工预冷工艺

预冷混凝土的设计生产依据是混凝土浇筑强度要求、混凝土允许最高温度、混凝土配合比、气象条件以及混凝土拌和物原材料的热学特性等。

根据热平衡原理，通过自然条件下的混凝土出机口温度计算，骨料人工预冷应配置的制冷容量约 896×10⁴kcal/h。本系统对骨料采用 2 次风冷、加冰和加低温水的方式或按不同的组合生产预冷混凝土。

1. 一次风冷

一次风冷循环系统由 2 组风冷骨料调节料仓与风冷料仓旁的空气冷却器、离心风机及风冷车间内的设备组成。每组风冷骨料调节料仓分为 4 个分料仓（特大石、大石、中石、小石仓），其中特大石、大石仓设置梯式缓降器。每组风冷料仓可向各拌和楼供料，每个料仓设独立的冷却循环系统，当骨料在料仓内自上而下运动时冷却风在料仓内自下而上流动，与骨料进行逆流式热交换，将骨料由初温 26.0℃分别冷却到 6℃（特大石）、7℃（大石）、8℃（中石）和 9℃（小石）。从一次风冷料仓开始，到骨料输送廊道、拌和楼均采用保温材料进行保温封闭，以减少骨料运输中温度的回升。一次风冷制冷车间装机容量达 4140kW（标准工况 356×10⁴kcal/h）。

2. 二次风冷

二次风冷在 3 座拌和楼料仓层分别设置，分别由空气冷却器、轴流风机、氨液、氨气、冲霜水管道及相应的制冷设施等组成。1 号、2 号拌和楼在料仓层两侧对称布置扶壁式冷风机，3 号拌和楼仅在料仓层靠边坡一侧布置冷风机，并为其设置钢结构冷风平台。粗骨料从一次风冷车间输送至拌和楼料仓的过程中，考虑高温季节特大石的温度回升 10℃和大石、中石、小石的温度均回升 2℃，故在拌和楼料仓内继续对 4 种粗骨料进行二次风冷，将特大石、大石和中石均冷却到 −2℃及将小石冷却到 4℃。二次风冷的制冷装机容量达 3090kW（标准工况 250×10⁴kcal/h）。

3. 加冰、加低温水

片冰由片冰机生产，片冰机的生产能力为 300t/d，片冰机置于制冰楼顶层冰库上方，片冰机生产−8℃的片冰可直接落入冰库内，然后采用输冰螺旋机输送进搅拌楼。制冰楼及输冰廊道均采用保温材料保温。制冰楼配置的制冷装机容量为 3466kW（标准工况 298×10⁴kcal/h）。

制冰、拌和用的 4℃低温水均由冷水机组生产，配置有制冷量为 500kW 的螺杆式冷水机组 1 台，其生产能力为 25m³/h。冷水机组生产出的低温水进入调节水池，再通过泵送至拌和楼。

三、系统施工

因 Y 冲沟的地质条件较差及金属结构制安工期紧、制作堆放场地狭窄，且系统从 2004

年9月进场便进入边设计边施工状况，从加快进度、保证质量的原则出发，在施工中采取了一系列的施工处理措施：

（1）当开挖出露地基的岩性为松散堆积体时，采用换填法和预压法及结构优化进行处理。结构优化主要采用对各车间基础采用板式扩大基础，对调节料仓地弄则采用了箱形结构设计。

（2）胶带机支撑走道钢析架及支撑立柱，在施工时均考虑制作成标准节（在后方制作完成），待基础施工完成后，在现场采用汽车吊拼装就位，从而加快了施工进度。

（3）水泥、粉煤灰罐及一次风冷料仓仓体均为大型金属结构，因其尺寸大且不规则，考虑到成形构件在施工时不便于运输安装，均采取就近选取场地先进行金属结构的制作、然后用50t汽车吊将各构件吊装组合就位的措施。

项目七　混凝土运输浇筑方案选择

<table>
<tr><th colspan="5" align="center">工　作　任　务　书</th></tr>
<tr><td align="center">课程名称</td><td colspan="2">重力坝设计与施工</td><td align="center">项目</td><td>混凝土运输浇筑方案选择</td></tr>
<tr><td align="center">工作任务</td><td colspan="2">列举多个适合工程实际的混凝土运输浇筑方案，从施工技术、经济效果方面选择最佳方案</td><td align="center">建议学时</td><td align="center">2</td></tr>
<tr><td align="center">班级</td><td></td><td align="center">学员姓名</td><td></td><td align="center">工作日期</td></tr>
<tr><td align="center">工作内容与目标</td><td colspan="4">（1）掌握常用的混凝土运输方式选择；
（2）掌握各类混凝土浇筑方案对应的施工布置原则及方法；
（3）掌握混凝土浇筑方案优劣比较依据、要素及比较方法；
（4）掌握混凝土运输与浇筑机械设备需要量计算方法</td></tr>
<tr><td align="center">工作步骤</td><td colspan="4">（1）学习常用的混凝土运输方式及适用条件；
（2）学习各类混凝土浇筑方案对应的施工布置原则及方法；
（3）学习混凝土浇筑方案优劣的比较；
（4）学习混凝土运输与浇筑机械设备需要量的计算</td></tr>
<tr><td align="center">提交成果</td><td colspan="4">完成重力坝施工组织设计中的混凝土运输浇筑方案部分</td></tr>
<tr><td align="center">考核要点</td><td colspan="4">（1）常用混凝土运输方式及其适用条件；
（2）各类混凝土浇筑方案对应的施工布置原则及方法；
（3）混凝土浇筑方案的选择比较；
（4）混凝土运输与浇筑机械设备需要量计算</td></tr>
<tr><td align="center">考核方式</td><td colspan="4">（1）知识考核采用笔试、提问；
（2）技能考核依据设计报告和设计图纸进行答辩评审</td></tr>
<tr><td rowspan="3" align="center">工作评价</td><td align="center">小组
互评</td><td colspan="3">同学签名：_____　　　　　　年　　月　　日</td></tr>
<tr><td align="center">组内
互评</td><td colspan="3">同学签名：_____　　　　　　年　　月　　日</td></tr>
<tr><td align="center">教师
评价</td><td colspan="3">教师签名：_____　　　　　　年　　月　　日</td></tr>
</table>

任务一　混凝土运输方式选择

任务目标：选择混凝土运输方式。

任务执行过程引导：混凝土运输质量要求，混凝土常用运输方式及其适用条件，常用运输浇筑方案组合。

提交成果：根据现场条件、企业投入机械设备等因素选择混凝土运输方式。

考核要点提示：混凝土运输方式的选择。

一、混凝土运输一般要求

水工建筑混凝土施工过程中，混凝土运输是重要环节。混凝土运输包括自拌和楼到浇筑部位的供料运输（水平运输）和混凝土入仓（垂直运输）两部分。

混凝土运输应满足以下几点要求：

（1）运输过程中应保持混凝土的均匀性及和易性，不发生漏浆、分离和严重泌水现象，并使坍落度损失较少。

（2）尽量缩短运输时间和减少倒运次数，以避免混凝土温度有过多的回升（夏季）或损失（冬季）。

（3）在不同的气温条件下，均应在允许的时间内将混凝土运到浇筑仓内，并保证已浇混凝土初凝以前被新入仓的混凝土所覆盖。

（4）混凝土运输能力，应与混凝土拌和及平仓振捣能力、仓面状况以及钢筋、模板、预制构件和金属结构等吊运的需要相适应，以保证混凝土运输的质量，充分发挥设备效率。

（5）混凝土运输、浇筑等配套设备的生产能力，应满足施工进度计划规定的不同施工时段和不同施工部位浇筑强度的要求。

（6）混凝土运输工具（如吊罐、料斗、胶带输送机和汽车车厢等）及浇筑仓面，必要时应设有遮盖和保温设施，以避免暴晒、雨淋、受冻而影响混凝土质量。

（7）在同时运输两种以上标号的混凝土时，应在运输器具上设置明显标志，以免混淆，错入仓号。

（8）不论采用何种起重运输设备吊运入仓，混凝土的自由下落高度均不宜大于 2m，超过 2m 者应采取缓降措施，以免混凝土分离。

二、常用的运输方式及其适用条件

1. 混凝土供料运输

从拌和楼向浇筑地点运送混凝土，常用的运输方式有以下几种：

（1）汽车运输。汽车运送混凝土机动灵活、应用广泛。与铁路运输相比，其准备工作较简单（可利用开挖出渣道路并与场区道路结合）。采用专用自卸汽车运送流态混凝土，可以直接入仓，也可以卸入卧罐由起重设备吊运入仓。有的工程曾使用专制车厢的汽车载立罐运送混凝土。汽车运送混凝土几乎可以同所有吊运设备或其他入仓设备配套使用。汽车运输的能源消耗大，运输成本高。

（2）铁路运输。铁路运输是混凝土供料运输的基本形式之一。这种运输方式在工程量比较集中、有合适的地形条件时经常被采用。铁路运输的主要运输机具有机车、平板车和料罐，线路分标准轨和窄轨两种。铁路运输的优点是线路可以专用、机车可双向行驶、运输能力大、工效高和消耗能源少。但铁路线路布置受地形限制，技术要求高，工程量大，准备工期长。

（3）胶带输送机运输。在供料地点比较集中、运输距离较近的情况下，可考虑采用胶带输送机运送混凝土。胶带输送机对地形的适应性较好，且设备简单、操作方便，能连续生产，效率高、成本低，如能搭设保温隔热廊道，则可常年使用；但在运输过程中混凝土容易产生分离，砂浆损失较为严重，需要采取相应技术措施才能保证混凝土质量。目前国内水利水电工程采用胶带输送机长距离运输混凝土尚缺乏成熟经验。

（4）其他运输方式。混凝土供料运输，除上述几种方式外，还有混凝土搅拌运输车、窄轨铁路翻斗车和手推架子车等方式。这些运输方式，只宜用在工程量小、供料地点分散、浇筑场地狭窄等中小工程。

2. 混凝土入仓运输

混凝土浇筑入仓的运输方式，基本上分为起重机吊罐入仓和由储料斗分料、滑槽或溜筒（管）入仓两大类型。对大体积水工混凝土应优先采用吊罐直接入仓的运输方式。有的工程在浇筑大面积消力池和护坦底板混凝土时，曾采用移动式胶带布料机布料的入仓方式。

混凝土浇筑入仓设备，主要有以下几种：

（1）缆索起重机（简称缆机）。缆机是水利水电工程浇筑混凝土的主要设备之一，特别是在高山峡谷地区修建混凝土高坝枢纽工程，国内外早已广泛采用。当前，国外缆机正在向高速、大型、自动化发展，最大跨度可达 1300m、水平牵引速度 670m/min，垂直升降速度 290m/min、起重量达到 45t，仅用 2.7min 可吊运一罐混凝土入仓，每月可浇筑大体积混凝土 78000m³。

采用缆机浇筑混凝土与选用其他起重设备不同，不是先选定设备再进行施工布置，而是按工程的具体条件和要求，先进行施工布置，然后委托厂家设计制造缆机设备，待设计方案确定后，再对施工布置做适当地修改完善。采用缆机浇筑混凝土不仅效率高，而且不受导流、度汛和基坑过水的影响。提前安装缆机还可协助做截流、基坑开挖等设备吊运工作。采用缆机的主要缺点是塔架基础和设备的土建安装工程量大，设备的设计制造周期长，初期投资比较多。

（2）门座式和塔式起重机（简称门机、塔机）。水工建筑物混凝土浇筑使用门、塔机吊运入仓较为普遍。门、塔机为定型设备，机械性能和生产效率比较稳定。当采用门、塔机浇筑高坝枢纽混凝土时，一般需要搭设栈桥。浇筑中低坝枢纽混凝土可将门、塔机布置在坝外或已浇的混凝土块上而不设栈桥，在建筑物基坑布置门、塔机，常受导流方式的影响，且运行过程中要受到汛期洪水的威胁。修建栈桥和拆、安起重机，往往影响正常施工，占用建筑物施工工期。

（3）其他浇筑入仓设备。常见的其他浇筑入仓设备有履带或轮胎式起重机、混凝土泵、升高塔和桅杆式起重机等。这些设备由于其机械性能的局限，一般都是在特定条件下或者作为辅助手段浇筑混凝土时才被采用。

1）履带或轮胎式起重机。常用的履带式起重机多系挖掘机改装而成。履带或轮胎式起重机移动灵活，适用于浇筑闸、坝基础部位或比较分散的小型建筑物混凝土。

2）混凝土泵。采用混凝土泵浇筑的混凝土，一般要求进泵坍落度 8～14cm，最大骨料粒径应不大于导管内径的 1/3，并不许有超径骨料。混凝土泵适用于方量少、断面小、钢筋密布的薄壁结构，或用于导流底孔封堵，以及其他设备不易达到的部位浇筑混凝土。

3）升高塔。升高塔是一种简易的混凝土提升设备，在缺乏大型起重机械设备或在方量不大而结构比较复杂的轻型坝施工中采用。升高塔可附着于坝面上，随坝体升高而接高。采用升高塔提升混凝土后，要在仓面上用手推车分料、溜槽（或溜筒）入仓，需配备较多的劳动力，塔身、仓面脚手等需耗用大量的钢材和木材。

4）桅杆式起重机。桅杆式起重机吊运混凝土入仓，由于只能定点浇筑，覆盖仓面小，效率较低，目前在水利水电工程中已很少使用。

三、混凝土运输浇筑方案组合

水工建筑物混凝土施工，在满足工程质量、施工强度和工期要求的前提下，采用不同的混凝土供料运输和吊运入仓方式，可以组合多种混凝土浇筑方案。常见的有以下几种：

（1）缆机浇筑方案。铁路机车载立罐运送混凝土，缆机吊运入仓。

（2）门、塔机浇筑方案。机车或汽车载立罐运送混凝土，或者用自卸汽车运送混凝土卸入卧罐，由门（塔）机吊运入仓。

（3）胶带输送机浇筑方案。自卸汽车或胶带输送机运送混凝土，卸入储料斗转用上料胶带输送机经溜筒入仓或由移动式胶带输送机入仓。

（4）升高塔浇筑方案。窄轨铁路翻斗车运送混凝土，由升高塔提升，手推车分料，经溜槽或溜筒入仓。

（5）自卸汽车浇筑方案。自卸汽车上栈桥卸料经溜管或振动溜管入仓。

（6）其他浇筑方案。用自卸汽车或混凝土搅拌汽车运送混凝土，经由履带式（或轮胎式）起重机吊运入仓或混凝土泵入仓等。

任务二　缆机浇筑施工布置

任务目标：在选定缆机浇筑方案情况下进行现场施工布置。

任务执行过程引导：缆机类型及性能的选择，缆机吊运能力及台数确定，缆机布置原则，缆机布置参考数据，多台缆机组合布置方式，混凝土供料运输方式。

提交成果：在选定缆机浇筑方案情况下，完成缆机选型、缆机布置、混凝土供料运输方式确定。

考核要点提示：缆机选型，缆机布置，混凝土供料运输方式确定。

一、缆机

1. 缆机的类型与性能

（1）类型。缆机的类型繁多，主要有平行移动式、辐射式、固定式、摆动式和轨索式等。我国已建或在建的水利水电工程采用的缆机，多为平移式和辐射式，少数工程采用固定式。常用缆机的一般布置形式如图 7-1 所示，适用条件和布置要点参见表 7-1。

（2）性能。我国乌江渡和龙羊峡工程使用的缆机性能分别见表 7-2 和表 7-3。

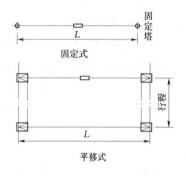
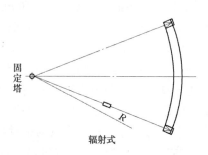

图 7-1　缆机一般布置形式示意图

表7-1　　　　　　　　　　　　常用缆机适用条件与布置要点

类别	适 用 条 件	钢索支撑结构	布 置 要 点
平移式	1. 控制面积为矩形，适应于高山峡谷高坝枢纽，尤其是直线型重力坝、坝后厂房枢纽； 2. 两岸坝型基本对称，有比较平缓的地形或阶地； 3. 枢纽混凝土量较大，工期较长	1. 塔架式； 2. 拉索式	1. 缆机两岸轨道平行； 2. 使用多台时，以划分每台工作区段，可以形成轨道平面区段、前后错轨式或高低平台穿越式，但必须互不干扰； 3. 混凝土供料线常布置在主塔一侧
辐射式	1. 控制面积为扇形，适应于峡谷区高拱坝枢纽； 2. 两岸地形不对称，地形复杂； 3. 枢纽混凝土量大，工期长	1. 固定及行走塔架； 2. 固定桅杆及行走塔架	1. 一岸为固定塔（如地质地形许可时，也可用锚桩），另一岸为弧形轨道移动塔； 2. 台数多时，可采用集中或分散的固定塔布置； 3. 水平供料线常布置在固定塔一侧
固定式	1. 控制面积为条带，灵活性较小，适应于峡谷区断面较小的高坝； 2. 两岸地形陡峻； 3. 宜用于辅助工作； 4. 混凝土工程量较小的工程	固定塔架（主塔及副塔）	两岸为固定塔或采用锚桩

表7-2　　　　　　　　　　　　乌江渡工程缆机性能

项　　目	平移式 KK-20	辐射式 KLQ-20
起重量/t	20	20
设计跨度/m	650	450
安装跨度/m	520	448.74（363.34）
承载索支点高程/m	主塔815	主塔780
	副塔810	副塔785（780）
承载索支点距轨面高/m	25	15
承载索空载垂度/m	21	16（13）
承载索最大垂度/m	25	22（18）
承载索最大张力/kN	715.4	921.2（862.4）
承载索（根数-规格）/mm	全封闭 4-φ60	全封闭 2-φ60
承载索破段拉力/kN	2910.6	2910.6
承载索试验安全系数	4.04	3.16（3.44）
提升索（根数-规格）/mm	1-φ19.5　6-φ37	6-φ37
曳引索（根数-规格）/mm	2-φ18.5　6-φ19	6-φ37
承马型式	固定式（不张开）	活动式
最大提升高度/m	120	142
满载提升高度/（m/min）	90	120
小车牵引速度/（m/min）	360~420	420

表 7 - 3　　　　　　　　　　　　　　龙羊峡工程缆机性能

项　目		1号、2号缆机 （上海-20t）	3号缆机 （大连-20t）	4号缆机 （大连-20t/25t）
缆机型式		平移式	平移式	平移式
设计跨度/m		650	615	650
实际施工跨度/m		361　415	415	650
起重量/t		20	20	20/50
最大提升高度/m		150	128	200
提升速度	满载提升/(m/min)	110.16	90	120　90
	满载下降/(m/min)	110.16	90	160　90
	空载提升、下降/(m/min)			200
满载下降速度/(m/min)		90	150	150
塔架移动速度/(m/min)		8	6	8
塔高	主塔/t	20.018	25.018	50
	副塔/t	25.018	25.018	60
塔架轨距	主塔/t	16.95	18.95	约34
	副塔/t	16.95	16.95	约40
风压	工作风压/MPa	2.45	3.92	2.45
	非工作风压/MPa	9.80	9.80	9.80
工作环境温度/℃		+40～-25	+40～-25	+40～-25
缆机最大轮压/kN		205.8	196	约362.6
承载垂度/%		3～5	3～6	3～5
设备费/(万元/台)				350
小车曳引速度/(m/min)		350～420	360	360
塔基行走速度/(m/min)		6	15	15
电力拖动方式		F-D直流拖动	F-D直流拖动	F-D直流拖动
主电动机	功率/kW	680	680	680
	电压/V	6000	6000	6000
设计总功率/kW		770	770	770
塔架自重	主塔/t	376		
	副塔/t	315	50	50
塔架配重	主塔/t	424		
	副塔/t	480	406	400
台车轮压		最大32.7	最大28	
塔架外形尺寸（长×宽×高）/m		22.53×22.6×29.8	12.8×15.68×17.54	12.8×15.68×17.54
制造厂		上海建筑机械厂	大连起重机器厂	大连起重机器厂

2. 缆机选型

（1）吊运能力。缆机的吊运入仓能力，主要根据混凝土浇筑仓面大小选定，一般可按下式计算：

$$q = \frac{F\delta}{t} \tag{7-1}$$

式中　q——缆机吊运入仓能力，m^3/h；

F——浇筑仓面积，m^2；

δ——浇筑铺料层厚度，按平仓振捣手段决定，当用 $6m^3$ 罐入仓时，可取 $0.5m$；

t——铺筑层允许间歇时间，施工时应通过试验确定，当混凝土供料运距较近、浇筑时气温为 20℃ 左右时，建议取 $2.5h$。

缆机每小时吊运入仓次数，与缆机吊运（水平和提升）距离、技术熟练程度、仓面准备和缆机运行工况以及混凝土供料运输组织等有关，通常经过分析计算取值。在初选机型时，根据国内已有缆机运用经验，正常情况下可按每小时 $8 \sim 10$ 次考虑。按式（7-1）计算可知，一台起重量为 20t 的缆机吊运 $6m^3$ 罐，一般可满足 $250 \sim 300m^3$ 仓面的入仓要求，超过这个界限，需要采取特殊施工措施，或者一个仓面由两台缆机浇筑。确定缆机吊运能力时，应考虑与混凝土拌和、供料运输配套。

（2）缆机台数。混凝土浇筑所需缆机台数，一般应按施工高峰时段的月平均浇筑强度计算，并考虑吊运钢筋、模板、预制构件和浇筑工器具等输助工作量，在研究方案时可按下式估算：

$$N = \frac{\overline{Q}}{KQ_m} \tag{7-2}$$

式中　N——混凝土浇筑所需缆机台数，台；

$\overline{Q}$——连续 $3\sim4$ 个月高峰时段的月平均浇筑强度，可按施工分期和工程形象面貌要求，由施工进度计划中月浇筑强度曲线求得，$m^3/月$；

K——缆机浇筑混凝土综合利用系数，取 $0.75\sim0.80$；

Q_m——每台 20t 缆机月浇筑能力，一般应通过计算分析确定，初步估算时可取 $24000\sim25000m^3/(台·月)$。

缆机台数按式（7-2）计算应取整数。浇筑能力不足时，要采取其他施工措施加以弥补。

（3）类型选择。缆机类型的选择，主要是根据枢纽建筑物布置特点和河谷两岸地形地质条件确定的，在一般情况下，应优先选用已有成熟运行经验的国产缆机，并尽量选用同一个类型，必要时可考虑引进国外技术和经验，设计制造新型的快速缆机。

二、缆机布置

1. 缆机布置的一般原则

（1）尽量缩小跨度。国外使用缆机跨度大多在 900m 以内，我国使用过的缆机跨度均为 $400\sim900m$。在选择缆机跨度时，应考虑缆机吊钩至塔顶最小水平距离和混凝土供料线路站场平台位置，并给枢纽建筑物两岸基础开挖范围的变化留有适当余地。

（2）控制范围要大。缆机控制的平面范围，应尽量全部覆盖枢纽建筑物，如因地形地质条件限制，局部范围可采用其他浇筑设备（如门、塔机）配合施工，这时要研究安全运行措施，在一般情况下，两者不得交叉作业。

（3）缆机平台工程量最少。缆机基础平台高程，一般均应充分研究利用两岸地形条件使缆机能浇至坝顶。但有时由于地形地质条件的限制，或者为了减少平台基础工程量，也可考虑将缆机平台高程降低，甚至放在坝顶高程。这时需要研究形成混凝土浇筑系统的时间和坝顶部分混凝土浇筑措施，经过方案比较后确定。

2．缆机布置参考数据

（1）主索垂度。缆机垂度一般由使用单位和制造厂家共同商定。初步布置时，可按跨度的 5%～6%考虑。

（2）平台基础。缆机塔架基础必须放在稳定的地基上。缆机移动塔架基础的地基承载能力应在 0.294MPa 以上。如平台部位地形凹凸不平或地基松软，可考虑设置栈桥通过。

（3）塔架高度。为了将坝体浇到计划高程，有的工程采用高塔架，塔架高度可达 100m 左右。但有的工程即使采用高塔架，仍不能浇到坝顶，这时需要布置门、塔机予以辅助。

（4）缆机平台宽度。缆机承重主索固定在三角形塔架的顶端，当起重量为 10～20t 时，塔架高一般为 7～40m。塔架前后轨轨距随塔架高度而变化。缆机基础平台宽度与塔架高度的关系见表 7 - 4。

辐射式缆机和固定式缆机的固定塔架基础平台尺寸，也可参照表 7 - 4 决定。如果是低塔架，可用重型钢桅杆；如塔位处为岩壁，可将主缆索锚锭在岩洞内。

表 7 - 4　　　　　　　缆机塔架高度与基础平台宽度参考值

塔高/m	轨距/m	平台宽度（岩石基础）/m
40	2/3 塔高	轨距＋（5～8）
20	3/4 塔高	轨距＋（4～8）
7（低塔）	1.4×塔高	轨距＋（2～5）

注　如基础岩石风化较严重或岩层对稳定不利，应该加大塔前轨外缘宽度。

（5）塔架顶高程。

塔架顶高程 ＝ 主缆垂度＋主索至吊钩高度＋吊钩至料罐底高度＋吊罐底至计划浇筑高程的安全裕度（一般为 3～5m）＋计划浇筑高程。

（6）缆机吊钩至塔架顶最小水平距离。在布置缆机初级阶段，缆机吊钩至塔架顶最小水平距离可按跨度的 10%考虑。如因布置原因需增大或减小最小水平距离，可提出要求由制造厂家在缆机设计中解决。

（7）缆机主索斜率。两塔顶高程不同，主索倾斜，其斜率应与制造厂家共同商定。初步布置时，可限制在跨度的 2%以内。

3．多台缆机布置

（1）平移式缆机。几台缆机布置在同一轨道上，为了能使两台缆机同时浇筑一个仓位，可采取以下两种布置方法：

1）同高程塔架错开布置。错开的位置按塔架具体尺寸决定。为了安全操作，一般主索之间的距离不宜小于 7～10m。新安江工程的缆机是完全错开布置的。

2）高低平台错开布置。即在不同高程的平台上错开布置塔架，如 4 台缆机，可在不同高程平台上布置平行的轨道；有的工程，为了使高、低平台的缆机能互为备用，布置成穿越式。这样既能达到使用的要求，又能节省塔架基础工程量。

（2）辐射式缆机。辐射式缆机控制的范围呈扇形。布置形式比较灵活，可根据地形和建筑物平面形状而定。一般固定塔布置在一岸，移动塔布置在另一岸；当两台缆机共用一个固定塔架时，移动塔可布置在同一高程，也可布置在不同高程。

（3）平移式和辐射式混合布置。根据工程具体情况，可采用平移、辐射式混合布置，如乌江渡工程。

三、混凝土供料运输

采用缆机浇筑方案，混凝土起吊地点比较固定，混凝土供料一般多选用铁路运输方式。

1. 一般要求

（1）卸料站场高程。混凝土卸料站场应与混凝土拌和厂出料高程统筹考虑。在一般情况下，混凝土卸料站场高程应设在坝体初期拦洪或发电死水位以上。

（2）运输能力。区间线路通过能力与站场停车卸料能力，应满足高峰时段混凝土浇筑强度要求。

（3）区间线路。混凝土拌和厂与卸料站之间的区间线路布置应短捷，坡度最小，弯道最少。

（4）接轨要求。如有必要，混凝土供料线和卸料站场布置，应考虑与场外铁路接轨的要求，以便将钢筋、模板和重型构件等直接运到卸料地点。

（5）铁路轨距。我国水利水电工程施工中使用的铁路，有窄轨和准轨两种。窄轨轨距有610mm、762mm、900mm 和 1000mm 几种，准轨轨距为 1435mm，设计时按运输量大小和场地地形条件选定。

（6）机车选型。混凝土供料运输常用内燃机车，机车的牵引力应与所牵引的重量相适应。如给门、塔机供料，机车的外形尺寸要与门、塔机的门架净空尺寸相适应。

（7）线路坡度。混凝土运输线不同区间和站场线路坡度，应按列车的制动条件予以选定，可参见表 7-5，基坑线路坡度控制范围见表 7-6。

表 7-5　　　铁路线路坡度参考表　　　　%

线　　路	气制动	手制动
区间线路	15～18	10～12
会让站线	5～8	3～5
坝区线路	5～8	3～5
停车场及停车线	2.5	2.5

表 7-6　　　　基坑铁路最大设计坡度　　　‰

坡道长度　　列车制动条件	<500m	≥500m
手制动	12	10
气制动	18	15

注　1. 最大设计坡度不考虑曲线折减。

　　2. 坡度变化区应有 10～20m 的变坡度，在道岔后部有不同向坡度时，此道岔不应设在坡道上。

（8）转弯半径。工地铁路常因场地较小、行车速度低、列车编组少等原因，多选用小半径的曲线。根据工地的实际应用，最小曲线半径见表 7-7。

表 7-7　　　　　　　　　铁路最小曲线半径　（m）

轨距/mm	固定轴距≤1.8m			固定轴距≤2.5m			固定轴距3.5～4m	
	一般	困难	设护轨	一般	困难	设护轨	一般	设护轨
准轨（1435）	100	90	85	120	115	110	180	150
窄轨（762、900、1000）	65	50	45	100	85			
窄轨（610）	≥25							

（9）钢轨。按准轨与窄轨分别选用。

1）准轨：选用 43kg/m 钢轨及其配套的上部建筑材料。

2）窄轨：轴重大于 7t 时，选用 43kg/m 钢轨；轴重小于 6.5t 时，选用 24kg/m 钢轨。610mm 窄轨用于手推斗车时，可用 18kg/m 的轻型钢轨。

（10）道岔。当取固定轴距小于 1.8m 时，坝区准轨可选用 5 号、6 号道岔；窄轨可选用 $4\frac{1}{2}$ 号、5 号道岔。

（11）线路间距。由于工地人员穿行线路较多，车辆密度大，为行车安全，并为尽量减少线路占用面积，最小线路间距采用运箱平台车或车厢的最大宽度加 0.8～1.2m。一般采用：准轨为 4.5～5m；窄轨为 3～3.5m。

2. 区间线路布置

（1）线路类型。根据运量要求和场区地形条件，连接混凝土拌和厂与卸料区（或坝区）的铁路线，可分别选用单线、复线和循环线。

1）单线。运输列车在 9 对/h 以下，且区间长度小于 300m，可不设中间会让站，区间长度大于 300m，应在 150～250m 间距内设置会让设施。

2）复线。运输列车在 9 对/h 以上时，可选用复线。复线的通过能力可达 50 对/h（列车间距应保证 80～100m 以上，区间可不作闭塞手续）。

3）循环线。类似复线的一种形式，应根据场区地形和施工布置情况，尽可能采用如图 7-2 所示。

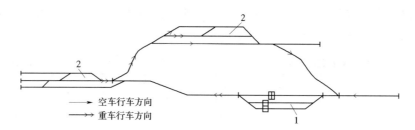

　　　　→ 空车行车方向
　　　　⇉ 重车行车方向

图 7-2　循环线布置形式示意图
1—拌和厂区；2—坝区

（2）区间选线。区间选线时，应注意：

1）根据坡度要求，线路尽量直通。

2）避开不良地质地段及大的沟壑。

3）尽量不占压或少占压水工建筑物施工部位。

4）在地形条件困难和通过能力许可的情况下，除采用小的曲线半径外，还可研究布置"人字线"或"之字线"。人字线的布置形式与通过能力见表 7-8。

（3）道口。铁路与公路平面相交处设道口，单车道口宽度 4～5m，双车道口宽度 7～10m。道口的结构，有预制混凝土块、混凝土整体浇筑等形式，线路内侧应设宽为 60～80mm 的轮缘槽。

（4）交叉。铁路线与铁路线、铁路线与有轨起重机线平面相交时，应设置交叉设备。所有交叉均应设置在线路的直线段。其结构形式有死交叉和活动心交叉。

表7-8　　　　　　　　　　　　人字线布置形式及其通过能力参考表

布置形式	示　意　图	通过能力（对/h）
单头单线		10以下
单头复线		30
双头渡线		40
双头交叉渡线		60

1）死交叉。可用钢板刨削成型与钢轨焊接制成。其结构一般用于两缘路交角大于60°的布置。用钢轨加工组合成型（一般为螺栓连接）或采用整体铸钢，用于前铁路线相交角较小的布置。

2）活动心交叉。用于铁路线与起重机轨线交叉时，且交角较小。

3. 卸料区（坝区）站场布置

混凝土卸料起吊区站场与一般铁路站场不同，它没有调车、编组作业，只承受单向货流；但列车进出频繁，货种（混凝土标号等）和起吊设备较多，且还有少量其他货物（如钢筋、模板和大型构件）要进场吊运，故在设计时应充分估计到这些特点和要求。

（1）平面位置。站场位置应与起重机械起吊范围相适应，一般按平行于起重机械轨道布置。站场的长度取决于线路长度，宽度由线路的股道数确定，并为其他货物卸车起吊适当留有余地。

（2）站场线路有效长度。站场线路的有效长度，一般应通过计算确定。

（3）站场线路股道数量。站场线路股道数量，一般应根据起重机吊运的小时入仓强度、起重机台数、混凝土标号种类和道岔分区数量等，经计算确定。在困难条件下，应从线路布置和运行组织方面采取措施，尽量减少轨道数，节省站场工程量。

（4）站场宽度卸料区铁路站场宽度，可按下式计算：

$$B = nb + 2\beta \tag{7-3}$$

式中　B——铁路站场宽度，m；

　　　n——站场线路股道数；

　　　b——线路间距，准轨直线段取5m，窄轨直线段一般取3.5~4.0m，或车厢宽度加0.7m，曲线段适当加宽；

　　　β——站场两侧裕度，可取0.5~1.0m。

（5）进出线道岔区的布置。根据区间线接入卸料区的实际情况进行布置，应减少进路交叉，保证进口道岔区运行与起吊互不干扰，且能满足混凝土运输列车进出站场的通过能力。

（6）道岔分区布置。一般的道岔分区距离不宜少于3~5个列车长度，如卸料区起重机械较多（起吊点多），道岔分区距离不宜太长。

卸料区站场布置形式，如图7-3所示。

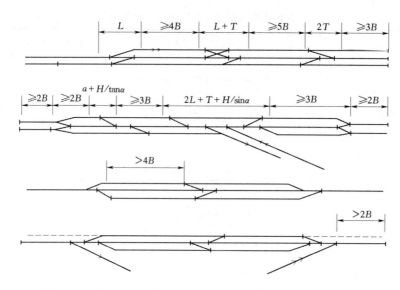

图 7-3　卸料区站场布置

a—路岔道端长；L—渡线全长；T—道岔全长；B—列车长；H—线间长；α—道岔角

4. 乌江渡工程铁路运输线布置实例

乌江渡工程混凝土供料运输采用窄轨铁路，轨距为 1000mm，选用 24kg/m 钢轨，线路间距为 4m，弯道最小曲线半径不小于 60m，干线道岔重要部位用 6 号道岔，其他部位用 7 号道岔，卸料站场设三股道；设计列车编组为三重（载 6m 吊罐）一轻，内燃机车牵引，列车全长 29m，施工时改为一重一轻列车。乌江渡工程铁路运输的线路布置情况参见图 7-4。

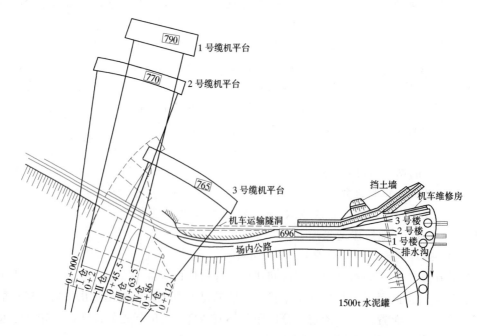

图 7-4　乌江渡工程铁路运输线路布置

任务三　门机和塔机浇筑施工布置

任务目标：在选定门、塔机浇筑方案情况下进行现场施工布置。

任务执行过程引导：门、塔机类型、性能及其适用条件，门、塔机选型，门、塔机施工布置原则及布置形式，门、塔机机车栈桥布置参考数据，混凝土供料运输方式。

提交成果：在选定门、塔机浇筑方案情况下，完成门、塔机选型及其施工布置、混凝土供料运输方式的确定。

考核要点提示：门、塔机选型，门、塔机施工布置，混凝土供料运输方式的确定。

一、门、塔机类型及其性能

门、塔机类型如图7-5所示，国产6种主要门、塔机技术参数见表7-9，门、塔机适用条件见表7-10。

表7-9　　　　　　　　　　门、塔机技术参数

技术参数	门机	四连杆门机	塔机	高架门机	高架门机	高架门机
型号	丰满10t	10/20×40/20m	10/25t	MQ540/30	SDMQ1260/60	SDTQ1800/60
最大起重力矩/kN	5292	3920	4410	5880	12348	17640
起重绳分支数	2　6	4　4	2　4	2　6	2　4	2　6
额定起重量/t	10　30	10　20	10　25	10　30	20　60	20　60
工作幅度/m	18～37　18	9～40　9～20	7～40　7～18	16～45　16～21	18～45　18～21	26～62　26～30
总扬程/m	90　39.5	75　75	88　42	120　70	115　72	100　70
轨上起重高度/m	37　37	30　30	42　42	70　70	52　72	70　70
起重速度/(m/min)	46　15.3	50　50	53.2/9.72　26.6/4.86	46　15.3	50.3　24.9	52　170
变幅平均速度/(m/min)	6.3	32	42.5	9.67	20　13.85	35.5
回转速度/(r/min)	0.7	1.0	0.4	0.75	0.72	0.04～0.4
行走速度/(m/min)	22.5	32	10	22	22.3	21
行走范围/m	96		90	150	200	150
行走轮直径/m	1.0		0.7	0.8	0.8	0.8
最大垂直轮压/kN	450.8	206.78	392	490	465.5	451.78
轨距×基距/m	7×7	10×10.5	10×10	7×7	10.5×10.5	13.5×13.5
臂铰点高度/m	6.33	12	47.4	30	30	41
机尾回转半径/m	8.1	8	20.7	8.5	11.2	14.45
电源电压/V	6000	380	380	600	6000或10000	10000
总装机功率/kW	215	284	217	230	419	450
整机重量/t	151	239	293	210	358	655
制造厂	吉林水工机械厂	大连起重机厂	太原、天津重机厂	三门峡水工厂	吉林水工机械厂	吉林水工机械厂

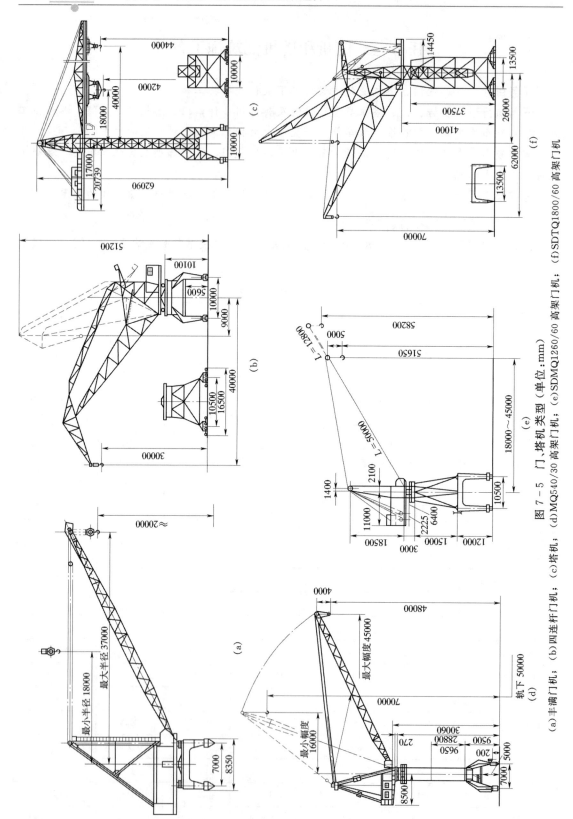

图 7-5　门、塔机类型（单位：mm）

(a)丰满门机；　(b)四连杆门机；　(c)塔机；　(d)MQ540/30高架门机；　(e)SDMQ1260/60高架门机；　(f)SDTQ1800/60高架门机

表 7 - 10	门、塔机适用条件
类　型	适　用　条　件
丰满门机 (10t)	操纵灵活，安装方便，一般 5～7d 可组装一台；起重臂不能在负荷下变幅，起重幅度 37m 时，轨顶以上浇筑高度约 12m，起重幅度 18m 时，浇筑高度轨顶以上约 30m
四连杆门机 (10/20t)	操纵灵活、方便，约 10～15d 可组装一台；轨顶以上最大浇筑高度为 22m，布置时门机中心线与浇筑块边缘距离不少于 9m，以满足门机尾部最大活动半径 8m 的需要
塔机 (10/25t)	适用于高坝和厂房浇筑；轨顶以上浇筑高度为 38m；水平起重臂上的吊钩可改变起重幅度；机身可靠近建筑物布置，运行的灵活性及回转的随意性较门机差；相邻塔机间安全距离为 34～85m；在近距离内多机运转时，宜将机身安装在不同高程上；安装约需 15～20d，生产率略低于门机
高架门机 (MQ540/30)	最大起吊半径 45m 时，额定起吊高度距轨顶 48m；机身回转部分升高至 29.15m 时，在这个高度以下臂杆与建筑物无干扰，可在靠近坝体上下游布置；实际浇筑高度轨顶以上可达 37m；由起重机吊装，约 15d 左右可组装一台
高架门机 (SDMQ1260/60)	额定起升高度 72m；起重机最大吊半径为 45m 时吊重 20t，长臂杆工作幅度 56m 时吊重 10t；门机架机组与准轨运输相适应；宜布置在坝外，也可安装在栈桥上施工，因使用时间不长，尚待总结提高；借助于有利地形，安装工期 1～2 个月，利用高架门机安装，工期约一个月
高架门机 (SDTQ1800/60)	最大起重 60t，最大变幅半径 62m 时的起重量为 20t；根据工作需要，塔架可安装成高度相差 18m 的高架和低架两种型式；本机起重量大、提升高度高、变幅半径大、工作平稳、操作灵活；安装时间，有吊装手段时 25～30d，最快 18d，无吊装手段，需要 60d 左右

二、门、塔机施工布置

1. 一般布置原则

（1）门、塔机选型。门、塔机选型，应与水工建筑物布置特点（如高度及平面尺寸）、混凝土拌和及供料运输能力相协调；若需要多台门、塔机时，其型号应尽量相同。

（2）门、塔机数量。在满足施工进度和大仓面浇筑强度的前提下，同一轨道上布置的门、塔机不得过于拥挤，以免相互干扰，影响生产效率。

（3）栈桥位置和高程。合理选择栈桥的位置和高程，尽量减少门、塔机"翻高"次数并与混凝土供料运输布置相协调。栈桥的高度应按导流度汛标准确定，不得与各期导流、度汛和拦洪蓄水相矛盾。

（4）栈桥结构型式。选择工程量小、便于安装的通用栈桥型式。栈桥安装时间应与建筑物施工进度相协调，并尽可能提前安装，少占建筑物施工直线工期。

2. 布置形式

门、塔机浇筑闸、坝混凝土的布置，主要有坝外布置、坝内栈桥布置和蹲块布置几种形式。

（1）坝外布置。当坝体宽度小于所选门、塔机的最大回转半径时，可将门、塔机布置在坝外（上游或下游）。其靠近建筑物的距离，以不碰坝体和满足门、塔机安全运转为原则。这种布置方案需要浇筑门、塔机轨道条形混凝土基础（或混凝土埝子），遇有低凹部位，可修建低栈桥。

（2）坝内独栈桥布置。当坝体宽度大于所选门、塔机最大回转半径或上、下游布置门、塔机使坝体中部有 6～10m 浇不到混凝土时，可将门、塔机栈桥布置在坝底宽的 1/2 处。栈桥高度视坝高、门（塔）机类型和混凝土拌和厂出料高程选定。如果门、塔机台数多，则应考虑布置多栈桥方案。

（3）坝内多栈桥布置。适用于坝底宽度较大的高坝工程，或坝后式厂房的施工一般在坝内和厂坝之间各布置一条平行坝轴线的栈桥。栈桥需要"翻高"，门、塔机随之向上拆迁。水平运输多用机车、平板车载立罐，与门、塔机共用栈桥，也可单独布置机车栈桥。

（4）主辅栈桥布置。在坝内布置起重机栈桥，在下游或上游坝外布置运输混凝土的机车栈桥。这种布置，取决于混凝土拌和厂供料高程和坝区地形、导流标准及枢纽特性等因素。

（5）蹲块布置。门、塔机设置在已浇筑的坝体上，随着坝体上升分次倒换位置而升高。一般采用拆装方便的丰满门机，每次翻高上升为 15～25m（其他门、塔机可达更大高度）。这种方式施工简单，但活动范围与浇筑面积受限制，倒运次数多，增加施工干扰，影响施工进度。图 7-6 是门机蹲块施工布置的实例。

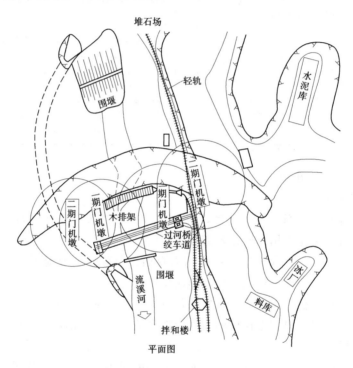

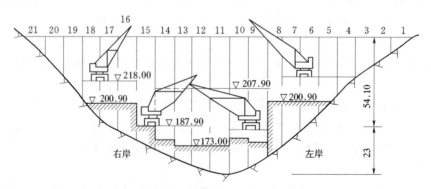

图 7-6　门机蹲块施工布置（单位：m）

以上布置形式曾分别用于我国新安江、三门峡、丹江口、葛洲坝、潘家口、大化、白山、桓仁、乌溪江、青铜峡、龚嘴和新丰江等工程的混凝土施工。门、塔机施工布置示意如图 7-7 所示。

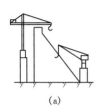    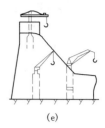

图 7-7　门、塔机施工布置示意图

(a) 坝外栈桥；(b) 单线栈桥；(c) 双线栈桥；(d) 主辅栈桥；(e) 多线多高程栈桥

3. 门、塔机机车栈桥布置参考数据

(1) 栈桥高度与桥墩。栈桥高度主要根据实际需要决定。栈桥高度与门、塔机的性能有关，太高或太低都不能发挥门、塔机的最优工效，所以栈桥高度应经过技术经济比较后确定。国内工程一般采用的栈桥高度为 6～20m，栈桥桥墩结构有混凝土墩、金属结构、现场预制混凝土墩块（用后拆除）等，如图 7-8 所示。

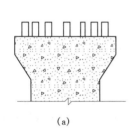 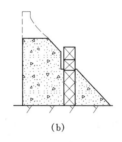

图 7-8　栈桥桥墩结构形式示意图

(a) 混凝土墩；(b) 金属结构；(c) 预制混凝土墩块

(2) 栈桥梁。栈桥梁通常选用预制钢筋混凝土梁或钢梁，预制钢筋混凝土梁长度一般为 6～15m，钢梁为 8～20m，视吊装能力确定。

(3) 桥面结构。桥面宽度，一般应考虑混凝土运输高峰强度所需的运输线股道数，结合门、塔机门架的轨距和人行道宽度等因素加以拟定。

(4) 栈桥材料指标。在初步估算栈桥材料时，可参考下列指标。

1) 新安江工程使用 10t 门机栈桥，桥跨 20m 的材料用量：

起重机钢梁	22.6t/根（每跨 2 根）
窄轨机车钢梁	13.3t/根（根数即车道数）
起重机钢梁支座	0.35t/套（每根两套）
门机钢轨	50kg/m
窄轨机车钢轨	18～22kg/m
铁件	3.35t/跨（高低栈桥平均数）
木材	8.0m³/跨（高低栈桥平均数）

2）三门峡、丹江口、黄龙滩工程的栈桥梁相同。梁的长度和每根重量为：

15.9m 起重机钢梁　　　　　　　　　　17～19t/根

20.9m 起重机钢梁　　　　　　　　　　28.9t/根

15.9m 窄轨铁路钢梁　　　　　　　　　9.7t/根

20.9m 窄轨铁路钢梁　　　　　　　　　15.0t/根

19.9m 窄轨铁路钢筋混凝土预制梁　　　20.0t/根

三门峡工程施工栈桥断面如图 7-9 所示。

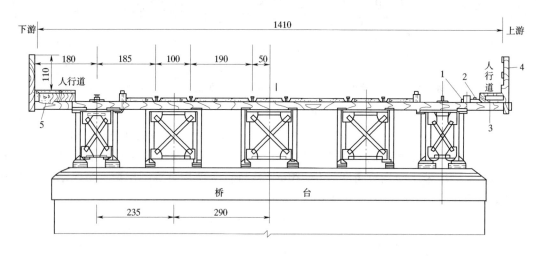

图 7-9　三门峡工程施工栈桥断面图（单位：cm）

1—输水管；2—风管；3—10×24cm 电话线槽；4—木栏杆；5—2～10×24cm 铺设动力电缆槽

三、混凝土供料运输

采用门、塔机浇筑方案，按其布置形式和现场实际情况，混凝土供料可以选用汽车或者铁路运输。

（一）铁路运输

门、塔机栈桥浇筑通常采用铁路运送混凝土。铁路运输的一般要求、线路和卸料站场布置以及运输组织管理等，基本与缆机浇筑方案类同。混凝土运输，可以修建专用的铁路线和栈桥机车线，或者与门、塔机共用同一栈桥；可以采用窄轨铁路（1000mm 或 762mm 轨距），也可以采用准轨铁路，这取决于混凝土运输强度要求和现场布置条件，国内工程的混凝土供料运输线通常与门、塔机共用同一栈桥。

当混凝土运输线在栈桥上穿过门、塔机的门架时，机车的轮廓尺寸要与门、塔机的门架净空尺寸相适应。

当混凝土供料运输强度高，基坑地势开阔，专用的混凝土运输线可以直接进入基坑，配合门、塔机吊运入仓。

（二）汽车运输

坝外布置的无栈桥门、塔机或其他方式浇筑入仓，常用汽车向浇筑地点运送混凝土。

1. 汽车运输的一般要求

（1）自卸汽车运送流态混凝土时，汽车车厢应是箕斗形，且严密平滑，卸料倾角在 45°

以上，车厢内混凝土的厚度应大于 40cm，卸料自由落差，应遵守施工规范规定。

（2）载立罐的汽车车厢应专门设计，使立罐放置平稳，罐周设拉手或支架紧固，保证运输途中质量安全。

（3）汽车道路应保持平整，以减少混凝土在运输过程中发生分离和泌水。

（4）每个浇筑仓位配置的汽车数量，应满足浇筑强度要求。汽车单车容量应与起重机吊运能力相适应。

2. 道路标准

（1）基坑以外混凝土运输干线应与施工场内交通道路统筹安排。

（2）进入浇筑仓位的基坑道路路面宽度，应根据汽车类型及行车密度等条件确定。对于双车道，车身宽为 2.5～3.5m 时，路面宽 7～10m；车身宽 4.5m 以上时，路面宽 12m 以上；遇有弯道处，应加宽 1.5～2.0m；陡坡、急弯处，或大型平板拖车行驶的路面，要适当加宽。若因地形和场地条件限制不能布置双车道时，可结合场内交通道路情况，设置循环车道，单向行驶。

（3）基坑道路纵坡，一般可取 9% 以内，特殊情况下，在个别地段内可取 11%～13%。有载立罐汽车行驶的道路纵坡，需经验算后确定。道路的转弯半径一般应大于 30m；困难地段的最小转弯半径，一般为 15m，若通行特殊车辆，另行考虑。竖曲线半径，凸形一般不小于 300m，凹形不小于 100m。

（4）凡使用 3 年以上且行车密度较大、行驶重型车辆的基坑道路干线，宜采用厚 30～40cm 的混凝土路面；使用期在 3 年以内、行驶轻型车辆的道路，可采用碎石路面。常受洪水侵袭或雨水冲刷的道路，路基应该坚实，采用混凝土路面。

3. 道路布置

进入浇筑仓位的基坑道路，应结合地基开挖出渣等施工道路布置。卸料地点应有足够的停车、倒车和卸料的回旋余地。基坑的主要道路，不宜经常变迁。如采用汽车直接入仓方式浇筑混凝土，上坝道路应作专门设计。

4. 汽车运输的运行管理

（1）应有严格的安全管理制度。在岔道、道口和桥梁两端均应配备管理人员和设施。

（2）要经常进行道路维护，配备专用维护机械设备和劳力，保持排水良好、路面平整，做到文明施工。

（3）按规定定期维修保养汽车，设置专门的冲洗场，对车厢经常进行冲洗。

（4）在现场安全地点设立加油站或用巡回加油车，保证燃油供应。

任务四　其他浇筑方案施工布置

任务目标：对选定的胶带机、履带式起重机等其他浇筑方案进行现场施工布置。

任务执行过程引导：胶带机入仓形式、胶带机系统布置原则，履带式起重机布置原则及布置形式，升高塔形式及其入仓浇筑方式。

提交成果：在选定胶带机、起重机等其他浇筑方案的情况下，完成这些设备选型、布置及其入仓方式的选择。

考核要点提示：胶带机形式选择，胶带机运输系统的布置，履带式起重机选型及布置，升高塔形式及其入仓方式。

一、胶带机浇筑

1. 胶带机入仓

胶带机浇筑混凝土的入仓形式，主要有固定式和移动式两种。

（1）固定式。用钢筋排架支撑多条胶带通过仓面，每条胶带控制浇筑宽度为5～6m。这种布置形式，每次的浇筑高度约10m。为了使混凝土比较均匀地分料入仓，每条胶带上每间隔5～6m装置一个固定式或移动式刮板，混凝土经溜槽和溜筒入仓。

（2）移动式。移动的梭式胶带布料机与仓面上的一条固定胶带正交布置，混凝土通过梭式胶带布料机分料入仓。

胶带输送机浇筑混凝土的工艺流程如图7-10所示。

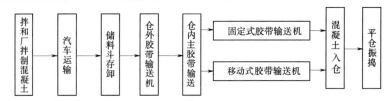

图7-10　胶带输送机浇筑混凝土工艺流程

采用胶带输送机运输混凝土入仓，每次浇筑高度只有10m左右。它适用于浇筑基础、闸底板和护坦等。如果浇筑较高坝体（超过10m），则必须重新布置较高的仓外胶带输送机，势必耗用较多的人力物力，并影响工期。

2. 胶带输送机运送混凝土

采用胶带输送机入仓浇筑混凝土，供料运输通常用自卸汽车运到浇筑地点，卸入转运储料斗，再经上扬胶带输送机送给仓面胶带输送机。胶带输送机长距离运输混凝土，国内工程不多见。短距离的胶带输送机系统布置，一般应考虑以下方面：

（1）胶带输送机线路以直线为好。其头尾轮衔接时，最好是同一轴线或垂直相交。必须斜交时，其角度应小于30°或大于60°。

（2）头尾轮相接重叠长度不宜小于0.5m，高差以1～1.5m为宜。

（3）机架应高出地面（或跳板面）0.5m以上，以利清理。

（4）为防止混凝土分离，两条胶带输送机之间必须设置挡板或漏斗。

（5）在运输速度一定的情况下，胶带坡度与混凝土的坍落度、标号、级配等性能有关。上坡角一般不超过14°，下坡角一般不大于8°。

（6）运行带速一般在1.2m/s内，用窄胶带可加大带速。

（7）胶带输送机头的底部处设两道刮浆板，尽量减少砂浆损失，同时减少倒运次数。

（8）胶带连接应采用硫化胶接或其他粘接方法。

（9）设置专门冲洗设备及机尾的排水排渣设施。

（10）进料处设集料槽和闸门控制，使混凝土均匀、连续地分布在胶带上，并把机尾进料的托辊加密，以减少来料冲击胶带，防止产生"跑偏"。

（11）应根据胶带输送机运输砂浆损失的情况，在拌制混凝土时适当增加水泥砂浆，以弥补输送过程中的损失。

3. 胶带机浇筑混凝土施工实例

葛洲坝一期工程曾采用双悬臂式和桥式两种梭式胶带布料机浇筑混凝土。

（1）双悬臂式布料机布置如图 7-11 所示。在胶带输送机栈桥梁上安设钢轨，双悬臂架的底座设两对行走轮，可在轨道上自行前后驱动。悬臂架内安设一条可逆移动式胶带布料机（称梭式胶带布料机），在悬臂架内的钢轨上可横向左右移动。

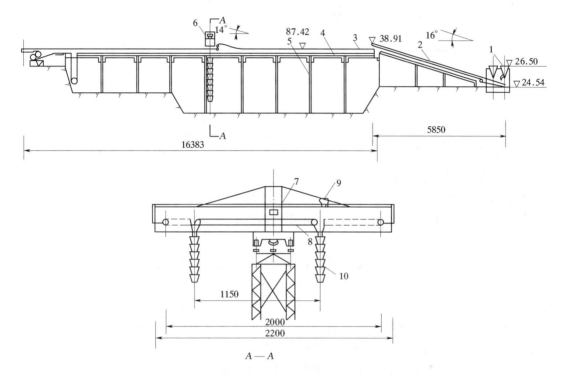

图 7-11 双悬臂式布料机布置（单位：cm）

1—汽车受料斗；2—仓外供料胶带机；3—仓内主胶带机；4—栈桥钢梁；
5—栈桥钢柱；6—双悬臂布料机；7—卸料小车；8—梭式胶带布料机；
9—平衡小车；10—下料溜管

由栈桥上胶带输送机运来的混凝土，通过卸料小车，卸至梭式胶带布料机上，再经悬挂在梭式胶带布料机两头的溜管卸入仓内。由于溜管随着布料机能前后或左右移动，故能将混凝土均匀地分布于仓面。

栈桥梁下面由于受栈桥阻隔不能布料，要靠拉斜溜筒下料或用振捣器平仓。从使用的情况看，栈桥梁上的轨距以 2.5m 为宜（不得大于 3m），以利栈桥下部的混凝土浇筑，此布料机适用于宽度在 30m 以内的浇筑仓面。

（2）桥式布料机布置如图 7-12 所示。桥架跨度为 32.72m。桥的一端在单轨道上行走，另一端在双轨道上行走。桥体分上下两层，上层安装一条长 18m 的固定胶带输送机，能正反方向运转，下层安装一条 14.8m 梭式胶带布料机，既能正方向运转，又能沿着轨道往返行走。上下两条胶带输送机的带宽、带速一致（$B=650mm$，$V=2m/s$）。梭式胶带布料机的两端和固定胶带输送机的一端挂溜筒。桥式布料机的行走速度为 0.2m/s，其设计生产能力为 $160m^3/s$。

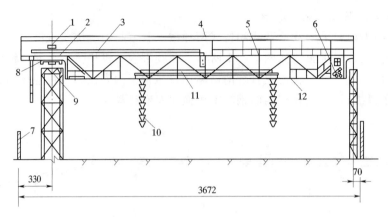

图 7-12　桥式布料机布置（单位：cm）

1—主胶带机卸料车头；2—主胶带机；3—固定胶带输送机；4—雨棚；5—栏杆；6—操作室；

7—模板；8—平衡台；9—排架梁柱；10—溜筒；11—梭式胶带布料机；12—布料机桥架

二、履带式起重机浇筑

施工初期，建筑物基础部位或比较分散的矮小结构物的混凝土常使用履带式起重机吊卧罐进行浇筑，与之相应的混凝土供料运输多用自卸汽车。

1. 布置原则

履带式起重机多系挖掘机改装而成。它移动方便、运用灵活，但在负荷情况下伸臂不能变幅，兼受工作面与供料路线的影响，常须随工作面的变化移动机身，以便使起吊控制范围与浇筑仓面相适应。在布置履带式起重机时，应统筹考虑结构物形状、浇筑顺序、供料路线、卸料回车和吊罐位置等因素，以充分发挥其生产效率。如在基坑采用履带式起重机浇筑混凝土，事先应规划好汛前撤出基坑的路线和措施。

我国水利水电工程常用的履带式起重机主要技术性能见表 7-11。

表 7-11　　　　　　　　　　　履带式起重机主要技术性能

型　号	W50（W-501） WD50（W-502）		W100（W-1001） WD100（W-1002）		W200（W-2001） WD200（W-2002）		WD300 （W-8）	WD400（WK-4）	
起重量/t	2.6～10	1～7.5	3.5～15	1.7～8.0	8.2～50	4.3～20	12～30	10	15
起重臂长/m	10	18	13	23	15	30	45	42.75	
起重幅度/m	10～8.7	17～4.5	12.5～4.5	17～6.5	15.5～4.5	30～12	30～12	12～26	12～14
最大起升高度/m	3.7～9.2	7.6～17.2	5.8～11	16～19	3～12	19～26.5	13～26	40.2～34	60.2～39.5
起重速度/(m/min)	0.11～0.52		0.265	0.397	0.18	0.3	0.3	3.16	
回转速度/(m/min)	3.07～3.6		4.6		3.41		1.5	1.5	
行走速度/(km/h)	1.5～1.8		1.5		1.22		0.7	0.5	
对地面的平均压力/MPa	0.070		0.085	0.087	0.120	0.123	0.176	0.176	

注　括号中的型号为旧型号。

2. 布置形式

（1）浇筑条状结构物的布置。一般沿结构物一侧或两侧布置起重机，其走行路线常与汽车运输路线共用。为了提高效率，供料路线应尽可能布置成循环线。

（2）浇筑板状结构物的布置。浇筑板状结构物（如消力池底板）混凝土时，根据浇筑顺序和供料线的布置，可采用进占法或后退法。

（3）浇筑岸坡柱状坝块的布置。一般多采用先进后退、逐层升高的方式。可以充分利用河岸台地或已建成坝块作为起重机平台和混凝土供料线，居高临下，向前进占浇筑。这种布置，司机可以俯瞰全仓，掌握吊罐落点，重罐提升高度低，伸臂控制面积大。

（4）履带式起重机的行走使用履带式起重机，往往无固定的行走路线，须临时铺设道路。机身运转时，为调整起吊落点，也需前后移动，所以浇筑场地附近也需铺平。

三、升高塔浇筑

我国梅山、佛子岭、磨子潭、响洪甸、陈村和柘溪等工程曾采用升高塔提升混凝土浇筑坝体。

升高塔是一种简单易行的提升设备，常设于大坝下游面或坝后桥上。塔内设有容量为 $0.4 \sim 1.0 \mathrm{m}^3$ 的箕斗（吊斗），混凝土提升后，需配手推车转运送至浇筑仓内，向升高塔供料运输多采用窄轨斗车或小型自卸汽车。一般每套双吊斗的升高塔可以浇筑 $100 \sim 150 \mathrm{m}^3$ 的仓面。

升高塔有直钢塔和斜钢塔两种形式，如图 7-13 和图 7-14 所示。斜钢塔的吊斗升至塔顶时可自动翻转卸料，直钢塔吊斗则需人工开门卸料。

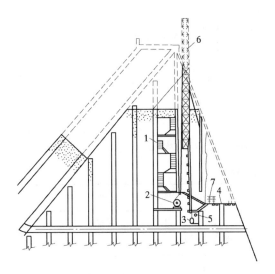

图 7-13　直钢塔浇筑连拱坝

1—爬梯；2—卷扬机；3—吊斗；4—垛间桥；
5—进料斗；6—升降塔；7—运料斗车

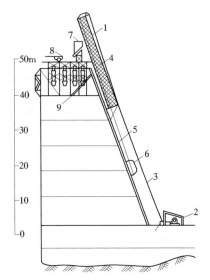

图 7-14　斜钢塔浇筑重力拱坝

1—斜钢塔；2—卷扬机房；3—牵引钢索；4—塔
内轨道；5—坝面轨道；6—混凝土吊斗（1m³）；
7—料斗；8—手推车；9—钢筋混凝土撑柱

四、专用皮带机浇筑混凝土

皮带机浇筑混凝土往往在运输和卸料时容易产生分离及严重的砂浆损失现象，而难以满足混凝土质量要求，使其应用受到很大限制。近年美国罗泰克（ROTEC）公司对皮带机进行了较大改革，并在墨西哥惠特斯（TUITES）大坝第一次成功地应用了3台以罗泰克塔带机为主的混凝土浇筑方案，使皮带机浇筑混凝土进入一个新阶段。

　　塔带机是集水平运输与垂直运输于一休，将塔机与皮带输送机有机结合的专用皮带机，要求混凝土拌和、水平供料、垂直运输及仓面作业一条龙配套。塔带机一般布置在坝内，要求大坝坝基开挖完成后快速进行塔带机系统的安装、调试和试运行，使其尽早投入正常生产。三峡大坝施工采用了 4 台美国罗泰克公司生产的 TC2400 型塔带机和 2 台以法国波坦（POTAIN）公司为主生产的 MD2200 型塔带机（图 7 - 15 和图 7 - 16）。这两种塔带机主要技术参数见表 7 - 12。

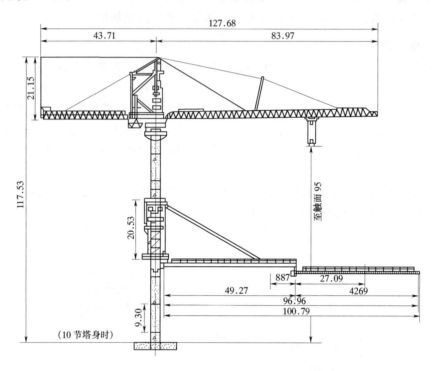

图 7 - 15　罗泰克公司 TC2400 型塔带机（单位：m）

表 7 - 12　　　　　　　　大型塔带机主要技术参数表

项　　目		TC2400 塔带机	MD2200 塔带机	备　　注
皮带机最大工作幅度/m		100	105	布料皮带水平状态
塔机工况工作幅度/m		80	80	
塔柱最大抗弯力矩或额定力矩/kN		23520	21560	
塔柱节标准长度/m		9.3	5.78	固定式塔机
带式输送机	带宽/mm	760	750	
	带速/(m/s)	3.15～4.0	3.15～4.0	
	输送能力/(m³/min)	6.5	6.5	
	最大仰角/(°)	+30	+25	
	最大俯角/(°)	-30	-25	
	输送最大粒径/mm	150	150	

续表

项　　目	TC2400 塔带机	MD2200 塔带机	备　　注
塔机工况最大起重量/t	60	60	
工况转换/min	≤30	≤30	浇筑转安装或安装转浇筑工况
混凝土品种变换一次时间/min	≤15	≤15	
安装和调试时间/min	8	9	低价状态，时间为参考值
单班作业人数/人	8～10	8～10	塔机及皮带机

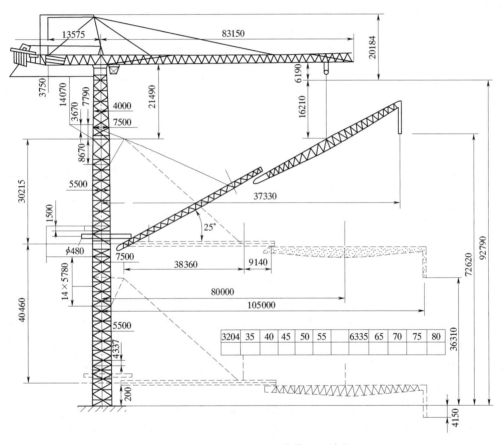

图 7-16　波坦公司 MD2200 型塔带机（单位：mm）

任务五　浇筑方案分析与比较

任务目标： 针对不同浇筑方案从施工技术和经济效果两方面择优选择最佳方案。

任务执行过程引导： 施工条件（地形地质条件、导流与施工期度汛、建筑物施工技术特性）分析，经济比较（设备购置费、临建投资、主要设备运转拆装费、混凝土综合运输单价、混凝土供料运输总费用），方案选择。

提交成果： 在罗列出的多个运输浇筑方案中择优选择出适合工程实际的最佳方案。

考核要点提示： 施工条件分析内容、分析思路，经济比较内容及比较方法。

坝体混凝土浇筑方案的选择，一般应根据工期要求和施工分期计划，对不同的方案，从施工技术和经济效果两个方面进行综合比较，从中选出最优方案。

一、施工条件分析

1. 地形、地质条件

（1）地形条件。坝区河谷形状和两岸地形对选择混凝土施工方案有重大影响。在高山峡谷区修建高坝枢纽，应优先考虑缆机浇筑方案。一般认为，建筑物顶长与高度之比大于7时，选用以缆机为主的浇筑方案就不经济了，则需要进行多方案的比较，我国曾采用缆机浇筑混凝土的工程，建筑物长高之比大致见表7-13。

表7-13 使用缆机浇筑混凝土的工程的长高比

工程名称	坝 型	长高比	工程名称	坝 型	长高比
新安江	宽缝重力坝	4.4	龚嘴	重力坝	5
柘溪	支墩坝	3.1	白山	重力拱坝	4.5
刘家峡	重力坝	1.4	龙羊峡	重力拱坝	5.3
三门峡	重力坝	8.4	东江	双曲拱坝	2.8
乌江渡	拱型重力坝	2.2	凤滩	空腹重力坝	4.3

注 三门峡和白山工程的缆机只用作辅助工作。

（2）地质条件。两岸坝头、混凝土卸料区站场、供料运输线沿线和混凝土拌和系统等地段的地质情况是选择施工方案的重要条件，它直接影响施工安全、工期和造价，设计前必须认真查明。

2. 导流与施工期度汛

（1）隧洞导流。采用全年河床断流围堰，有利于门、塔机施工方案；采用枯水期挡水围堰，则要求汛前将坝体浇到挡水高程，或者采用汛期过水围堰，则宜选用缆机施工方案。

（2）分期导流。在比较宽阔河床上分期导流的工程，一般多采用门、塔机施工方案。在选用门、塔机方案时，要结合混凝土拌和系统布置，着重研究解决前后期混凝土供料运输方式和线路布置同题。

（3）底孔和坝体缺口导流。采用底孔和坝体缺口导流度汛时，混凝土浇筑最好选用缆机方案。若选用门、塔机栈桥方案，要慎重研究水流对栈桥的影响，必要时应通过水工模型试验论证。

（4）明渠导流。明渠导流是分期导流或一次围堰断流方式中的特殊形式，对混凝土浇筑方案的影响，可按上述类似情况进行分析。

3. 建筑物施工技术特性

（1）建筑物布置。闸、坝建筑物布置、结构形式、轮廓尺寸、技术要求和工程量分布情况，是选择施工方案的基本条件。

（2）地基开挖与处理。河床和两岸建筑物地基开挖和地基处理，对混凝土施工有很大影响。在地基比较复杂、处理时间较长的情况下，选用缆机的优越性较为明显。

（3）金属结构及大型构件安装。闸、坝工程混凝土浇筑过程中，有大量的闸门、启闭机等金属结构和预制构件吊装工作与之交叉进行，选择混凝土浇筑方案时应考虑这一因素。

二、经济比较

为了择优选择混凝土浇筑方案，可就不同浇筑方案列表进行比较，经济比较的主要项目和内容如下。

（1）大型机械设备购置费，包括全部供料运输和起重吊运的主要机械设备购置。

（2）施工临建投资，包括专用供料运输道路或共用道路扩建加固、卸料站场、缆机平台或门、塔机栈桥等土建投资。

（3）主要机械设备运转和拆装费。

（4）混凝土供料运输、起重吊运总费用（或总成本）。

（5）混凝土综合运输单价，是指从拌和厂出料直至吊运入仓的运输单价。

三、方案选择

经技术、经济比较后，设计推荐的方案应符合下列要求。

（1）符合国家方针政策、施工技术规范要求和技术先进。

（2）能满足施工进度计划和浇筑高峰强度的要求。

（3）供料运输和吊运入仓的转运次数少，能保证工程质量要求。

（4）适应导流度汛要求，能安全施工。

（5）施工临建工程少、投资省、工期短。

（6）主要机械设备供应落实可靠。

（7）起重吊运设备能兼顾金属结构和大型预制构件的吊装，有利于组织专业化协作和流水作业，施工强度比较均衡。

（8）投资费用少，经济指标优越。

任务六 混凝土运输与浇筑机械设备需要量计算

任务目标：混凝土运输、浇筑机械设备需要量计算。

任务执行过程引导：机械设备生产率、完好率及利用率，各类起重机（缆式起重机、门机、塔机、履带式起重机）需要量计算。

提交成果：根据最终选定的混凝土运输浇筑方案，计算相应运输、浇筑机械设备需要量。

考核要点提示：各类起重机需要量计算。

混凝土浇筑方案确定以后，需要进一步研究机械设备选型配套，并按其需要量合理配置，以充分发挥综合机械化的生产效率。

一、机械设备生产能力

机械设备在较长施工时段的生产能力，与其完好率、利用率和生产效率（简称"三率"）有关，一般应是三者的乘积。"三率"是考核施工企业机械化施工组织管理水平的主要指标。

1. 机械设备的生产率

计算机械设备的生产效率，是设备选型和确定其需要量时不可缺少的一个参数。机械设备生产效率有理论生产效率、技术生产效率和实用生产效率三种。

（1）理论生产效率，是指机械在设计所规定的标准条件下，连续工作 1h 计算所得的生产效率，它只与机械本身的设计性能有关，没有考虑具体的施工条件，它不能表示实际的生产能力。

（2）技术生产效率，是指机械在某种具体的施工条件下的生产效率。当计算技术生产效率时，除了机械性能参数之外，还考虑了材料的性质和施工条件的影响，并也以连续工作1h计。技术生产效率决定了在一定条件下的机械最大生产能力。

（3）实用生产效率，是指在具体的施工条件下，考虑了工作时段内必需的生产时间损失后的生产效率。它是在技术生产效率的基础上乘以时间利用系数求得的。实用生产效率分台班、台月（或台年）生产效率；而台月或台年生产效率，还要考虑机械设备利用率和完好率的影响。

2. 机械设备的完好率和利用率

（1）机械设备技术完好率，指一年中或某一时段内机械技术状况良好，正常出勤和随时（待命）可出勤的台班数占全年或某时段在册机械总台班数的百分比，以下式表示

$$H = \frac{R}{r} \times 100\% \tag{7-4}$$

式中　　H——机械技术完好率；

$\quad\quad R$——技术状况完好的机械台班数；

$\quad\quad r$——在册机械总台班数（不包括经批准报废或封存的机械）。

技术完好率一般不应低于85%，新机械设备的完好率还要高一些。

完好率的表示方法有日历完好率和制度完好率两种。制度完好率计算时，在册机械设备总台班数应减去该时段内的节假日台班数。

（2）机群的台班利用率（或出勤率），指一年或一个时段内机械设备的时间利用情况，一般按制度台班数计算，以下式表示

$$F = \frac{b}{B} \times 100\% \tag{7-5}$$

式中　　F——机群在统计期内的利用率；

$\quad\quad b$——机械设备在统计期内实际出勤台班数；

$\quad\quad B$——机械设备在统计期内制度台班数。

式中分母分子之差，主要是机械设备由于维修、任务不足、气候影响或计划未予安排等主客观原因而停工损失的制度台班数。

3. 机械设备的实际生产能力

机械设备的实际统计生产能力一般要比计算的实用生产率低。这反映了实际的生产组织管理水平还达不到计算所规定的各项指标。

以葛洲坝一期工程为例，部分机械设备的历年完好率和利用率见表7-14，部分起重机械浇筑混凝土的实际生产量参见表7-15、表7-16。

二、混凝土浇筑机械

混凝土坝施工，一般均以吊运入仓机械为主，其他机械设备与之配套，形成综合机械化施工系统。主要起重吊运机械有缆索起重机、门座式起重机、塔式起重机、履带式起重机等。

表 7-14　　　　葛洲坝工程（一期）部分机械设备完好率和利用率统计　　　　%

项目	统计年份	1972	1973	1974	1975	1976	1977	1978	1979	1980	1981
利用率	履带式起重机塔式起重机自卸汽车	90.10	29.60	25.75	51.20	27.70	49.40	82.80	82.90	83.00	74.90
				3.75	21.70	34.80	35.10	83.40	90.50	81.70	54.00
		63.53	33.00	43.49	62.90	50.40	53.30	56.50	65.10	79.80	61.50
完好率	履带式起重机塔式起重机自卸汽车	93.20	57.50	81.92	100	55.30	87.50	96.30	90.00	97.00	91.10
		100	100	52.81	59.90	77.40	82.20	98.30	97.30	93.30	83.50
		65.38	59.93	66.89	65.10	59.70	59.30	69.80	77.80	93.20	74.20

注　利用率＝实作台日数/制度台日数。
　　完好率＝机械完好台日数/机械日历台日数。

表 7-15　　　　葛洲坝一期工程门、塔机浇筑混凝土实际生产量

机械名称	使用台数	年最高产量		台班平均产量		台班最高产量		备注
		m³	起吊罐数	m³/台班	罐/台班	m³/台班	罐/台班	
东德门机	6	484644	161548	88.8	29.6	540	180	
丰满门机	9	456867	152280	51.0	17.0	438	146	
吉林高架门机	6	406059	113900	57.3	19.1	342	114	用 3m³ 罐
						504	84	用 6m³ 罐
天津塔机	8	330150	103169	47.4	15.8	339	113	
太原塔机	5	209574	65487	48.6	16.2	378	126	
苏联塔机	2	99326	31040	50.1	16.7	291	97	

表 7-16　　　　葛洲坝工程部分起重机械浇筑混凝土实际生产量

机械名称		台班定额产量/m³	实际台班最高产量/m³	年平均产量/m³	季平均产量/m³
门机	10t 丰满	220	467	54275.2	
	540/30 型	220	366	37612.8	
	10～20t×40～20m	220	576	86115.2	
		220	360		13481.6
塔机	10/25t（太塔）	220	467	40390.4	
	10/25t（天塔）	220	259		
	10/25t（苏塔）	220	407	42909.6	
WK-4 履带式起重机		185	230	10015	

（一）缆索起重机

1. 技术生产率计算

在缆机选型时，一般应按下式进行技术生产率分析计算：

$$Q_j = nq \qquad\qquad (7-6)$$

其中
$$n = \frac{3600}{T_1}$$

式中　Q_j——技术生产率，m^3/h；

　　　q——所配吊罐的有效容积，m^3；

　　　n——每小时吊运的罐数；

　　　T_1——吊运一罐的循环时间，s。

　　吊运一罐混凝土的循环时间 T_1 随操作技术熟练程度、浇筑块的工作条件（如尺寸大小，结构形状，预埋件与模板拉条多少等）、升降高度、小车运行距离以及供料情况等而变化。计算式为

$$T_1 = \sum_1^n t_i = t_1 + t_2 + t_3 + \cdots + t_n \qquad (7-7)$$

式中　t_i——一个吊运循环中各个操作环节所耗费的时间。

　　t_i 又可分为两类：一类是机械操作的，可按机械性能计算得出，如吊罐的轻、重载升降时间、小车或塔架的行走时间等，一般升降和小车行走动作同时进行，因此计算时可乘以复合操作系数 0.75～0.85，另加由于启动和制动所需额外消耗的时间 3～4s；另一类为挂钩、脱钩、吊罐对位、卸料等手工操作时间，一般可取 15～30s，也可按照实际情况测定的数据。

　　2. 实用生产率计算

$$Q_m = Q_j m n K_1 K_2 K_3 \qquad (7-8)$$

式中　Q_m——台月生产率，m^3；

　　　Q_j——技术生产率，m^3/h；

　　　m——每月工作天数，建议取 25d；

　　　n——每天工作小时数，建议取 20h；

　　　K_1——吊罐容积利用系数，取 0.98（考虑混凝土损耗）；

　　　K_2——时间利用系数，视缆机台数、供料方式、台班内时间利用情况等而定，其值为 0.62～0.8，计算时可用其平均值 0.72；

　　　K_3——综合利用系数，视施工组织方式而定［与混凝土浇筑有关的一切辅助工作和零星工作都要由缆机来完成，K_1 可取 0.58～0.65；缆机除浇筑混凝土外，只吊重件（大型模板、重型钢筋构架等），则 K_2 可取 0.80～0.85s；缆机只用于浇筑混凝土，则 $K_3 = 1.00$］。

　　3. 需要量计算

　　(1) 月浇筑强度。在混凝土浇筑的整个施工延续期间，由于在较长的时期中受水文气象、浇筑仓面、建筑物结构型式和导流度汛等多种因素的影响，浇筑强度是不均匀的，必然会出现高峰浇筑年和高峰浇筑时段。月浇筑强度，建议采用高峰年的月平均或高峰时段（一般为 4～5 个月）的月平均乘以不均匀系数来确定，即

$$P_m = \overline{Q_m} K_m \qquad (7-9)$$

式中　P_m——施工进度要求的月浇筑强度，$m^3/$月；

　　　$\overline{Q_m}$——浇筑高峰年或高峰时段的月平均强度，$m^3/$月；

　　　K_m——月不均匀系数，按高峰年计算时，按表 5-9 取值，按高峰时段计算时，一般取 1.1～1.2。

按式（7-9）计算的月浇筑强度一般要比实际高峰月浇筑强度略低。为了达到计划的高峰月浇筑强度，应通过加强施工组织、充分发挥机械效率、提高月工作天数和日工作小时数等措施解决。

（2）小时浇筑强度。核算浇筑设备的小时生产能力，可按下式计算：

$$P_h = \frac{P_m}{nm}K_dK_h = \frac{\overline{Q_m}}{nm}K_mK_dK_h \qquad (7-10)$$

式中　P_h——小时生产能力，m^3/h；

　　　n——每天工作小时数，一般取 20h；

　　　m——每月工作天数，一般取 25d；

　　　K_d——浇筑的日不均匀系数；

　　　K_h——浇筑的小时不均匀系数，按工程规模、施工组织、机械配套等情况取值，一般取 1.2～1.6；

　　P_m、$\overline{Q_m}$、K_m 的意义同式（7-9）。

（3）缆机需要量。

$$N = \frac{P_m}{Q_m}K_e \qquad (7-11)$$

式中　N——缆机需要数量，取整数，台；

　　　P_m——施工进度要求的月浇筑强度，$m^3/$月；

　　　Q_m——缆机月生产率，$m^3/$台月；

　　　K_e——备用系数，大型专用机械，因时间利用系数或年工作台班定额中已考虑了各种影响因素，可取 $K_e=1.0$。

4. 缆机浇筑混凝土的生产统计资料

（1）刘家峡工程。共安装 4 台 20t 缆机，1 号、2 号为平移式，3 号、4 号为共用一个主塔的辐射式，允许 1 号、2 号在其下方穿行，4 台缆机中，经常有 1 台吊运其他物品。混凝土供料采用 BN-150 型内燃机车载运 $6m^3$ 或 $3m^3$ 立罐，通过 4 条准轨铁路线与拌和厂联系。缆机吊运混凝土设计每小时为 8 次。施工中缆机最高台月产量约 3 万 m^3，最高台班产量：平移式为 $678m^3$，辐射式为 $882m^3$。

（2）乌江渡工程。使用 3 台缆机，其中 1 台为平移式，2 台为辐射式，3 台缆机能控制坝体混凝土浇筑仓面的 88%。缆机设计吊运效率：平移式每小时 8 次，辐射式每小时 10 次。

截至 1979 年底统计，3 台缆机共运转 59062 台时，其中约 60% 的台时运输混凝土，其余时间用于立模和转运材料等，共运输混凝土 124.3 万 m^3，占大坝混凝土已浇筑量的 89%，安装和运转时间见表 7-17。单机台班最高产量（水平运输距离约 100m，提升高度约 50m）见表 7-18。

表 7-17　　　　　　　　　　　乌江渡工程缆机安装和运行时间

机号	安　装　时　间	运　转　时　间	总运转台时	应出勤台时	平均利用率/%
1 号	1973 年 10 月中旬至 1974 年 3 月初，共 140d	1974 年 3 月至 1981 年 12 月	34957	44983	77.7
2 号	1974 年 10 月初至 1975 年 2 月底，共 150d	1975 年 3 月至 1981 年 11 月	25681	35822	71.7
3 号	1975 年 8 月底至 1975 年 12 月中旬，共 110d	1975 年 12 月至 1981 年 9 月	31434	34060	92.3

表 7 - 18　　　　　　　　　　乌江渡工程缆机单机台班最高产量

机　号	台班最高产量 /m³	折算小时产量 /m³	折算循环次数 /(次/h)
1 号	896	112.00	18.7
2 号	906	113.25	18.9
3 号	920	115.00	19.2

乌江渡工程使用的缆机多年平均单机小时产量约 35m³，循环次数为 6 次/h，低于原施工设计循环次数（平移式缆机为 8 次/h、辐射式缆机为 10 次/h），与缆机所达到的最高循环次数相差较远。

（二）门、塔式起重机

我国大中型水利水电工程，广泛采用栈桥门、塔机浇筑混凝土，并且积累了比较丰富的施工经验。

1. 门、塔机生产率计算

（1）门、塔机小时技术生产率计算，一般仍按式（7-6）计算。

（2）门、塔机实用生产率计算，原水利电力部施工研究所在 20 世纪 60 年代曾对混凝土运输浇筑组织过专题研究，建议高峰月的实用生产率按下式计算：

$$Q_m = Q_j m n K_1 K_2 K_3 K_4 \qquad\qquad (7-12)$$

式中　　m——每月工作天数，在机械正常运转且保证率较高、气候条件较好并有足够的浇筑仓位时，建议取 25d；

　　　　n——每天工作小时数，可取 20h；

　　　K_1——工作条件（吊运杂物）系数，可在 0.4～0.8 范围内选取（闸坝式电站厂房取低值，含钢筋密集的混凝土取中值，大坝混凝土取高值）；

　　　K_2——时间利用系数，在 0.75～0.90 范围内取值；

　　　K_3——生产率利用系数，即小仓面用大设备时，机械不能充分发挥效率而降低的系数，可在 0.30～0.95 范围内选取；

　　　K_4——多台门、塔机运行的同时利用系数，可在 0.8～0.9 范围内选取；

　　Q_m、Q_j 的意义同式（7-8）。

2. 门、塔机需要量计算

（1）公式计算与缆机相似，可按式（7-11）计算。

（2）定额计算法。定额是在施工实践基础上统计确定的平均先进水平，可以作为确定机械需要量的计算依据。不同设计阶段有不同的定额指标，一般以采用预算定额为宜。

各种定额指标都是以浇筑 100m³ 混凝土需要多少个机械台班给出的。其计算公式为

$$N = \frac{K_m Q_y I}{100W} \qquad\qquad (7-13)$$

式中　　N——机械需要数量，取整数，台；

　　　Q_y——施工高峰年需要完成的混凝土计划工程量，m³/年；

　　　　I——定额指标（即浇筑 100m³ 混凝土需要的机械台班数），台班/ m³；

　　　W——每台机械年工作台班定额，门、塔机为 400 台班/（台·年）；

K_m——高峰年的月平均不均匀系数。

此外，也可以先拟定台班计划浇筑强度，用定额指标直接算出机械需要量。

$$N = \frac{Q_b I}{100} K_e \tag{7-14}$$

式中　Q_b——台班计划浇筑强度，m^3；

　　　K_e——备用系数，当 $5\sim10$ 台时，取 $K_e=1.1$，大于 10 台时，根据施工条件，取 $K_e=1.1\sim1.2$。

3. 门、塔机浇筑混凝土的生产效率

三门峡工程在 20 世纪 50 年代末期用苏式 25t 塔机吊运混凝土的循环时间列于表 7-19。

表 7-19　　　　　　　三门峡工程塔机吊运混凝土循环时间

项　目	挂罐	升降	卸料	空回	放罐	合计
时间/s	11.0	68.8	108.0	59.5	8.3	255.6
所占百分比	4.3	26.9	42.3	23.3	3.2	100

注　塔机运行工况为起吊高度 20m 左右，回转角度在 90°以内。

在当前的设计计算中，一般考虑门、塔机每小时循环次数为 $11\sim12$ 次。实际使用中由于种种原因，台班最高和平均循环次数相差甚大。表 7-20 中列出有关工程的统计资料供参考。

表 7-20　　　　　　　门、塔机吊运混凝土入仓的生产能力

工程名称	起重机	台班最高产量		台班平均产量	
		m^3/台班	罐/台班	m^3/台班	罐/台班
新安江	门机	726	242		
三门峡	塔机	672	224	156	52
青铜峡	门机			256	85
丹江口	门、塔机	508.8	169.6	256	85
柘溪	门机	372	124		75
桓仁	门机	420	140		
潘家口	门、塔机	759	253		
葛洲坝	门、塔机	540	180	59.7	19.9

注　1. 表中混凝土罐容量以 $3m^3$ 计。
　　2. 葛洲坝工程的台班平均产量为 1979 年统计数。

（三）其他机械

1. 履带式起重机

在水利水电工程施工中，也广泛使用挖掘机改装的履带式起重机浇筑建筑物底部混凝土。由于这种机械的回转速度比门、塔机快，所以每小时可能达到的工作循环次数较门、塔机多。

履带式起重机吊运混凝土，其机械需要量计算方法与门、塔机相同，该机年工作定额为 200 台班。

三门峡工程用 $3m^3$ 电铲改装的起重机实测工作循环延续时间见表 7-21，该工程用履带式起重机浇筑混凝土的生产效率，1959 年平均为 $206.5m^3$/台班。

表 7-21 　　　　　　　　　3m³ 铲改装的履带式起重机入仓循环时间

提升高度 /m	回转角度 /(°)	挂罐 /s	遭载运转 /s	知料 /s	空回 /s	放罐 /s	循环中断 /s	合计 /s
1~5	<135	27	30.0	22	12.5	22	10	123.58
	>135	27	40.0	22	22.5	22	10	143.0
6~10	<135	27	37.5	22	21.5	22	10	140.0
	>135	27	47.5	22	30.0	22	10	158.5
11~15	<135	27	45.0	22	27.0	22	10	153.0
	>135	27	55.0	22	38.0	22	10	174.0
16~20	<135	27	52.5	22	37.5	22	10	171.0
	>135	27	62.5	22	47.0	22	10	190.5
21~25	<135	27	60.0	22	45.0	22	10	186.0
	>135	27	70.0	22	55.0	22	10	206.0
26~30	<135	27	67.5	22	52.5	22	10	201.0
	>135	27	77.5	22	62.5	22	10	221.0

注　入仓方式均为直接入仓。

2. 胶带输送机

（1）使用情况。采用胶带输送机（简称“胶带机”）运输混凝土具有设备简单、操作方便、效率高、成本低，且能够连续均匀运送等优点。但用经过改装的普通胶带机输送混凝土，往往发生混凝土分离和水泥砂浆损失等现象，需要研究改进。

混凝土的输送干线采用固定式胶带机，其规格主要以带宽表示，常用的有 500mm、600mm、800mm 几种。移动式胶带机用于入仓布料，一般可以用通用部件自行设计改装为各种类型的布料机。葛洲坝工程采用自行设计制作的桥式布料机主要技术参数和设备见表 7-22。

表 7-22 　　　　　　　　　桥式布料机主要技术参数和设备

布料机	轨距 /mm	速度 /(m/min)	电动机			减速器		
			型号	数量 /台	功率 /kW	型号	速比	数量 /台
运行机构	31000 33500	12	JXR-11-6 (885r/min)	4	4×2.2	JXQ250-Ⅲ-1/2	i=31.5	各2
固定 胶带机	胶带机		电机滚筒			溜筒升降机构		
						型号	功率 /kW	行程 /mm
	650*	120	TDY504	2	2×2.5	CD o.5t 电动葫芦	2×0.75	7000
梭式 胶带机	650*	120	TDY504	2	2×2.5	蜗轮蜗杆，减速箱2台（自制）		
	行走机构		电动机					
	1400	12	TQ2-7204	2	2×0.75			
	电统卷筒		JCH502 (48r/min)	大小各1	2×1.0			

注　固定、梭式胶带机长度分别为 18m，14.8m。
＊　胶带机规格，即指带宽。

（2）生产率计算。

1）技术生产率。用胶带输送机运送混凝土时，其技术生产率可按下式计算：

$$Q_j = 170B^2V \qquad (7-15)$$

式中　Q_j——技术生产率，m^3/h；

　　　B——带宽，m；

　　　V——胶带运送速度，m/s，一般控制在 1.5m/s 以内，各工程实际采用的带速见表 7-23。

表 7-23　　　　　　　　　　几个工程采用的胶带输送机的带速统计

工程名称	新安江	丹江口	刘家峡	桓仁	葛洲坝	下马岭	新丰江
带速 /(m/s)	1.5~1.7	1.77	1.7 左右	1.0~1.5	1.5~2.0	1.0~1.2	1.5

2）实用生产率。用胶带输送机运送混凝土时，其实用生产率可按下式计算：

$$Q_b = 8 \times 170B^2VK_1K_2K_3 \qquad (7-16)$$

式中　Q_b——胶带输送机使用生产率，$m^3/$台班；

　　　K_1——与胶带倾角有关的系数，当运送坍落度 4~8cm 的混凝土时，胶带仰角 10°~15°，$K_1=0.95$ 时；仰角>15°（一般不宜超过 15°~16°），$K_1=0.90$；水平运送时，一般取 $K_1=1$；

　　　K_2——时间利用系数，视施工组织情况而定，可取 0.75~0.85；

　　　K_3——充盈系数，即装料不均衡系数，与装料方式有关，一般取 0.8~0.9；

　　　B、V 的意义同式（7-15）。

3）需要量计算。一般可按下式计算：

$$N = \frac{P_m}{25HQ_b} \qquad (7-17)$$

式中　N——交代输送的需要台数，台；

　　　P_m——施工进度要求的月浇筑强度，$m^3/$月；

　　　H——每天工作台班数，台班；

　　　Q_b 的意义同式（7-16）。

（四）混凝土泵

1. 混凝土泵技术性能

国产液压混凝土泵已被广泛应用，由原水利电力部夹江水工机械厂生产的 HB30-HB60 系列液压混凝土泵性能较好，其主要技术性能见表 7-24。

2. 生产率计算

混凝土泵生产率可按下式计算：

$$Q_j = 60FSnaK \qquad (7-18)$$

式中　Q_j——混凝土泵生产率，m^3/h；

　　　F——活塞断面积，m^2；

　　　S——活塞行程，m；

　　　n——活塞每分钟往返循环次数，次/min；

a——混凝土泵缸体数；

　　K——容积效率，一般为 $0.6\sim0.9$。

表 7 - 24　　　　　　　　　　HB30 - HB60 系列液压混凝土泵主要技术性能

名　　　称			单位	性　能　参　数			
				HB30	HB30A	HB30B	HB60
混凝土泵	排量		m³/h	30		15，30	23，37，60
	最大距离输送	水平	m	350		420	390
		垂直	m	60		70	65
	可泵送混凝土规格	坍落度	cm	5～23，最适宜 8～15			
		骨料直径	mm	卵石≤50，碎石≤40			
	输送管径		mm	150			
	输送管清洗方式			压缩空气吹洗			
	混凝土缸径×行程		mm	220×825			220×1000
	主油缸直径		mm	125			100
	料斗	容积	m³	0.3			
		轮胎型	mm	1300		1300	1290
		轨道型	mm	1160		1160	1185
		固定式	mm				1110
	分配闸型式			垂直轴蝶形闸			
	油箱容量		l	480			600
	冷却器型号			GC₃ - 2.6			
电动机	型式			全封闭三相风冷鼠笼式			
	主电机	型号		Y225M - 4			Y250M - 4
		功率	kW	45			55
	辅电机	型号					Y180L - 4
		功率	kW				22

3. 需要量计算

　　使用混凝土泵输送入仓的需要台数，可按下式计算：

$$N = \frac{P_h}{Q_j} + N_1 \qquad\qquad (7-19)$$

式中　N——混凝土泵需要量，台（取整数）；

　　　P_h——混凝土要求入仓强度，m³/h；

　　　Q_j——混凝土泵生产率，m³/h；

　　　N_1——备用量，一般当需要量 3～5 台时备用 1 台。

三、配套机械与设备

　　自卸汽车的生产能力主要由工作循环时间和所装载的混凝土量确定。

1. 汽车运输工作循环时间计算

$$T_1 = t_1 + t_2 + t_3 + t_4 + t_5 \qquad (7-20)$$

式中 T_1——汽车运输工作循环时间，min；

t_1——装车时间，min；

t_2——载重行驶时间，即从装车地点运到卸车地点的时间，min；

t_3——卸车时间，min；

t_4——返回装车地点的时间，min；

t_5——装车、卸车、转向、调车时的等候时间和其他原因而停车的时间，min。

（1）t_1。自卸汽车在混凝土工厂的装车方式为漏斗装车时：

$$t_1 = \frac{q}{q_n} \qquad (7-20a)$$

式中 q——自卸汽车一次载混凝土量（等于混凝土吊罐容量），m^3；

q_n——储料漏斗的卸料能力，m^3/min。

（2）t_2 和 t_4。当重载和空载行驶速度不同时：

$$t = t_2 + t_4 = \frac{60L(V_1 + V_2)}{V_1 V_2} \qquad (7-20b)$$

当重载和空载行驶速度相同时：

$$t_2 = t_4 \quad 即 \quad t = \frac{2 \times 60L}{V} = \frac{120L}{V} \qquad (7-20c)$$

以上式中 V——重、轻载平均行驶速度，km/h；

$\quad V_1$——重载平均行驶速度，km/h；

$\quad V_2$——空载平均行驶速度，km/h；

$\quad L$——装车地点到卸车地点的距离，km。

平均的行驶速度一般为 $15 \sim 18km/h$。当运距在 $1km$ 以内时，平均的行驶速度应降低 25%；在不良道路上行驶，计算平均的行车速度可用 $7 \sim 10km/h$。

（3）t_3。根据车型而不同。因车体举升速度受液压缸的工作参数控制，车体下降可在驶往装车地点的同时进行，可以计入或不计入操作时间，但车体清理则需要根据实际情况来确定，有时这一项工作耗用时间最多。

（4）t_4。此值根据施工组织的方式来确定，若未确定施工组织方式，可参照以下数值选取：采用后倒装车法，$t_4 = 2.5 \sim 4min$；采用转向调车装车法时，$t_4 = 3 \sim 4.5min$。

2. 台班运输能力计算

$$Q = T_2 q \frac{60}{T_1} K \qquad (7-21)$$

式中 Q——汽车运输能力，$m^3/台班$；

$\quad T_2$——每班小时数，$h/台班$；

$\quad q$——车载运混凝土量，m^3，考虑汽车的承载能力，应按载运方式及运输道路情况确定；

$\quad T_1$——汽车往返一次的循环时间，min；

$\quad K$——台班时间利用系数，一般取 $0.75 \sim 0.85$。

3. 需要量计算

用自卸汽车配合起重机吊运卧罐时，为了保证供料，当汽车车厢和卧罐容积相同时，每个浇筑仓位需要的自卸汽车数量可按下式计算：

$$N \geqslant n \frac{T_1}{60} \tag{7-22}$$

式中　N——汽车数量，台（取整数）；

　　　n——每小时吊运入仓次数；

　　　T_1——汽车往返一次的循环时间，min。

四、铁路机车

用机车运输混凝土的生产效率取决于每列列车载运混凝土罐的数量和列车运输循环的时间。

（一）循环时间计算

$$T_1 = t_1 + t_2 + t_3 + t_4 + t_5 \tag{7-23}$$

式中　T_1——机车往返循环时间，min；

　　　t_1——在混凝土工厂内装料所需的时间，min；

　　　t_2——列车在往返途中运用的时间，min；

　　　t_3——列车在混凝土卸料站场的卸料时间，min；

　　　t_4——调车时间，min；

　　　t_5——由于组织和技术上的原因可能发生的无法估计的停车时间，min，一般可取 $t_1 \sim t_4$

　　　　　之和的 5%～10%。

（1）混凝土工厂内的装料时间（t_1），与每列列车所载混凝土罐数及每罐容量有关，也和拌和厂出料斗的容积、拌和机容量和拌和时间有关。当料斗容量恰和料罐容量相同时，一般的装料时间 t_1 等于装满一料斗所需的拌和时间乘以混凝土罐数。

（2）列车运行所需时间（t_2），包括运混凝土到卸料地点的时间和返回装车地点的时间，即等于列车在装车线、运出线和卸车线上往返行驶时间的总和。

$$\left. \begin{aligned} t_2 &= 60\left(\frac{2l_1}{V_1} + \frac{2l_2}{V_2} + \frac{2l_3}{V_3}\right) \\ t_3 &= 120\left(\frac{l_1}{V_1} + \frac{l_2}{V_2} + \frac{l_3}{V_3}\right) \end{aligned} \right\} \tag{7-24}$$

式中　$l_i(i=1,2,3)$——装车线、运出线、卸车线的相应长度，km；

　　　$V_i(i=1,2,3)$——列车在装车线、运出线、卸车线的设计运行速度，km/h。

列车在各线上的设计行驶速度 V_i，应视线路设施的不同，按下列公式计算：

$$V_i = V_0 K_1 K_2 K_3 \tag{7-25}$$

式中　V_0——列车的最大行驶速度，km/h；

　　　K_1——考虑到线路纵断面和线路上部结构的系数，见表 7-25；

　　　K_2——考虑到短距离运输时行驶速度降低的系数，见表 7-26；

　　　K_3——考虑到列车行驶时机车所处地位的系数，见表 7-27。

如果同时存在不同级别的几种线路，那么系数 K_1 和 K_3 应用加权平均法确定。

表 7 - 25　　　　　　　　　　　　　系　数　K_1

线 路 特 征		K_1
在施工工程中不断延伸的线路（卸料线）以及没有铺设道路的固定路线		0.3～0.4
铺设有道路的线路	1. 高坡道连续不断时	0.2～0.25
	2. 高坡道和平缓道交替出现时	0.25～0.35
	3. 地势起伏平缓时（坡道的坡度只有极限坡度之）	0.35～0.45
	4. 地势平坡（平道乃至下坡）	0.45～0.55

表 7 - 26　　　　　　　　　　　　　系　数　K_2

机车型式	运 输 距 离 /km					
	0.5	1	2	3	4	5
准轨蒸汽机车	0.32	0.40	0.60	0.72	0.80	1.00
窄轨蒸汽机车	0.50	0.69	0.87	0.94	1.00	1.00
内燃机车	0.68	0.82	0.91	1.00	1.00	1.00

表 7 - 27　　　　　　　　　　　　　系　数　K_3

机车所处地位		K_3
1. 在往返运行时机车均位于列车之首		1.00
2. 在往返运行时机车均位于列车之尾	在铺道渣的固定道路上行驶	0.75
	在不断延伸的道路上行驶	0.62
3. 朝一个方向行驶时机车位于列车之首朝另一个方向行驶时机车位于列车之尾	在铺道渣的固定道路上行驶	0.85
	在施工过程中不断延伸的道路上或没有铺道渣的固定线路上行驶	0.77

（3）运载混凝土列车的卸料时间（t_3），与起重机械吊运 1 罐的循环时间和列车所载混凝土罐数有关，一般等于两者的乘积。

（4）列车每周转一次所需的调车时间（t_4），与所采用的线路布置方式有关，一般可取 2min。

（二）台班生产率计算

每列列车每班生产率按下式计算：

$$Q = \frac{T_2}{T_1} KnqK_1 \tag{7-26}$$

式中　Q——每列列车每班生产率，m^2/列班；

　　　T_2——每班工作时间，min；

　　　T_1——列车往返循环时间，min；

　　　K——台班时间利用系数；

　　　n——每列列车载混凝土罐个数；

　　　q——每个混凝土罐的额定容量，m^3；

　　　K_1——混凝土罐容积利用系数。

(三) 需要量计算

1. 每台起重机需配备列车数量计算

$$N = \frac{T_1}{nt}K \tag{7-27}$$

式中　N——每台起重机所需列车数量，列；

　　T_1——列车循环时间，min；

　　t——起重机吊运一罐混凝土的循环时间，min/个；

　　n——每一列拖运的混凝土罐个数，个；

　　K——列车备用系数，根据运输混凝土的条件（如同时浇筑仓位和混凝土的标号多少等）确定，一般可取 $1.1\sim1.2$。

根据式（7-27），列车所载运的平台车，立罐数量越多，则每台列车效率越高，但平台车的数量增加，列车装卸料时间就越长，混凝土料就有开始凝固的危险，站场铁路布置也有困难。根据国内工程的使用经验，在一般的工作条件下（吊运 1 罐混凝土需 $5\sim8$min），采用"3 重 1 轻"或"4 重 1 轻"的平台车组成的列车比较恰当，这样可以使重车运行和卸料完毕的耗用时间保持在 $20\sim30$min 左右。

2. 直接入仓列车需要量

若列车在栈桥上采用溜槽直接入仓的卸料方式，则卸料时间与仓面布置和卸料条件有关。不同入仓速度配置列车数量参见表 7-28。

每一列车载运平台车的数量和卸车时间的关系参见表 7-29。

表 7-28　　　　　列车在栈桥上通过溜槽直接卸料入仓时配置列车数量参考表

入仓速度 （罐/h）	配置列车表	说　　明
$\leqslant 2$	1	
$3\sim4$	2	若入仓速度大于 12 罐/h，则可增加每列车的吊罐数（$4\sim5$ 个重罐），列车配置 3 列
$5\sim10$	3	
$\geqslant 12$	4	

表 7-29　　　　　列车在栈桥上通过溜槽直接卸料入仓时配置平台车数量参考表

每罐混凝土卸料时间/min	列车配置平台车数	每罐混凝土卸料时间/min	列车配置平台车数
$4\sim5$	4 重 1 轻	10 左右	2 重 1 轻
$6\sim8$	3 重 1 轻	20 左右	1 重 1 轻

五、混凝土振捣机具

(一) 混凝土振捣器

1. 振捣器性能

大坝混凝土常用的国产电动振捣器、风动振捣器和机载振捣器的技术规格和生产率的计算，参见《工程机械使用手册》（上册）。

当前水利水电工程多采用三门峡水工机械厂、佛山振动器厂、葛洲坝振捣器厂生产的电动振捣器或 150 型风动振捣器。三门峡水工机械厂生产的仿苏 H-86 型振捣器的使用范围，可参见表 7-30，其生产能力可按 10m³/h 配置振捣器数量。

2. 需要量计算

水工混凝土使用的振捣器属易损性机具，使用期限一般为 500~1000h（用修配作保证）。施工时，需有足够的备用量。浇筑仓内使用的台数，用下式计算：

$$n = \frac{P_h}{Q_j K_h} \tag{7-28}$$

式中　n——1 个浇筑仓需要的振捣器台数，台；

　　P_h——计划浇筑强度，m³/h；

　　Q_j——振捣器的生产能力，根据使用的振捣器型号确定，m³/h；

　　K_h——时间利用系数，可取 0.7。

例如，某浇筑仓面积为 256m²，采用分层铺料法，每层铺料厚度为 0.4m，使用佛山产 Z_3D-100 型振捣器振捣，其技术生产率为 15m³/h。为防止混凝土初凝，要求 2h 浇筑一层，则

$$n = \frac{P_h}{Q_j K_h} \cdot \frac{1}{2} = \frac{256 \times 0.4}{15 \times 0.7 \times 2} = 4.87，取 5 台$$

3. 备用量计算

考虑到 Z_3D-100 型振捣器的使用寿命为 500h，到时即完全损坏，无法再用，故需按其使用寿命、供货时间间隔 D 及同时使用数量来考虑备用量。备用数量按下式计算：

$$N = \frac{Dh}{L} nA \tag{7-29}$$

式中　N——振捣器需要备用量，台；

　　D——供货时间间隔，月；

　　h——每月振捣器工作小时数；

　　n——一个浇筑仓位需要的振捣器数量，台；

　　L——振捣器的使用寿命，h；

　　A——同时浇筑的仓位数。

例如，供货时间间隔 6 个月，每月振捣器工作时间为 300h，同时开仓数为 5，则需要的总备用量为

$$N = \frac{6 \times 300}{500} \times 5 \times 5 = 90（台）$$

因此，半年中需购置振捣器为 $An + N = 5 \times 5 + 90 = 115$（台）。

（二）平仓振捣机

在 20 世纪 50—60 年代，国外就使用拖拉机悬挂振捣器组进行平仓振捣作业。我国刘家峡及乌江渡工程使用过日本小松 D30-8 平仓机。

中国水利水电第十六工程局引进的日本 DVO-02-3 型平仓振捣机，是由 UHOZ 型液压反铲改装而成，机上装有推土板，可推可刮，兼有平仓、振捣两种功能。该机在池潭工程的使用情况表明，它可用于坍落度大于 3cm、层厚不大于 60cm 的大体积混凝土平仓振捣作业。坍落度 4~6cm 时的实测生产率约 35m³/h；若坍落度减小，则生产率下降。

与推土机式平仓振捣机比较，这种平仓振捣机具有长达 6m 的外伸臂及增加了转台回转动作。其优点是作业半径大，在边角部位也可发挥作用。但是，为了使行走部分接地压力保持在允许的范围内，不得不限制振捣器的重量，因而难以选用大功率机载振捣器。现用振捣器的功率仅 1.1kW，因此，该机只宜在流态混凝土上作业，难以适用于干硬性混凝土。

中国水利水电第十六工程局自行设计改装的混凝土平仓振捣机，装置 CD - 12I 型行星式高频振捣器 3 台，可适用于低流态混凝土。各种类型平仓振捣机性能见表 7 - 30。

表 7 - 30　　　　　　　　　　　　　混凝土平仓振捣机性能

性能名称		PZ - 50 - I 型	PZ - 50 - II 型	PCY - 50 型	D30 - 8 型	DVO - 02 - 3 型
发动机功率/kW		36.75	36.75	36.75	38.22	35.28
行走速度 （前进/后退）/(km/h)		0.88～8.65 /1.16～4.64	0.95～0.932 /1.0～4.6	0.95～0.932 /1.0～4.6	2.9～10.0 /3.8～7.0	2.5
轨距/mm		1380	1300	1300	1440	2000
轴距/mm		1691	1691	1691		
履带宽度/mm		550	460	460	600	600
最小离地间距/mm		280	325	325		
最小转弯半径/m			1.5	1.7～2	3.15	
最小爬坡角度				25°～30°	30°	
平均接地压力/MPa		0.027	0.033	0.034	0.034	0.027
推铲尺寸（宽×高）/mm		2300×550	2200×550	2200×550		1500×380
振捣器	型号	CD - 121 -改 I	Z2D - 80	CY - 152	EB - 6EI	EB - 6E4
	台数	3	10	3	6	3
	功率/kW	5.5	0.8		1.1	1.1
总重/kg		5048	5101	5400	8250	6750
外形尺寸 （长×宽×高）/mm		3900×2400 ×1700	4780×2200 ×2413	4120×2200 ×2413	4670×3400 ×2600	9210×2200 ×2455
使用工程		池潭大坝	厦门飞机场公路	大化、龙羊峡大坝	乌江渡大坝	池潭大坝

项目驱动案例六：混凝土运输浇筑方案选择

一、工程基本资料

L 大坝水利枢纽位于广西壮族自治区西北 T 县境内，坝址坐落于红水河上游，枢纽以发电为主，兼有防洪、航运等综合效益。枢纽由碾压混凝土重力坝、左岸地下厂房、右岸通航建筑物 3 大部分组成。混凝土重力坝按正常蓄水位 400m 高程设计，初期按 375m 高程蓄水位建设。初期建设坝顶高程 382m，最低建基面高程 190m，坝高 192m，最大坝宽 168.58m，坝顶轴线长度 746.49m，混凝土总量 620 多万 m³。共分 31 个坝段，其中右岸 5 个挡水坝段、6 个河床坝段、1 个通航坝段；中间 6 个溢流坝段、2 个底孔坝段、1 个转弯坝段；左岸 9 个进水口坝段和 1 个电梯井坝段。

初期建设大坝基础部分按 400m 一次建设方案设计和施工，240m 高程以上部分按 375m 方案施工，左岸引水发电系统按 400m 设计一次建设，发电机组安装 7 台，预留 2 台，总装机容量 4200MW。

400m 方案设计坝顶高程 406.5m，坝高 216.5m，坝顶轴线长度 849m 混凝土总量 730 多万 m³，共安装 9 台机组，总装机容量 5400MW，是当今世界上坝高最高、碾压混凝土方量最大的全断面碾压混凝土重力坝。

二、大坝混凝土运输方案

（1）设备配置。本工程投标阶段发包人计划提供一部分混凝土运输和拌和设备，其中包括 20t 缆式起重机一台，塔式布料机两台（TC2400），罗泰克高速供料皮带线 1400m，混凝土拌和楼 4 座（已建成），拌和能力 $3 \times 300 m^3/h + 1 \times 180 m^3/h$，均配备制冷措施，其中 3 台（$3 \times 300$）为强制式拌和机。

（2）布置原则。混凝土运输方案必须和枢纽布置相适应，结合坝址地形条件和标段划分统筹安排。主坝混凝土浇筑分两个标段，即右岸大坝标段、左岸厂房进水口标段，右岸大坝标段共 21 个坝段，包括右岸挡水坝段、河床坝段、溢流坝段，混凝土总量约 540 万 m³；左岸厂房进水口标段分 10 个坝段，混凝土方量不大，结构物多，多为 RCC 混凝土。大部分混凝土集中在右岸，主要是 VCC 混凝土。运输方案设计以右岸大坝标段为主，该标段计划 2003 年 2 月 25 日开标，2003 年 4 月进场，375m 方案计划 2009 年 6 月竣工（400m 方案计划 2009 年 9 月竣工），设计混凝土浇筑高峰强度分别为 25 万 m³/月和 30 万 m³/月。大坝混凝土运输方案要满足保证 400m 方案一次建成的施工要求。

（3）运输质量要求。混凝土运输方案必须具备优质、高效、快速的施工特点，有效控制浆液损失和骨料分离，尽可能缩短运输时间，防止水分蒸发和温度回升，降低混凝土入仓温度。运输距离远，混凝土温控要求严格，减少运输时间和中间倒运环节，是减少温度倒灌的最佳办法。运输系统满足碾压混凝土高强度入仓的同时，还要适应大仓面连续作业和仓面频繁转换的要求，缆机和塔式布料机还应协助完成坝上施工材料的转运及金属结构安装等。

（4）施工工期要求。由于 L 大坝为峡谷高坝，两侧岸坡非常陡峻，开挖后，左右岸坡高 250 多米，用常规方法难以满足中高部位的混凝土高强度、连续运输要求。低部位可以考虑填筑上坝道路，使用常规的自卸汽车入仓方式，高部位开挖、回填上坝道路将十分困难，起始点高差 150 多米，填筑方量巨大，工作面狭窄，填筑道路占用时间太长，直接影响浇筑工期，无法满足混凝土快速、连续浇筑的需求。大规模修路对河道行洪和环境破坏相当严重，而且费用太高。高山峡谷地区采用普通的自卸汽车运输方式从经济效益、施工工期和施工难度等方面均不易实现。

三、各种运输设备技术参数确定

（1）罗泰克皮带和负压溜槽技术参数。罗泰克皮带是美国罗泰克公司生产的一种高速皮带机，带宽 760mm，带速 3.5～4.0m/s，配有硬质合金刮刀，具有带速高、灰浆损失小、骨料分离少的特点，皮带倾角 $-20°\sim-15°$，皮带理论供料能力 360m³/h。为减少骨料分离和提高运输能力，皮带倾角宜控制为 $-15°\sim-12°$。负压溜槽带宽 650mm，向下倾角 45°～47°，实际生产率可达 240m³/h。

（2）塔式布料机主要技术参数。塔式布料机是固定式塔机和罗泰克布料皮带的组合体，塔机柱身直径 3.5m，柱节高度 9.3m，塔机最大自由高度 90m，提升高度不小于 90m。布料皮带尾部固定在塔身上，头部用吊钩控制，塔机和布料皮带均可通过液压自升机构自升，结合塔机自身的回转和供料皮带的仰俯，可向仓面任何位置布料。塔机吊运覆盖半径 80m，布料皮带覆盖半径 100m。

仓面内可配自卸汽车或履带式布料机协助塔式布料机布料，增加覆盖范围和加快卸料速度。

塔式布料机受限于供料皮带、仓面工作条件以及其他施工干扰等，其实际运输能力难以达到设计指标，生产能力可按下式计算：

$$Q_m = Q_j m n K_1 K_2 K_3 K_4$$

式中　Q_m——实际生产能力，m^3/h；

　　　Q_j——理论生产能力，因受拌和楼和供料皮带等制约，本工程取 $Q_j = 300 m^3/h$；

　　　m——本工程取 25d/月；

　　　n——本工程取 20h/d；

　　　K_1——工作条件系数，本工程取 $K_1 = 1$；

　　　K_2——时间利用系数，$K_2 = 0.5 \sim 0.95$，本工程取 $K_2 = 0.85$；

　　　K_3——生产利用系数，$K_3 = 0.4 \sim 1$，本工程取 $K_3 = 0.90$；

　　　K_4——多台设备同时利用系数，$K_4 = 0.3 \sim 0.95$，本工程取 $K_4 = 0.95$。

可得

$$Q_m = 300 \times 25 \times 20 \times 1 \times 0.85 \times 0.90 \times 0.95 = 109012.5 (m^3/月) = 10.9 万 m^3/月$$

式中各种参数应根据仓面施工条件和施工组织情况适当选取。

（3）缆机主要技术参数。缆机为平行移动式，额定起重量 20t/25t（浇筑/安装），缆机计划安装两台，联合运行，闸门安装最大单件重约 40t，安拆时拟使用两台缆机抬吊。

缆机实际运输能力受仓面距离及卸料高度、时间利用系数等影响较大，生产能力可按下式计算：

$$Q_j = nq$$
$$n = 60/T$$
$$T = \sum t_i$$

式中　Q_j——技术生产率，m^3/h；

　　　n——每小时吊运罐数；

　　　T——每次周转时间；

　　　q——吊罐容积，20t 缆机配 $6m^3$ 吊罐。

T 包括小车运行、吊钩起升、挂钩、卸料等时间，小车运行、吊钩起升可按施工现场实际运行距离、卸料高度及运行速度等计算求得，其他时间可取 $20 \sim 30s$，本工程取 $L = 500m$，$H = 200m$（行程 L、起升高度 H 应按最不利位置计算），计算 $T = 2.45min$。

$$Q_j = 6 \times 60/2.45 = 147 (m^3/h)$$
$$Q_m = Q_j m n K_1 K_2 K_3$$

式中　K_1——容积系数，本工程取 $K_1 = 0.8$；

　　　K_2——时间利用系数，$K_2 = 0.3 \sim 0.9$，本工程取 $K_2 = 0.6$（缆机有吊装工况，可相对取低值）；

K_3——综合利用系数，$K_3 = 0.5 \sim 0.9$，本工程取 $K_3 = 0.8$。

可得

$$Q_m = 147 \times 25 \times 20 \times 0.8 \times 0.6 \times 0.8 = 28224 (\text{m}^3/\text{月}) = 2.8 \ \text{万 m}^3/\text{月}$$

（4）实际生产能力较核。两台塔式布料机和两台缆机联合使用，月浇筑强度（10.9＋2.8)×2＝27.4(万 m^3/月），满足 375m 方案 25 万 m^3/月的高峰强度，比 400m 方案的设计高峰强度 30 万 m^3/月略有不足。

综合考虑 400m 方案的施工要求，结合仓面不同施工部位及混凝土浇筑的不均匀性，运输设备应有相应的储备量，确保高峰期的施工要求。另外配置 2 条负压溜槽，一条使用，一条备用，运输能力为 12 万 m^3/月，可满足施工要求。

四、运输系统总体布置

（1）布置方式。2 台塔式布料机分别布置在溢流坝段，主要解决溢流坝段混凝土运输，发挥其高效快速的运输特点，通过塔机和布料皮带的自升能覆盖整个坝高。每台塔机均配置 1 台半径 25m 的履带式布料机，协助布料，2 台塔式布料机运输混凝土约占总量的 67%。塔机通过工况的转换，可协助进行吊运工作。

2 台缆机平行坝轴线布置，为双向移动式，上下游方向移动范围为桩号 0－10～0＋138m，跨度 915m，覆盖整个坝面，缆机主要负责通航坝段和右岸挡水坝段混凝土运输，兼顾金属结构安装和施工材料转运等。

负压溜槽布置在右岸河床坝段，设置 2 条，其中一条备用，协助塔式布料机浇筑右岸河床坝段和溢流坝段。

（2）主供料皮带。从拌和楼集料皮带到集料斗，通过分料斗和转料皮带的转移，使 4 台拌和楼即可集中供料，又可单独供料，避免因拌和楼检修或供料皮带检修而出现的相互影响及制约，每台拌和楼均可向任一条皮带供料，供料灵活，便于前后协调。

（3）分供料皮带分供料皮带共布置 4 条，1 号、2 号皮带分别从分料斗至 1 号、2 号塔式布料机。供料皮带借助液压自升机构和塔式布料机同步自升，保持供料皮带高度和塔机布料皮带一致。

缆机供料平台设在右岸 450m 高程，3 号皮带从分料斗至 450m 供料平台，在 450m 供料平台布置一条可逆式皮带机，可向两台缆机供料。

4 号皮带从分料斗至右岸河床坝段，为负压溜槽供料。

从总体布置方案看，运输系统覆盖了整个坝面，满足运输混凝土的同时，能兼顾金属结构安装和材料运输等，各浇筑设备即可同时施工作业，也能单独运行，互不影响和制约，能充分发挥拌和楼集中供料的优势，各仓面施工可以灵活机动安排，互不干扰，能够保证高强度浇筑混凝土的施工要求，完全体现出大规模机械化施工高效、快速的优点。

项目八　大体积混凝土施工温度控制

工　作　任　务　书				
课程名称	重力坝设计与施工		项目	大体积混凝土施工温度控制
工作任务	制定大体积混凝土施工温控标准及温控措施		建议学时	1
班级		学员姓名	工作日期	
工作内容与目标	(1) 掌握重力坝不同部位混凝土施工温度控制标准； (2) 掌握水管冷却布置原则、冷却方法； (3) 掌握混凝土施工的温度控制和防裂综合措施			
工作步骤	(1) 针对重力坝不同部位的混凝土确定其施工温控标准； (2) 学习混凝土冷却水管的布置及冷却方法； (3) 学习混凝土的施工温控和防裂综合措施			
提交成果	完成重力坝施工组织设计中的大体积混凝土施工温度控制措施部分			
考核要点	(1) 混凝土施工温控标准； (2) 混凝土施工水管冷却实施方案； (3) 混凝土施工温控和防裂措施			
考核方式	(1) 知识考核采用笔试、提问； (2) 技能考核依据设计报告和设计图纸进行答辩评审			
工作评价	小组 互评	同学签名：_____		年　　月　　日
	组内 互评	同学签名：_____		年　　月　　日
	教师 评价	教师签名：_____		年　　月　　日

任务一　混凝土施工温度控制标准

任务目标：确定具体工程的混凝土施工温度控制标准。

任务执行过程引导：基础温差要求，内外温差或坝体最高温度要求，上下层温差要求，相邻块高差的确定，表面保温标准选择，水管冷却温控标准确定。

提交成果：根据具体工程实际情况分析确定该工程混凝土施工温控标准。

考核要点提示：重力坝不同部位混凝土施工温度控制标准，表面保护温控标准，水管冷却温控标准。

一、基础温差

基础温差是指混凝土浇筑块在其基础约束范围内混凝土最高温度与设计最终温度之差。设计最终温度可能是结构物的稳定温度或是年平均温度，或经过论证的其他温度，混凝土浇筑块发生的最高温度为混凝土的浇筑温度加上其水化热温升。

混凝土重力坝设计规范中规定的基础允许温差，是指在基础约束范围内的混凝土允许最高温度与稳定温度之差。当基础混凝土 28d 龄期的极限拉伸值不低于 0.85×10^{-4} 时，对于施工质量均匀、良好，基础与混凝土的弹性模量相近。短间歇均匀上升的浇筑块，基础允许温差 ΔT 一般采用表 8-1 的数值。

表 8-1　　　　　　　　　　　　基 础 允 许 温 差 ΔT　　　　　　　　　　　单位：℃

离基础面高度	浇 筑 块 长 边 L				通仓长块
	16m 以下	17～20m	21～30m	31～40m	
$0 \sim 0.2L$	26～25	24～22	22～19	19～16	16～14
$0.2 \sim 0.4L$	28～27	26～25	25～22	22～19	19～17

注　1. 表中 ΔT，对以下三种情况进行验证：
　　（1）坝块结构尺寸高度比小于 0.5。
　　（2）在基础约束范围内长期间歇的浇筑块。
　　（3）基础弹性模量与混凝土弹性模量相差较大。
　　2. 基础上的填塘混凝土、混凝土塞及陡坡混凝土，ΔT 值应较表中的值适当加严控制。

二、内外温差或坝体最高温度

坝体或浇筑块混凝土的平均温度与表面温度（包括拆模或气温骤降引起的表面温度下降）之差称为混凝土内外温差。为防止混凝土表面裂缝，在施工中应控制其内外温差。

我国以往控制内外温差，一般为 20～25℃（其下限用于基础和老混凝土约束范围的部分）。在施工中，由于内外温差不便于控制，所以近年来多用控制坝体最高温度来代替。

混凝土坝最高温度的确定可分为两种情况：一种为基础约束区混凝土；另一种为脱离基础约束的上部混凝土。

（1）对于基础约束区混凝土，应分别由满足基础温差和内外温差要求来确定混凝土允许最高温度 T_{max}，然后择其小者定为设计值。

为满足基础温差要求，最高温度 T_{max1} 为

$$T_{max1} = T_1 + \Delta T = T_p + T_y \tag{8-1}$$

式中　T_1——混凝土稳定温度；

　　　　T_p——混凝土浇筑温度；

　　　　ΔT——基础允许温差；

　　　　T_y——水化热温升。

按内外温差控制确定最高温度 T_{max2} 为

$$T_{max2} = T_{min,d} + \Delta T_1 \tag{8-2}$$

式中　$T_{min,d}$——设计时段最低日平均气温的统计值；

　　　　ΔT_1——内外允许温差。

设计允许最高温度 T_{max} 应选取 T_{max1} 和 T_{max2} 之较小值。

混凝土设计允许最高温度 T_{max} 是根据初期内外温差和工程实践经验确定的。

（2）对于脱离基础约束的混凝土，设计允许最高温度 T_{max} 可作如下计算。

无老混凝土约束要求：

$$T_{max(1)} = T_{min,d} + \Delta T_2 \tag{8-3}$$

有老混凝土约束要求：

$$T_{max(2)} = T_1 + \Delta T_2 \tag{8-4}$$

式中　T_1——在浇筑新混凝土时，下层老混凝土一定范围内（一般为 $L/4$）的平均温度；

ΔT_2——上下层允许温差。

于是，上部混凝土的设计允许最高温度 T_{max} 要选取 $T_{max(1)}$ 和 $T_{max(2)}$ 两者中之较小值。

表 8-2 为葛洲坝二期工程规定的混凝土各月允许最高温度。

表 8-2　　　　　　　　　葛洲坝二期工程混凝土最高温度控制　　　　　　　　单位：℃

月　　份	6，7，8	5，9	4，10	3，11	12，1，2
月平均气温	25.6～28.3	21.4～23.3	16.8～17.9	11.1～12.4	4.6～6.6
$R_{28}200$ 混凝土最高温度	35～37	32～34	30～32	27～30	24～27

三、上下层温差

在老混凝土上浇筑新混凝土时，应进行上下层温差控制。

《混凝土重力坝设计规范》（SL 319—2005）规定，上下层温差系指在老混凝土面（龄期超过 28d）上下各 1/4 范围内，上层新浇混凝土最高平均温度与开始浇筑时下层老混凝土实际平均温度之差，当上层混凝土短间歇均匀上升的浇筑高度 $h > 0.5L$ 时，其容许值为 15～20℃，浇筑块侧面长期暴露时，宜采用较小值。

四、相邻块高差

控制相邻浇筑块高差的主要目的是：为避免纵缝键槽被挤压，影响灌浆质量；避免过大的剪切变形对横缝内止水设备的不利影响；避免先浇块混凝土长期暴露，受大气温度陡降而引起表面裂缝等。表 8-3 为有关规范及部分工程设计采用的允许相邻块高差值。

表 8-3　　　　　　　　　规范及部分工程设计采用的允许相邻块高差值

规范或工程名称	允许相邻块高差/m	规范或工程名称	允许相邻块高差/m
SL 319—2005	10～12	丹江口	6～9，特殊情况<12～15
《水工混凝土施工规范》（DL/T 5144—2015）	10～12	龙羊峡	10
三门峡	6～9，特殊情况<12～15	东江	基础块 6～7.5，上部 8～10，全坝<12

五、表面保温标准

大体积混凝土建筑物采用表面保温，减少内外温差防止裂缝，是一种很有效的措施。

SL 319—2005 中规定，当日平均气温在 2～3d 内连续下降达到或超过 6～9℃时，未满 28d 龄期的混凝土的暴露表面可能产生裂缝。因此，在基础混凝土、上游坝面及其他重要部位，应有表面保护措施。此外，在长期暴露部位，由于气温年变化，可能形成大的内外温差，在后期也可能产生裂缝。根据当地气候条件，研究确定进行表面保护的时间和材料。

六、水管冷却温差标准

为了防止初期水管冷却时水温与混凝土块体温度的温差过大、冷却速度过快和冷却幅度太大而产生裂缝，要对冷却水温、初期冷却速度、允许冷却时间或降温总量进行适当控制。表 8-4 为规范和实际工程中规定的水管冷却温差标准。允许冷却速度一般控制在 1.0～1.5℃/d。

表 8-4　　　　　　　　　　　　　一期水管冷却温差标准　　　　　　　　　　　　　　单位：℃

规范或工程名称	SL 319—2005	三门峡	丹江口	乌江渡
水管冷却温差	20	25	20～25	25

任务二　混凝土施工水管冷却

任务目标：混凝土施工冷却水管布置和冷却措施的确定。

任务执行过程引导：水管冷却目的，冷却水管布置原则及布置参数，水管冷却要求。

提交成果：混凝土施工水管冷却措施。

考核要点提示：水管冷却目的，冷却水管的布置，水管冷却要求。

一、水管冷却的主要目的

（1）削减混凝土坝浇筑块初期水化热温升，以利于控制坝体最高温度，减小基础温差和内外温差。

（2）将设有接缝、宽槽的坝体，冷却到灌浆温度或封闭温度。

（3）改善坝体施工期温度分布状况。

二、冷却水管布置的一般原则

1. 冷却水管的平面布置

冷却水管大多采用直径 2.5cm 的钢管、铝管、PVC 管，在浇筑混凝土时埋入坝内。为了施工方便，水管通常是架立在每一个浇筑分层面上，也可根据需要埋设在浇筑层内。水管垂直间距一般为 1.5～3.0m，水平间距一般也为 1.5～3.0m。

冷却水管通常在仓面上的布置，如图 8-1 所示。

2. 冷却水管的间距

冷却水管的间距主要取决于下述因素：

（1）施工进度安排，即接缝灌浆或宽槽回填的时间。时间充裕时，间距可大些，否则，间距要小。

（2）预计需要由一期冷却所削减的水化热温升幅度。水管的间距可按表 8-5 初步估算。

表 8-5　　　　　　　　　　　　　　　　一期水管冷却的效果

水管间距/m	削减的水化热温升值/℃	水管间距/m	削减的水化热温升值/℃
1.0×1.5	5～7	2.0×1.5	24
1.5×1.5	3～5	3.0×3.0	13

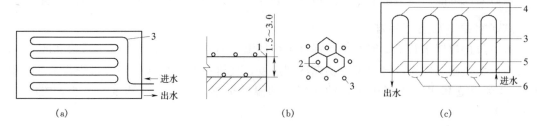

图 8-1　冷却水管布置图（单位：m）

（a）蛇形水管平面布置；（b）冷却水管分层排列；（c）塑料拔管平面布置

1—模板；2—每一根冷却水管冷却的范围；3—冷却水管；4—钢/PVC 弯管；

5—钢/PVC 管（$l=20\sim30$cm）；6—胶皮管

3.冷却水管的管圈长度

一般控制在 200m 左右冷却效果较好。仓面较大时，可用几圈长度相近似的管圈，以使流量在各管圈内均匀分配，混凝土冷却速度较均匀。

4.冷却水管的进出口位置

一般集中布置在坝外、廊道内或竖井中。蛇形水管平面布置方式［图 8-1（a）］在分缝较少、坝身不高的坝上较为方便，冷却水管分层排列、塑料拔管平面布置方式［图 8-1（b）和（c）］适用于分缝较多的高坝。

冷却水管进出口都应在管口处标记图纸编号，且管口应装保护措施，以防堵塞。

三、水管冷却一般要求

（1）一期冷却用水，多使用河水或三期冷却的回水，有特殊要求时，也可使用冷冻水。冷却降温速度及混凝土与冷却水的允许温差应按有关标准控制，冷却持续时间一般为 15d。对于脱离基础约束又无上下层约束的混凝土，上述限制可以放宽。

（2）冷却水的温度应按混凝土的温度适时变更以加快冷却速度。冷却水管内的冷却水流向需 24h 变换一次，使混凝土能均匀冷却。

（3）为了加速二期冷却，温和地区一般使用冷冻水（严寒地区也可用河水）。冷却水温与混凝土温度之差仍应控制为 20～25℃。

二期通水冷却的持续时间，以使混凝土内部温度达到设计稳定温度或灌浆温度时为止。

（4）为充分掌握混凝土冷却温度情况，浇筑块内应埋设适量的电阻温度计。也可有计划地利用冷却水管进行闷水测温。闷水时间一般为 7d 左右。

（5）冷却水应为含泥沙量很少的清水，其流量、流速应保证在管内形成紊流。直径2.5cm 的蛇形管，每分钟流量以 16L 左右为宜。应在每层管圈（或选择有代表性的管圈）的出水管口装设流量计（或装压力表换算流量），定期测量流量。

（6）二期冷却的程序应根据接缝灌浆的计划安排进行。

任务三　混凝土施工温度控制和防裂综合措施

任务目标：确定混凝土施工温控和防裂的综合措施。

任务执行过程引导：降低混凝土水化热温升的措施及要求，降低混凝土浇筑温度的措施及要求，混凝土人工冷却措施，混凝土表面保护的方法及要求，合理分缝分块对温控的影响。

提交成果：混凝土温控措施。

考核要点提示：混凝土温控目的，混凝土温控措施，混凝土温控要求。

混凝土温控的基本目的是为了防止混凝土发生温度裂缝，以保证建筑物的整体性和耐久性。温控和防裂的主要措施有降低混凝土水化热温升、降低混凝土浇筑温度、混凝土人工冷却散热和表面保护等。

一、降低混凝土水化热温升

采用发热量较低的水泥和减少单位水泥用量，是降低混凝土水化热温升的最有效措施。根据计算表明，不同品种水泥单位发热量相差 10cal/g，若单位水泥用量均以 200kg/m³ 计，则混凝土绝热温升相差约 3~4℃；而每平方米混凝土中少用 10kg 水泥，则可降低混凝土绝热温升 1.2℃ 左右。因此，在设计时应优先选用发热量较低的大坝水泥。

减少单位水泥用量的主要措施有以下几个方面：

（1）做好级配设计。尽量加大骨料粒径，改善骨料级配。

（2）采用低流态混凝土。各种级配不同坍落度混凝土的水泥用量应通过试验确定。一般试验表明，1m³ 混凝土每增加一个级配（由 1 级配到 4 级配）可少用 20~40kg 水泥，每降低 1cm 坍落度可少用 4~6kg 水泥。

（3）掺用混合材料。在水泥中掺入混合材料以代替水泥可以降低混凝土的水化热温升，其降低的数值与混合材料的品种、活性和掺量有关。

（4）掺用外加剂。混凝土掺塑化剂对其早期水化热将会有影响，但一般不影响后期水化热。引气剂因为掺量很小，对水化热无显著影响。

此外，水灰比的大小也对水化热的发散速度有影响，水灰比增大，水化热发散速度将随之加快。用水泥浆进行试验的结果表明，当水灰比由 0.4 增加 0.8，28d 龄期的水化热增加 15%~20%。

二、降低混凝土浇筑温度

（一）降低出机口温度的措施

1. 降低骨料温度

（1）提高骨料堆料高度。当堆料高度大于 6m 时，骨料温度接近月平均气温。

（2）在骨料堆顶部用喷雾机喷冷水雾。风压 0.49MPa，水压 0.39MPa。水温 2~5℃，可使骨料温度降低 2~3℃。

（3）防止骨料运输过程中温度升高。所有运输设施均宜有防阳隔热设施（如顶部加盖、侧壁刷白或保温等）。

（4）预冷骨料。在混凝土坝的温控设计中，若要大幅度降低混凝土的浇筑温度，一般采用预冷骨料的方法。表 8-6 列出了大坝混凝土的原材料预冷效果。预冷骨料的方法很多，目前经常使用的有水冷法、气冷法、真空气化法和液态氮法等。表 8-7 列出了各种预冷法的优缺点和使用范围。

20 世纪 40 年代以后，预冷骨料的技术有了很大的发展。目前通过预冷骨料、冷却拌和水和加冰等综合措施，即使在高温的季节，也有可能将混凝土的出机口温度降到 10℃ 以下。

2. 加冰和用低温水拌和混凝土

（1）低温水拌和。水温降低 1℃ 可使混凝土出机口温度降低 0.2℃ 左右。

表 8-6　　　　　　　　　　　预冷混凝土各种原材料的冷却效果

原材料	每立方米混凝土的含量/kg	比热 C /［kcal/（kg·℃）］	每种原材料预冷 1℃ 消失的热量 /kcal	相应混凝土可预冷的度数 /℃
石子	1600	0.2	320	0.55
砂	550	0.2	110	0.19
水	120	1.0	120	0.21
水泥	180	0.2	36	0.05
拌和混凝土	2450	0.24	586	1.00

表 8-7　　　　　　　　　　　各种预冷法的优缺点和使用范围

	预冷方法	方法概要	优　点	缺　点	使用范围
水冷法	冷水循环法	骨料在专门的冷却罐中，自底部通入冷冻水，并由上部溢出后回至制冷厂。经过一定的冷却时间，将骨料冷却至预定温度	冷却时间短，工艺简单，冷却幅度大，效果好	占用场地大，需要大型冷却罐，骨料含水量不易控制，不能冷却砂；冷水回收处理工艺复杂	施工场地开阔，要求冷却幅度大时采用
	浸泡法	其装置与冷水循环法相同，但冷水不循环，浸泡一定时间后，将水放掉，再通入冷水，直到骨料达到预定温度	工艺简单，冷却幅度大，效果好	冷却时间长，需要大型冷却罐，占场地大，含水量不易控制；不能冷却砂；冷水回收处理工艺复杂	施工场地开阔，要求冷却幅度大时采用
	淋水法	骨料用胶带输送机运输，在专门的廊道或冷房中，沿带上方装喷水管淋洒冷水	工艺简单，结合骨料的运输冷却，不需另加设备	需要较长的路径，否则冷却幅度不大，含水量不易控制，不能冷却砂	要求冷却幅度不大，并结合骨料运输时采用
	排管间接预冷法	利用预热骨料的排管在管内通低温水，预冷骨料	可充分利用预热料仓或缓冲料仓冷却各种骨料，骨料含水量易控制	冷却时间长，降温幅度小	要求降温幅度不大时可用
风冷法	料仓风冷法	在拌和楼料仓中通冷风	骨料含水量易控制，不另占用场地	冷却效果不均匀，工艺复杂，不能冷却砂	施工场地狭小，要求降温幅度不大时采用
	冷风道气冷法	用冷风吹冷骨料或混凝土	工艺简单，结合骨料或混凝土运输	冷却幅度小	辅助冷却时采用
	真空气化法	在特制料罐中形成真空，促使骨料中水分蒸发吸热而冷却骨料；冷却罐需密封，一般用高压蒸汽抽真空	冷却效果好，冷却时间短，能大幅度降温，砂、石均可冷却	占用一定场地，需要安装冷却罐，工艺复杂	要求冷却幅度大

（2）加冰拌和。加冰降低混凝土出机口温度的效果见表 8-8。

表 8 - 8　　　　　　　　　　　　　加 冰 拌 和 的 效 果

加冰率/%	25	50	75	100
降温值/℃	2.8	5.7	8.5	11.4

加冰后，混凝土拌和时间要适当延长（一般应通过试验确定）。乌江渡工程所采用的冰的粒径 2～3cm，加冰率 30%。延长拌和时间 1.0min；桓仁工程采用冰的粒径 2～3cm，加冰率 50%，当平均气温在 18℃ 以下时，延长拌和时间 2min；当平均气温在 19℃ 以上时，延长 1min。

（二）降低混凝土入仓温度和浇筑温度

从混凝土温控观点看，适当降低浇筑温度以降低混凝土最高温升，从而减小基础温差和内外温差并延长初凝时间，对改善混凝土浇筑性能和现场质量控制都是有利的。

混凝土浇筑过程中的热量倒灌较多。所以在实际施工中应采取有效措施，加快混凝土运输、吊运和平仓振捣速度，以减少或防止热量倒灌，否则会大大降低预冷骨料和加冰拌和的降温效果。

减少热量倒灌的措施主要有防阳隔热、加快施工速度和避开高温时段施工。

1. 防阳隔热设施

（1）立罐、汽车等运输混凝土的容器侧壁要隔热、顶部设防阳棚，可使混凝土在运输途中温度回升不超过 1℃，如葛洲坝工程的实测回升值仅为 0.2℃。

（2）胶带输送机运送混凝土时，胶带输送机应在密封、保温较好的廊道内，必要时应设冷却管通低温水或通冷风降低廊道内的气温，从而可使混凝土在运输途中温度不回升。

（3）混凝土仓面设防阳棚和喷雾，可降低仓面气温 6～10℃（葛洲坝工程实测）。

2. 加强管理，加快施工速度

（1）各施工环节要相互配套，混凝土浇筑覆盖时间最好不超过 2.5h。

（2）浇筑方案选择和施工布置设计时要尽量减少运输距离，避免多次倒运。

（3）避开高温时段浇筑。白天高温时段只做浇筑前的准备工作，尽量安排在下午 18h 至次日上午 10h 进行浇筑。

夜晚浇筑混凝土以及在浇筑仓面和砂石料堆搭棚、喷雾的降温效果见表 8 - 9 和表 8 - 10。

表 8 - 9　夜晚浇筑混凝土降温实测值

工程名称	混凝土浇筑过程中温度回升值/℃		差　值/℃
	白天	夜晚	
陆水	8.1	2.5	5.6
丹江口			5～7
桓仁	8.5	1	7.5

三、混凝土人工冷却

为控制混凝土浇筑块的最高温度以满足基础温差、内外温差和上下层温差要求，除了采用薄层浇筑天然散热的办法外，通常还要进行冷却水管冷却。在混凝土内埋设冷却水管通水冷却的效果显著，一般可削减水化热温升 3～7℃。一期水管冷却效果见表 8 - 5。

四、混凝土表面保护

（一）混凝土表面保护的目的和作用

（1）在低温季节，混凝土表面保护可减小混凝土表层温度梯度及内外温差，保持混凝土

表 8 - 10　　　　　　　　　隔热棚和喷雾降温实测值

工程名称	隔热棚和喷雾降温效果/℃		外界气温 /℃
	隔热棚	喷雾	
大黑汀	降低气温 3		33
陆水	降低骨料温度 4		20～30
新丰江	降低气温 6		
丹江口	使混凝土少回升 2～5	降低气温 4	
柘溪	降低气温 6		
乌江渡		降低气温 4	
葛洲坝		降低气温 6～10	

表面湿度，防止产生裂缝。为满足这一要求，寒冷地区保护层的放热系数 β 不应大于 2kcal/$(m^2 \cdot h \cdot ℃)$。

（2）在高温季节，对混凝土表面进行保护，可防止外界高温热量向混凝土倒灌。葛洲坝工程用 4cm 厚棉被套及一层塑料布覆盖新浇混凝土顶面，较不设覆盖的混凝土表层气温低 7～8℃。

（3）减小混凝土表层温度年变化幅度，可防止因年变幅过大产生混凝土开裂。

（4）防止混凝土产生超冷，避免产生贯穿裂缝。

（5）延缓混凝土的降温速度，以减小新老混凝土上、下层的约束温差。

（二）表面保护的分类

按表面保护持续时间分类见表 8 - 11，按表面保护材料性状分类见表 8 - 12。

表 8 - 11　　　　　　　　　　按 持 续 时 间 分 类

分　类	保 护 目 的	保 护 持 续 时 间	保 温 部 位
短期保护	防止混凝土早期由于寒潮或拆模等引起温度骤降而发生表面裂缝	根据当地气温情况，经论证确定。一般 3～15d	浇筑块侧面、顶面
长期保护	减小气温年变化的影响	数月至数年	坝体上、下游面或长期外露面
冬季保护	防裂及防冻	根据不同需要，延长整个冬季	浇筑块侧面、顶面

表 8 - 12　　　　　　　　　　按 材 料 性 状 分 类

分　类	保 护 材 料	保护部位
层状保护	稻草帘、稻草袋、玻璃棉毡、油布、帆布、棉麻毡、油毛毡、泡沫塑料毡和岩棉毡	侧面、底面
粒状保护	锯末、砂、炉渣、各种砂质土壤	顶面
板式保护	混凝土板、木丝板、刨花板、泡沫苯乙烯板、锯末板、厚纸板、泡沫混凝土板、稻草板	侧面
组合式保护	板材做成箱、内装颗粒材料，气垫	寒冷地区使用于侧面
喷涂式保护	珍珠岩、高分子材料	侧面，高空部位

（三）表面保护林料选择

1. 材料的放热系数及其计算

根据施工计划和当地气候条件，提出结构各部位在不同施工期内的表面保护要求。实际上就是提出需要保护部位的表面保护材料的放热系数 β 值，以及保护的持续时间。设计提出的 β 值，应考虑材料来源的可能性。表 8-13 所列各种材料的 β 值可供参考。

表 8-13　　　　**各种表面保护材料的放热系数 β [kcal/(m² · h · ℃)]**

材　料　与　构　造		修正系数 K			
材　　料	厚度/cm	2.6	2.0	1.6	1.3
稻草板或芦苇板	5	3.47	2.05	2.10	1.70
	10	1.75	1.35	1.10	0.90
	15	1.20	0.90	0.75	0.60
箱形模板（模板 2.5cm，腹板 2cm）中填锯末	10				0.80
	15				0.60
	20				0.45
2.5cm 木板作模板，棉麻毡保温	1.25				2.75
	2.50				1.80
	3.75				1.35
	5.00				1.10
	6.25				0.90
棉麻毡	1.25				4.35
	2.50				2.55
	3.75				1.65
	5.00				1.20
锯末层	10	2.00	1.55	1.25	1.00
	15	1.35	1.05	0.85	0.70
	20	1.05	0.80	0.65	0.63

表 8-14　　　　　　　　**修　正　系　数 K**

表面保护的种类	K_1	K_2
1. 表面保护层由容易透风的材料组成	2.60	3.00
2. 同 1，但在混凝土面上铺一层不透风的材料	2.00	2.30
3. 同 1，表面保护上面再铺一层不透风材料	1.69	1.90
4. 同 1，表面保护上面及下面各有一层不透风材料	1.30	1.50
5. 表面保护由不易透风的材料组成	1.30	1.50

注　属于不易透风的材料有焦油毡、棉麻毡、胶合板、组装好的模板，属于容易透风的材料有芦苇板、稻草板、锯末、炉渣、油毛毡。

表 8-13 中修正系数 K 值可由表 8-14 中查出。其中，K_1 值为一般情况，即风速小于

4m/s 且保护的结构位置高出地面不大于 25m 时的修正系数，K_2 为风速大于 4m/s 时的修正系数。

如果选用的表面保护材料未在上述表中的范围内时，则可由下式计算

$$\beta = \frac{K}{0.05 + \sum_{i=1}^{n} \frac{\delta_i}{\lambda_i}} \tag{8-5}$$

式中　$\delta_i(i=1, 2, 3, \cdots, n)$——第 i 层保护材料的厚度，m；

　　　　$\lambda_i(i=1, 2, 3, \cdots, n)$——第 i 层保护材料的导热系数，kcal/(m·h·℃)。

丹江口工程的混凝土坝施工中，还进行了其他材料的保护效果试验，其结果列于表 8-15 中。

表 8-15　　　　丹江口工程表面保护材料的实测 β 值

材　料	木模板	草袋	油布	帆布	无保护
风速/(m/s)	2～6	0.5～1.5	0.5～1.5	0.5～1.5	0.5～1.5
湿度	潮湿	潮湿	干燥	潮湿	潮湿
厚度/cm	2.5	5.0	0.2	0.5	
β/[kcal/(m²·h·℃)]	3.70	2.50	3.65	5.30	10.30

许多工程在混凝土的顶面采用砂层保护。砂料来源广阔，可就地取材，能重复使用，施工也很方便。除了保温外，如果使用湿砂，除了具有保温效果外，还可兼作养护之用。

2. 保护层材料选用原则

根据混凝土表面保护的目的不同（防冻和防裂或兼而有之），应选择不同的保护措施。一般情况，防冻是短期的，而防裂是长期的。所以，在选用保护材料及其结构型式时，要注意长短期结合。

(1) 保护材料的选用，尽量选用不易燃、吸湿性小、耐久和便于施工的材料。混凝土板、木丝板、岩棉板、泡沫混凝土、珍珠岩、泡沫塑料板等材料应优先选用。

(2) 保护层放热系数 β 值的选用，一般应根据不同部位、气温情况和不同的保护目的经计算确定。

在同一部位，如同时有防冻及防裂要求，计算出的 β 值一般不相等，应选用其中较小的 β 值。

3. 保护层结构的选用

(1) 长期保护的侧面，保护层应放在模板的内侧，或者用保护层代替模板的面板。岩棉板、泡沫混凝土板、泡沫塑料板、珍珠岩板等可以用于前者，木丝板、大颗粒珍珠岩板可用于后者。在保护材料内侧应放一层油毡纸或塑料布，防止保护材料吸收混凝土中的水分。这种保护的优点是，拆模时只把模板或模板的承重架拆除，保护层仍留在混凝土表面，这样，既能保证模板的周转使用，又避免了二次保护的工作。

(2) 短期保护的侧面，依照保护要求和保护材料的放热系数确定保护层的结构型式，在寒冷地区最好采用组合式保护。

五、合理分层分块及其他措施

1. 分层分块时考虑的因素

合理的分层分块对防止混凝土温度裂缝具有重要作用，在选择分层分块方案时应考虑下列因素：

（1）分块大小必须与混凝土生产、浇筑系统的能力相适应，避免出现施工冷缝。

（2）分块大小必须与温控能力和当地气候条件相适应，采用通仓浇筑应经过充分论证。

（3）分块尺寸不宜过小，应保证冷却后接缝张开度不小于 0.5mm，以利接缝灌浆。

（4）分块大小还与立模、浇筑、接缝灌浆和工期要求等有关，应通过技术经济分析比较后确定。

（5）分层厚度首先要满足温控要求。我国坝体混凝土浇筑分层厚度一般采用 1.5～3m，低温季节可采用 3～5m，如果没有较好的降温条件，可采用 0.75～1m 的薄层浇筑，采用薄层浇筑并加强养护。天然散热约可散发水化热温升的 1/3，但过多的水平施工缝是混凝土强度和防渗的弱点。支墩坝等薄壁结构散热条件较好，浇筑层厚可采用 3～6m。

2. 基础部位分层分块

岩石地基对混凝土有约束作用，极易产生基础贯穿裂缝，因此，浇筑基础部位混凝土时应注意：

（1）视基础约束条件（基础温差要求）、气温、温控等因素考虑浇筑层厚度，我国一般采用 0.75～1m 厚。脱离基础强约束区后（0.2L，L 系浇筑块长边）再加大层厚至 1.5～2m，脱离基础弱约束区后（0.4L）由内外温差及施工条件等决定层厚。基础薄层浇筑间歇时间不应大于 5～7d。

（2）对三面受约束的基础低洼部位混凝土和两面受约束的基岩边坡坝段，温度应力较大，分块长度不宜过大，必要时应设临时收缩缝。

（3）基岩面起伏过大，在突出处会出现应力集中，或在陡坡边缘易产生裂缝，应尽量处理平整或铺设防裂钢筋。

（4）如在靠近基础部分并仓浇筑，在并缝处会出现应力集中，易出现裂缝，应待混凝土充分冷却后并缝，必要时应铺设并缝钢筋。

3. 相部块高差及其他措施

（1）相邻浇筑块的高差，应控制在允许高差范围内。在一般情况下，各个坝块应均衡上升，如因特殊原因（如在坝体上留缺口泄洪等），高差超过规定值时，须加强侧面保温和养护措施。

（2）廊道顶部常因厚度薄、降温快、两旁受约束而出现裂缝，施工时应缩短间歇期。

（3）块体棱角、预埋件、栈桥墩、闸门孔口等处往往应力集中，也会促使裂缝出现。因此，必须注意结构设计合理和加筋防裂，施工中应加强养护保温。

项目驱动案例七：大体积混凝土温度控制措施

一、工程基本资料

三峡工程坝址位于湖北省宜昌市三斗坪镇，距下游已建成的长江葛洲坝水利枢纽约

40km。三峡工程系混凝土重力坝，坝体混凝土约 1760 万 t，结构复杂，坝身孔洞多，坝块尺寸大，受气温影响大。有资料显示，三峡坝区 6—9 月日均气温较高，昼夜温差大，最高气温38℃以上，气温骤降频繁，极易引起混凝土温度裂缝。为此，三峡工程在混凝土配合比优化设计方面，以及在坝体混凝土的施工中，针对温度变化规律制定了相应的温度控制措施。

二、温控设计基本资料

1. 水温、气温

三斗坪气象站实测三峡坝区多年平均水温、气温见表 8－16。

表 8－16　　　　　　　　　三峡坝区多年平均水温、气温　　　　　　　　单位：℃

月份	1	2	3	4	5	6	7	8	9	10	11	12
多年月平均气温	6.0	7.4	12.1	16.9	21.7	26.0	28.7	28.0	23.4	18.1	12.3	7.0
多年月平均水温	9.4	9.8	13.2	17.7	21.3	23.5	25.2	25.7	22.9	19.6	16.1	11.9

2. 混凝土自然拌和出机口温度

三峡工程混凝土自然拌和出机口温度（四级配）见表 8－17。

表 8－17　　　　　　三峡工程混凝土自然拌和出机口温度（四级配）　　　　　　单位：℃

月份	1	2	3	4	5	6	7	8	9	10	11	12
温度	8.7	9.5	13.8	18.6	23.3	27.1	29.8	29.3	24.8	19.8	14.3	9.5

3. 混凝土热学性能

花岗岩人工骨料混凝土热学性能见表 8－18。

表 8－18　　　　　　　　　　　混 凝 土 热 学 性 能

导温系数/(m^2/h)	导热系数/[$W/(m \cdot ℃)$]	比热/[$J/(kg \cdot ℃)$]	线膨胀系数（$\times 10^{-5}/℃$）
0.003471	2.50	959	0.85

三、混凝土配合比优化的主要技术措施

（一）原材料的选择与控制

1. 水泥

进入拌和机的水泥最高温度不得超过 60℃，有其他保证措施除外。三峡工程采用具有微膨胀性质的水泥，以减少混凝土收缩变形。《混凝土用水泥技术要求及检验》（TGPS 03—1998）规定了中热水泥熟料中的 MgO 含量控制在 3.5%～5.0%范围内，该项措施对减少混凝土裂缝具有重要意义。

2. 粉煤灰

三峡工程在混凝土中掺用有"固体减水剂"之称的优质国标Ⅰ级粉煤灰。试验表明，在混凝土中掺 20%该优质粉煤灰减水率可达 10%，掺 40%时减水率可达 14%左右。掺优质国标Ⅰ级粉煤灰节约水泥效果更明显，且可进一步降低混凝土温升，有利于控制温度裂缝，其减水作用可减少混凝土干缩应力，避免和减少缩裂缝。

3. 胶凝材料水化热

以葛洲坝水泥厂生产的 525# 中热水泥掺Ⅰ级粉煤灰并掺 ZB－1A 型高效减水剂为例，

胶凝材料水化热见表8-19。

表8-19　　　　　　　　　　　　　胶 凝 材 料 水 化 热　　　　　　　　　　单位：kJ/kg

编号	粉煤灰掺量	ZB-1A	1h	2h	3h	24h	48h	72h	90h	120h	140h	168h
S1	0	0.5%	18.6	21.0	21.5	123	191	220	237	255	260	269
S2	20%	0.5%	17.2	18.9	19.5	71	149	178	196	220	227	238
S3	30%	0.5%	14.0	15.0	16.6	84	152	176	192	209	218	227
S4	40%	0.5%	11.4	12.4	13.1	48	123	148	163	178	185	190

4. 外加剂

三峡工程采用优质缓凝高效减水剂（减水率达20%左右）和引气剂联掺技术，减水率高达30%。三峡工程所用缓凝高效减水剂，可以降低水泥初期水化热，并使其热峰值推迟，最高温升降低，有利于防止混凝土的温度裂缝。

（二）混凝土配合比设计

1. 外加剂、粉煤灰联掺工艺

三峡工程二阶段混凝土采用花岗岩人工骨料，其单位用水量，较天然骨料混凝土的用水量高约40kg/m³左右，胶凝材料用量会相应增加，混凝土内部温升也会较高，易导致混凝土产生温度裂缝。采用缓凝高效减水剂和引气剂、国标Ⅰ级粉煤灰（掺量30%）联掺工艺，减水率高达34.4%，大幅降低了混凝土的单位用水量。如四级配混凝土用水量可降至85kg/m³左右，大坝混凝土的温升可控制在避免发生裂缝的限值以下，降低了混凝土热裂危害性。

2. 优化混凝土配合比

混凝土配合比的优化，减少胶凝材料用量是混凝土温控的重要措施之一。根据专家审查意见及三峡总公司有关规定，用525#中热水泥、缓凝高效减水剂和引气剂、国标Ⅰ级粉煤灰，经过多次试验调整后的施工配合比见表8-20。

表8-20　　　　　　　　　三峡工程二阶段使用的主要混凝土施工配合比

工程部位	设计要求	级配	W/(C+F)	用水量 /kg	粉煤灰掺量 /%	水泥用量 /kg	粉煤灰 /kg
大坝内部	$R_{90}159D100S8$ $\varepsilon_{P28}=0.70\times10^{-4}$ $\varepsilon_{P90}=0.75\times10^{-4}$	三	0.55	94	40	103	68
		四	0.55	83	40	91	60
基础约束区	$R_{90}200D150S8$ $\varepsilon_{P28}=0.80\times10^{-4}$ $\varepsilon_{P90}=0.85\times10^{-4}$	三	0.50	102	35	133	71
		四	0.50	85	35	111	60
水上水下外部	$R_{90}200D250S10$ $\varepsilon_{P28}=0.80\times10^{-4}$ $\varepsilon_{P90}=0.85\times10^{-4}$	三	0.50	102	30	143	61
		四	0.50	86	30	120	52
水位变化区	$R_{90}250D250S10$ $\varepsilon_{P28}=0.80\times10^{-4}$ $\varepsilon_{P90}=0.85\times10^{-4}$	三	0.45	102	30	159	68
		四	0.45	86	30	134	57
内部*	$R_{90}150D100S8$ $\varepsilon_{P28}=0.70\times10^{-4}$ $\varepsilon_{P90}=0.75\times10^{-4}$	四	0.55	86	40	94	63

续表

工程部位	设计要求	级配	$W/(C+F)$	用水量 /kg	粉煤灰掺量 /%	水泥用量 /kg	粉煤灰 /kg
约束区 *	$R_{90}200D150S8$ $\varepsilon_{P28}=0.80\times10^{-4}$ $\varepsilon_{P90}=0.85\times10^{-4}$	四	0.50	90	35	117	63

* 表示塔带机施工的配合比。

3. 混凝土自生体积变形

混凝土的自生体积变形对大坝混凝土的抗裂性有着不可忽视的影响。以葛洲坝中热 $525^{\#}$ 水泥（MgO 含量 4.05%）、掺平纤 I 级粉煤灰为例，在恒温（20℃左右）、绝湿条件下，以 24h 龄期的测值为基准值，试验按《水工混凝土试验规程》（SL 352—2006）进行，对三峡大坝混凝土进行了自生体积变形试验，试验结果见图 8-2。从图 8-2 可以看出，自生体积变形均为膨胀变形，从而利用混凝土微膨胀产生的预压应力，以补偿混凝土降温时的收缩，防止或减少大坝混凝土产生裂缝。

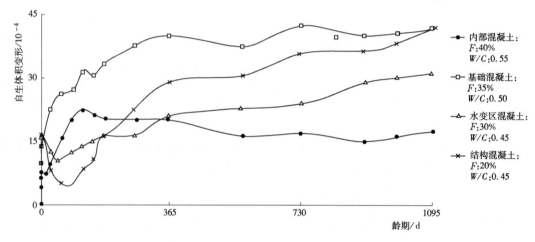

图 8-2 中热 $525^{\#}$ 水泥混凝土自生体积变形图

四、混凝土施工温度控制的主要措施

（一）分缝分块

大坝由永久性横缝划分坝段，合理选择坝段竖向施工缝形式和分缝间距是大坝温控防裂的主要措施之一。以泄洪坝段为例，泄洪坝段横缝间距 21m。坝块顺流向最大宽度 126.7m，分三块。泄 $1^{\#}\sim7^{\#}$ 坝段各仓顺流向长度分别为 25m、44.7m、47.2~57m（两条纵缝分别距坝轴线 25m 及 69.7m）；泄 $8^{\#}\sim23^{\#}$ 坝段各仓顺流向长度分别为 25~30m、39m、41~52.9m（两条纵缝分别距坝轴线 25m 及 64m）；坝块最大尺寸 21m×57m。左导墙坝段沿坝轴线宽度为 32m，设三条纵缝，距坝轴线距离分别为 25m、47m 和 78.5m，对应浇筑仓长度分别为 25m、22m、31.5m 和 39.5m；坝块最大尺寸 32m×39.5m。

（二）控制坝体最高温度

控制坝体实际最高温度的有效措施是降低混凝土的浇筑温度，减少胶凝材料的水化热温升。而降低混凝土的浇筑温度应从降低混凝土出机口温度，减少运输途中和仓面的温度回升两方面着手。三峡工程各区域坝体设计允许最高温度见表 8-21。

表 8-21　　　　　三峡工程各区域坝体设计允许最高温度　　　　　单位:℃

区域 ＼ 月份	12—2	3、11	4、10	5、9	6—8
基础强约束区	23～24	26～27	30～31	31～33	31～34
基础弱约束区	23～24	26～27	30～31	31～33	33～36
脱离约束区	23～24	26～27	30～31	33～34	36～37

注　导流底孔区域混凝土 5—9 月浇筑时应加严 1～2℃。

1. 严格控制混凝土出机口温度和浇筑温度

由于三峡工程二期工程工期紧，施工强度大，温控要求严，为保证进度和质量，基础强约束区 12—2 月为自然入仓，其他季节采用二次风冷骨料工艺，使骨料温度降至 −3℃ 左右以及加冰拌和，控制混凝土出机口温度≤7℃；脱离基础约束区混凝土 12—3 月为自然入仓，其他季节出机口温度≤14℃。相应浇筑温度（指仓内上层混凝土覆盖前测得下层 10～15cm 处的温度）为 12～14℃ 和 16～18℃。监理要求机口和仓面每 2h 测温一次，若超过允许幅度及时通知拌和楼调整，超过 2℃ 以上则作废料处理。据实测 2000 年 4—10 月三峡工程各部位的混凝土入仓温度和浇筑温度统计见表 8-22。超温率较低，基本控制在设计要求范围之内。

表 8-22　　　　　混凝土入仓温度和浇筑温度统计表

标段	入仓				浇筑				
	测次	最大温度/℃	最小温度/℃	平均温度/℃	测次	最大温度/℃	最小温度/℃	平均温度/℃	超温率
Ⅰ＆ⅡB标	10665	25	3	11.2	10070	27	5	13.6	8.2%
ⅡA标	7008	22	4	11.2	6662	27	5.5	14.0	5.1%
Ⅲ标	2126	18	6	12.7	2126	21	7	14.9	1.4%

2. 运输、入仓过程的温度控制措施

为了确保三峡工程混凝土的浇筑温度，对夏季混凝土运输、入仓过程的温度控制要求做到以下几点：①混凝土运输车辆，车顶设遮阳篷，以减少混凝土受太阳直接辐射，车两侧设保温被，以减少混凝土温度倒灌，拌和楼前停车处设喷雾装置；②尽量缩短混凝土运输时间和卸料入仓时间，在混凝土浇筑期间严控门机做他用；③禁止非混凝土运输车辆抢占、堵塞混凝土运输路线，合理安排混凝土运输车辆，保证混凝土入仓强度；④加强塔带机、皮带机运输的保冷措施，控制混凝土温度回升不超过 2℃。

3. 混凝土浇筑过程的温度控制措施

三峡工程混凝土浇筑过程的温度控制措施：①控制开仓时间，基础强约束区要求 16 时开仓，次日 10 时收仓；②采用台阶法浇筑混凝土，台阶宽 3m，高 50cm，并合理安排 4～6 台振捣器振捣，提高起吊设备入仓强度，缩短混凝土的覆盖时间，减少混凝土浇筑过程中的温度回升，使其温度回升控制在 25% 的范围内；③禁止仓内电焊作业，以减少机械散热而引起的混凝土温度回升；④及时铺设保温被（三峡工程采用高发泡聚乙烯片材，表面贴一层彩条布），防止混凝土冷量损失；⑤仓内采取喷雾措施（以风带水形成雾或以气带水通过管道上小孔喷雾），降低仓内环境气温，减少混凝土温升。

4. 混凝土养护过程的温度控制措施

三峡工程混凝土养护过程的温度控制措施：①混凝土冲毛后，可派专人落实表面洒水养护工作，养护时间为 28d，以降低混凝土温度，防止混凝土干缩；②混凝土浇筑后，及时铺设湿草垫，在混凝土初凝后，不间断洒水进行保湿养护；③有条件的部位采用蓄水或流水养护，测面形成水幕养护。

5. 合理的层厚及间歇期

大体积混凝土浇筑层厚：基础约束区一般为 11 月至次年 3 月采用 1.5～2m，4—10 月采用 1.5m；脱离基础约束区一般为 2m。层间间歇期应不少于 3d，也不宜大于 10d。大体积混凝土层间间歇期应满足表 8-23 要求，墩、墙等结构混凝土层间间歇期应满足表 8-24 要求。

表 8-23　大体积混凝土层间间歇时间

月份 / 层厚	12—2	3—5、9—11	6—8
1.5m	3～7d	4～8d	5～9d
2.0m	5～9d	6～10d	7～10d

表 8-24　墩、墙混凝土浇筑层间间歇时间

部　位	层厚	层间间歇时间
厚度小于 2.5m	3～4m	4～9d
压力管道周围混凝土	2～3m	6～10d

注　低温季节取下限值。

三峡工程通过以上温控措施，据预埋仪器观测资料显示，85%以上的块体混凝土最高温度控制在规定温度范围内，少数超温也在设计允许范围内。

（三）通水冷却

1. 初期通水

初期通水的目的是削减浇筑层水化热温升，从而控制坝体最高允许温度。当层厚 1.5～2m，夏季初期通冷水较不通水情况可降低最高温度 1.5～2℃。初期通水水温 6～8℃，通水时间 10～15d。在混凝土收仓后 12h 内开始通水（个别部位如高标号区高温季节浇筑的混凝土，在开始覆盖水管时即开始通制冷水），水管通水流量不小于 18L/min，初期冷却后的闷温资料表明，混凝土最高温度得到了有效控制。

2. 中期通水

中期通水的目的是为了预防内外温差作用造成混凝土裂缝。采用江水进行，从每年 9 月起，通水时间 1.5～2.5 个月，以混凝土块体温度达到 20～22℃为准，水管通水流量达到 20～25L/min。三峡工程通过中期通水，夏季浇筑的混凝土到 10 月其内部温度基本降至 21～25℃。

3. 后期通水

需进行坝体接缝灌浆及岸坡接触灌浆的部位，必须进行后期通水冷却。一般从 10 月初开始，通水时间以坝体达到灌浆温度为准，三峡工程 I & II B 标 2000 年接缝灌浆混凝土温度偏差均控制在设计规定温度的 -2～1℃，511 个灌区的后期通水于 9 月中旬开始；II A 标 2000 年灌浆部位的混凝土温度均在 14～16℃，满足设计要求。

4. 表面养护

三峡坝区昼夜温差日变幅大，气温骤降频繁，即使夏季也存在。为此在气温骤降期要求对坝体浇筑块龄期大于 7d 以上进行保温，另外对当年浇筑的混凝土从当年 10 月起开始对暴露面进行保温，时段延长至次年气温升高止。对孔洞要进行封堵。保温材料性能应符合设计提出的标准，三峡工程采用表面贴防雨彩条布的高发泡聚乙烯片材（根据不同部位要求选择不同厚度），据实测保温后混凝土表面温度与外界气温之差约 5℃左右。

项目九 重力坝混凝土浇筑施工

工 作 任 务 书				
课程名称	重力坝设计与施工		项目	重力坝混凝土浇筑施工
工作任务	确定混凝土浇筑施工方案		建议学时	2
班级		学员姓名	工作日期	
工作内容与目标	(1) 掌握混凝土分缝分块形式及适用条件；掌握浇筑层厚度的确定方法； (2) 掌握混凝土浇筑施工工艺流程、具体方法、质量控制要点； (3) 掌握混凝土施工缝处理措施及缝面质量要求； (4) 掌握混凝土养护措施； (5) 掌握二期混凝土回填施工方法及注意事项			
工作步骤	(1) 学习针对具体工程如何进行混凝土分缝分块施工； (2) 学习混凝土浇筑层厚度的确定方法、混凝土浇筑施工工法； (3) 学习混凝土施工缝处理措施、混凝土养护措施； (4) 学习二期混凝土回填施工工艺			
提交成果	完成重力坝施工组织设计中的混凝土浇筑施工方案部分			
考核要点	(1) 常用混凝土分缝分块形式；混凝土浇筑层厚度的确定； (2) 混凝土浇筑工艺流程、施工工法； (3) 混凝土施工缝处理措施及质量要求； (4) 混凝土养护措施及二期混凝土回填施工方法			
考核方式	(1) 知识考核采用笔试、提问； (2) 技能考核依据设计报告和设计图纸进行答辩评审			
工作评价	小组互评	同学签名：_____ 年 月 日		
	组内互评	同学签名：_____ 年 月 日		
	教师评价	教师签名：_____ 年 月 日		

任务一 混凝土浇筑分缝分块形式的选择与浇筑层厚度的确定

任务目标：混凝土浇筑分缝分块形式的选择及浇筑层厚度的确定。

任务执行过程引导：分缝分块原则，分缝形式及特点，分析浇筑层厚度的影响因素，浇筑层厚度的确定。

提交成果：根据工程条件选择重力坝分缝分块形式及相应高程浇筑层厚度。

考核要点提示：分缝分块原则、形式及特点，浇筑层厚度的确定。

一、分缝分块的原则、形式和特点

（一）分缝分块的原则

混凝土坝一般多采用柱状法施工。垂直坝轴线方向按结构布置设伸缩缝，称"横缝"；顺坝轴线方向，根据施工技术条件要设置施工缝，称"纵缝"。重力坝的横缝为永久变形缝，拱坝的横缝须灌浆联结成整体。纵缝均为临时设置的施工缝，也须灌浆联成整体。横缝侧距一般为15～20m，纵缝间距一般为15～30m，纵、横分缝考虑的主要原则：

（1）分缝位置应首先考虑结构布置要求和地质条件。

（2）纵缝的布置应符合坝体断面应力要求，并尽量做到分块匀称和便于并仓浇筑。

（3）在满足坝体温度应力要求并具备相应的降温措施条件下，尽量少分纵缝或在可能条件下，采用通仓浇筑而不分缝。

（4）分块尺寸的大小应与浇筑设备能力相适应。有时为了满足施工机械布置，也可以适当调整分缝位置。

（5）分缝多少和分块大小，应在保证质量和满足工期要求的前提下，通过技术经济比较确定。

（二）分缝的形式和特点

1. 横缝

（1）伸缩缝。缝面一般不设键槽、不灌浆，除上游坝面附近设置止水设备外，缝面一般不作处理，如重力坝的横缝。

（2）灌浆缝。缝面设置键槽、埋设灌浆系统，灌浆后使相邻坝段联结成整体，如整体式重力坝和拱坝的横缝。

2. 纵缝

（1）竖缝。

1）一般自地基垂直贯穿至坝顶或下游坝面，如图9-1所示；也有在坝体内终止然后并仓的，如图9-2所示。

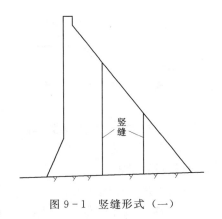

图9-1　竖缝形式（一）

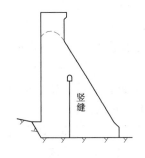

图9-2　竖缝形式（二）

2）缝面均设置键槽和预埋灌浆系统，在坝块内埋设冷却水管。

3）采用竖缝形式的浇筑块，混凝土浇筑互不干扰，可以单独上升，但相邻块有高差限制。

4）竖缝的接缝容易张开，能获得较大的张开度，有利于保证灌浆质量。

5）竖缝较便于布置坝上的浇筑机械。

（2）斜缝。斜缝一般只在中低坝采用。

1）斜缝的方向，大致平行于坝体的下游面，沿坝体主应力方向布置，见图 9-3 （a）所示；也有大致平行于坝上游面的，图 9-3 （b）为拓溪支墩坝的分缝形式。

2）斜缝面上的剪应力很小，一般不进行接缝灌浆，坝体浇筑至挡水高程后即可度汛或蓄水。

3）某些厂房坝段，沿着钢管的方向设置斜缝，可以便于钢管安装，如新安江水电站厂房坝段的分缝，如图 9-4 所示。

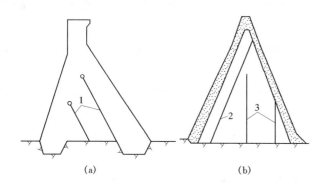

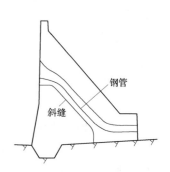

图 9-3 斜缝形式

（a）平行下游坝面的斜缝；（b）平行上游坝面的斜缝

1—坝内终止斜缝；2—平行上游面斜缝；3—坝内终止的竖缝

图 9-4 平行钢管方向的斜缝

4）斜缝对其两侧的高差和温差要求比较严格，在缝顶应布置并缝廊道或铺设钢筋，以免在斜缝端部开裂。

5）斜缝两侧浇筑块，施工时相互干扰较大，对施工进度有一定的影响，且不便于在坝上布置浇筑机械。

（3）错缝。适用于整体性要求不高的低坝。

1）垂直缝相互错开布置，如图 9-5 所示，块体尺寸较小，一般长为 8~14m，分层厚度 2~4m。

2）水平缝搭接长度，一般为层厚的 1/3~1/2，允许错缝搭接范围内水平施工缝有一定的变形以减少两端的约束，且搭接部分的水平缝要求抹平。

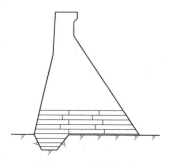

图 9-5 错缝形式

3）垂直缝面不需灌浆，但在重要部位，根据需要设置骑缝钢筋。有防渗要求的部位，应在缝面上设止水片。

4）在结构较薄弱部位的垂直和水平施工缝上，必要时须设置键槽。

5）块体浇筑的先后次序，需按一定规律排列，因其对施工进度影响较大。

6）在垂直缝的上下两端有应力集中，在坝体冷却过程中极易发生裂缝，因此，有温度控制要求。

（4）预留宽槽。

1）槽宽一般为 1.0m 左右。

2）由于在浇筑块间留有宽槽，其相邻坝块混凝土浇筑相互干扰较少，可以加快施工进度。

3）回填预留宽槽混凝土，一般在低温季节进行，并需将两侧混凝土的温度降至设计要求，因此对施工进度有一定的影响。

4）浇筑预留宽槽混凝土，需进行缝面处理（包括过缝钢筋焊接、槽内清除杂物等工作），劳动条件差，浇筑混凝土难度大。

5）使用预留宽槽是为了坝体某一部位不受相邻块高差限制而单独上升，防止由于局部坝基起伏差较大使坝块之间可能产生较大的不均匀沉陷；以及拟在已浇坝块的上游或下游需要增加一个坝块时，防止新浇坝块受老坝块的约束产生裂缝。

（5）通仓浇筑。坝段不分纵缝进行的浇筑称通仓浇筑。

1）整体性好，模板工程量少，不必进行接缝灌浆，从而加快施工进度，节省工程费用。

2）能够充分发挥浇筑机械的作用，提高工效，缩短仓位周转工期，节省劳力。

3）通仓浇筑必须有较为平整的基础和严格的温度控制措施，同时，具备完善的施工条件。

二、浇筑层厚度

浇筑层的厚度，对混凝土坝的施工速度、施工质量和施工费用有很大影响。选择浇筑层的厚度，应考虑以下因素。

1. 混凝土温度控制要求

为避免浇筑块体由于基础温差和内外温差等发生温度裂缝，温控要求是决定浇筑层厚的一个主要依据。

目前国内外多数工程，在低温季节施工时浇筑层厚为 3～5m，其他季节，特别是夏季，一般不超过 1.5～2m。在简化混凝土降温措施条件下（如仅加冰和冷水拌和时），也有采用 0.75～1m 的浇筑厚度，并在夜间浇筑和配合流水（即"水套法"）养护等措施来控制最高温升。

2. 浇筑层厚的经济比较

一般地讲，采用较厚的浇筑层比较经济。葛洲坝工程以当时的施工定额和基价为依据，对不同浇筑层厚的费用进行了分析，其结果见表 9-1。

表 9-1　　　　　　　　　　不同浇筑层厚度对混凝土准备工序计算单价的影响

浇筑层厚度/m	3.0	2.0	1.0
费用/（元/m³）	4.33	5.05	7.24
百分比/%	100	117	167

注　1. 表中混凝土的费用，仅考虑冲毛、模拟、铺砂浆、仓位周转衔接等准备工作的施工费用。

　　2. 施工费用是以 15m×20m 的浇筑仓面积计算的。

3. 坝体结构和混凝土浇筑能力

（1）视坝体结构情况考虑水平施工缝位置。例如框架、廊道、悬臂、牛腿以及坝体轮廓线转折处等，均须在适当位置设置水平施工缝，但应避免将施工缝设在应力集中位置。

（2）视坝体钢筋、埋件和浇筑等条件考虑浇筑层厚度。如泄水闸闸墩施工，按温控要求浇筑层厚可以为 4～5m，但由于钢筋、埋件安装工作量大，混凝土进料困难，浇筑层厚度多为 2m 左右。

（3）考虑混凝土浇筑的铺料方法。当混凝土入仓速度受到限制而采用台阶式方法铺料时，层厚采用 1.5m 为宜，最大不超过 2.0m，以保证平仓振捣的质量。部分混凝土坝工程分缝分块实例见表 9-2。

表 9-2　　　　　　　　　　　　混凝土坝工程分缝分块实例

工程名称	施工时间	坝型	最大坝高/m	坝顶长度/m	分缝形式	分缝、分块概况
三门峡	1957—1960 年	重力坝	106	713.2	竖缝、柱状块	纵缝间距为 9～22m；横缝间距为 11.5～23m。设计规定浇筑层厚为 3m，实际采用 6～8m；靠近基础的第一层时也不受 1.5m 的薄层限制
丹江口	1958—1973 年	宽缝重力坝	97	2494	竖缝、柱状块	横缝间距：溢流坝段 24m，厂房坝段 23～24m；左右岸连接段，最大 21.74m，最小 14m； 纵缝间距：河床坝段，每个坝块设 1～4 条缝，间距 14.7～29.5m；左右岸连接段设 1～2 条纵缝，其余 15 个坝段通仓浇筑，坝基长 13～30m。9～11 坝段地基为集中破碎带，高程 85m 以下不分横缝，布置了 6 条纵向楔形梁；高程 100m 以上浇 5m 厚的并仓板，将 6 个纵向坝块并成两个坝块
葛洲坝（一期）	1970—1981 年	闸坝	47	2606.5	厂房为错缝、预留槽，其余为竖缝、柱状块	厂房横缝间距 35.3～40.2m，长 110m，以错缝为主；在进口段和主机段设有预留槽，分块面积一般为 300～400m²，边长 1.5～2m，非约束区为 3～4m，少数大于 4.5m，最大不超过 6m； 船闸宽 18～20m，长 36m，通仓浇筑，闸首尺寸较大，设有纵、横竖缝，浇筑后接缝灌浆；三江冲砂闸底板每跨宽 55.6m，长 66.5m，设纵、横竖缝，浇筑后接缝灌浆；除三江冲砂闸闸墩不分缝外，其余均设纵缝为三块，浇筑层厚 2～3m
石泉	1970—1973 年	空腹重力坝	66	353		大坝共分 29 个坝段，表孔坝段横缝间距 4.25～9m，其他坝段横缝间距 16～19.5m，纵缝间距为 14～16m，浇筑仓面积一般为 196～256m²
柘溪	1970—1973 年	两岸为重力坝，河床为单支大头坝	104	330	竖缝与斜缝结合	大头与支墩之间，自基础至高程 97m 或 120m 为斜缝；坝下 95.8m 以上为垂直纵缝，106m 以下为斜缝；高程 106～120m 为垂直纵缝；高程 120m 以上为通仓浇筑； 分块最大尺寸为 690m²；浇筑层厚，基础 3m、一般 6～15m
青铜峡	1958—1967 年	两岸为混凝土重力坝，河床为重力式溢流坝闸墩式电站厂房	42.7	591.75	错缝	共分 34 个坝段。横缝间距 14～21m，浇筑块最大宽度为 27075m，面积一般为 200～300m²；层间搭接长度为块高的 1/2～1/3；浇筑块分块尺寸（上、下游宽）10～18m；浇筑层厚度，基础为 2m、上部为 3～4m

续表

工程名称	施工时间	坝型	最大坝高/m	坝顶长度/m	分缝形式	分缝、分块概况
凤滩	1970—1976年	空腹重力拱坝	112.5	487.73	基础为通仓，封拱后分为三块	基础分前后腿两个仓，通仓浇筑，封拱后，分甲、乙、丙三块，柱状分缝浇筑
新安江	1958—1960年	宽缝重力坝	105	466.5	竖缝、直斜缝、通仓相结合	共分26个坝段；横缝间距20m，纵缝间距30m；柱状块面积300~500m²；基础层1.5m，一般层厚3~5m
陆水	1958—1967年	宽缝重力坝	49	234.3	通仓	一般通仓浇筑，分块部位很少；仓面260m²以下，分层厚度小于3m
乌江渡	1970—1981年	重力拱形坝	165	368	竖缝	电站引水坝段横缝间距23m，其他坝段横缝间距21m；坝体最大断面设4条纵缝，最大浇筑块长度27.5m，浇筑块最大面积630m²，层厚3m

任务二　混凝土的浇筑

任务目标： 确定混凝土浇筑各工序的施工方法和质量保证措施。

任务执行过程引导： 入仓方式选择，铺料方法（平铺法、台阶法）、特点及适用条件，平仓（人工、振捣器、平仓机）方法及应用条件，振捣（振捣器型号选择、振捣质量要求、振捣器效率计算及布置），混凝土铺料间隔时间的确定。

提交成果： 混凝土浇筑工法、浇筑质量保证措施。

考核要点提示： 入仓方式选择，铺料方式确定，平仓方法及其机械选择，振捣器型号选择及振捣质量要求，混凝土铺料间隔时间确定。

一、入仓方式

1. 自卸汽车转溜槽、溜筒入仓

自卸汽车转溜槽、溜筒入仓适用于狭窄、深塘混凝土回填，斜溜槽的坡度一般在1:1左右，如图9-6所示。混凝土的坍落度一般为6cm左右。溜筒长度一般不超过15m，混凝土自由下落高度不大于2m，每道溜槽控制浇筑宽度5~6m。这种入仓方式准备工作量大，需要和易性好的混凝土，以便仓内操作，所以这种混凝土入仓方式多在特殊情况下使用。

2. 自卸汽车在栈桥上卸料入仓

浇筑仓内架设栈桥，自卸汽车在栈桥上将混凝

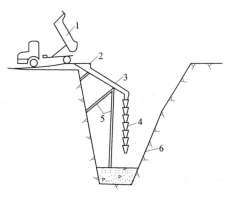

图9-6　自卸汽车转溜槽、溜筒入仓
1—自卸汽车；2—储料斗；3—斜溜槽；
4—溜筒（漏斗）；5—支撑；6—岩基面

土料卸入仓内。常用在起重机起吊范围以外、面积不大、结构简单的基础部位。当汽车无法直通栈桥时，可经过一次倒运再由汽车上栈桥卸料。

栈桥结构主要包括桥面、桥柱和引桥部分。

（1）桥面。根据栈桥的跨度选用桥面结构。其结构有组装式（图9-7）和工具式（图9-8），栈桥可用钢桁梁架设，也可用型钢组装。桥的跨度一般不超过6～8m。

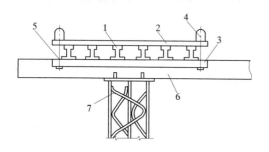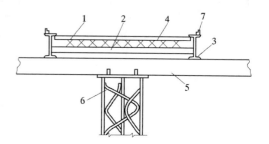

图9-7　组装式栈桥桥面断面图

1—38kg/m钢轨；2—5cm厚木板；3—10cm×15cm×100cm方木；4—10cm×15cm护轮木；5—ϕ16mm螺栓；6—40cm×40cm×400cm方木；7—钢筋柱

图9-8　工具式栈桥桥面断面图

1—8kg/m钢轨；2—16号工字钢；3—36号工字钢；4—5cm厚木板；5—40cm×40cm×400cm方木；6—钢筋柱；7—50mm×75mm角钢

（2）桥柱。桥柱有混凝土柱和钢筋柱，采用焊接钢筋柱较多。钢筋柱的主筋随浇筑块的高度而变。4～6m者为ϕ30～ϕ32mm，6～8m者为ϕ40mm，辅助蛇形筋均为ϕ16mm，柱脚锚筋与主筋相同，锚筋孔深60cm，孔内回填水泥砂浆。

（3）引桥。常用堆木垛和填筑石渣两种材料作引桥桥基。后者宜用于高度在1m以下，以避免高填筑面增加清理工作量。

汽车栈桥布置应根据每个浇筑块的面积、形状、结构情况和混凝土标号以及通往浇筑块的运输路线等条件来确定栈桥位置、数量及其方向。每条栈桥控制浇筑宽度为6～8m，若宽度太大，则平仓困难，且易造成骨料分离和仓内不平整，影响质量。仓外必须有汽车回车场地，使汽车能顺利上桥。

汽车栈桥可因地制宜，一般采用"半截桥"，倒车上桥卸料。个别情况下采用"通桥"。卸料可用"分料器"，如图9-9所示。或用工具式栈桥，将活动桥面板取下直接卸料。当落差大于2m时，应用溜管或其他缓降设备，如图9-10所示。

由于汽车栈桥准备工作量大，成本较高，质量控制困难，因此，在一般情况下不宜采用这种入仓方式。

3. 吊罐入仓

使用起重机械吊运混凝土罐入仓是目前普遍采用的入仓方式，其优点是入仓速度快、使用方便灵活、准备工作量少、混凝土质量易保证。吊罐分立罐和卧罐。立罐的容量有1m³、1.2m³、3m³、6m³，以3m³的吊罐使用居多。

4. 汽车直接入仓

自卸汽车开进仓内卸料，具有设备简单、工效高、施工费用较低等优点。在混凝土起吊运输设备不足，或施工初期尚未具备安装起重机条件的情况下，可使用这种方法。这种方法适用于浇筑铺盖、护坦、海漫和闸底板以及大坝、厂房基础等混凝土。常用的方式有端进法和端退法，如图9-11和图9-12所示。

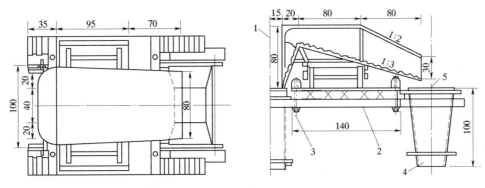

图 9-9　分料器示意图（单位：cm）

1—栈桥中心线；2—15cm×15cm方木；3—螺栓；4—下口40cm×40cm方木；5—上口60cm×50cm

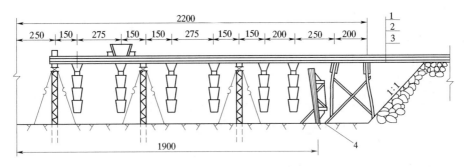

图 9-10　自卸汽车转溜筒入仓（单位：cm）

1—护轮木；2—木板；3—钢轨；4—模板

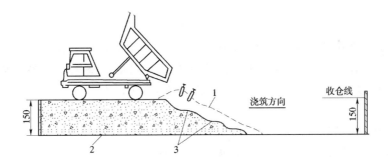

图 9-11　端进法（进占法）示意图（单位：cm）

1—新入仓混凝土；2—老混凝土面；3—振捣后的台阶

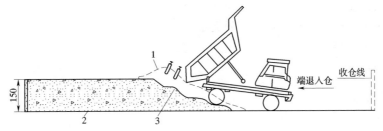

图 9-12　端退法（后退法）示意图（单位：cm）

1—新入仓混凝土；2—老混凝土面；3—振捣后的台阶

（1）端进法（进占法）。当基础凹凸起伏较大或有钢筋的部位，汽车无法在浇筑仓面上通过时采用此法。开始浇筑时汽车不进入仓内，当浇筑至预定的厚度时，在新浇的混凝土面上铺厚 6～8mm 的钢垫板，汽车在其上驶入仓内卸料浇筑。浇筑层厚度不超过 1.5m。

（2）端退法（后退法）。汽车倒退驶入仓内卸料浇筑。立模时预留汽车进出通道，待收仓时再封闭。浇筑层厚度 1m 以下为宜。汽车轮胎应在进仓前冲洗干净，仓内水平施工缝面应保持洁净。

参考国内外施工实践，对汽车直接入仓浇筑混凝土的初步评价是：

（1）工序简单，准备工作量少，不需搭设栈桥，使用劳力较少，工效较高。

（2）适用于面积大、结构简单、较低部位的无筋或少筋仓面浇筑。

（3）由于汽车装载混凝土经较长距离运输且卸料速度较快，砂浆与骨料容易分离，因此，汽车卸料落差不宜超过 2m。平仓、振捣应仔细处理，形成台阶。平仓振捣能力和入仓速度要适应。

二、铺料方法

（一）平铺法

1. 铺料方向与次序

（1）闸、坝工程的迎水面仓位，铺料方向要与坝轴线平行。

（2）基岩凹凸不平或混凝土施工缝在斜坡上的仓位，应由低到高铺料：先行填塘，再按顺序铺料。

（3）采用履带吊车浇筑的一般仓位，按履带吊车行走方便的方向铺料。

（4）有廊道、钢管或埋件的仓位，卸料时，廊道、钢管两侧要均衡上升，其两侧高差不得超过铺料的层厚（一般 30～50cm）。

2. 铺料厚度

应以混凝土入仓速度、铺料允许间隔时间和仓位面积大小决定铺料厚度。仓内劳动组合、振捣器的工作能力、混凝土和易性等都要满足混凝土浇筑的需要。闸、坝混凝土施工中，铺料厚度多采用 30～50cm。但胶轮车入仓、人工平仓时，其厚度不宜超过 30cm。

3. 平铺法的特点及适用范围

（1）铺料的接头明显，混凝土便于振捣，不易漏振。

（2）入仓强度要求较高，尤其在夏季施工时，为不超过允许间隔时间，必须加快混凝土入仓的速度。

（3）平铺法能较好地保持老混凝土面的清洁，保证新老混凝土之间的结合质量。

（4）混凝土入仓能力要与浇筑仓面的大小相适应。

（5）平铺法不宜采用汽车直接入仓浇筑方式。

（6）可以使用平仓、振捣机械。

（二）台阶法

1. 铺料程序与形式

台阶法混凝土浇筑程序是从块体短边一端向另一端铺料，边前进、边加高，逐步向前推进并形成明显的台阶，直至把整个仓位浇到收仓高程。其浇筑程序如图 9－13 所

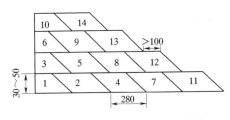

图 9-13　台阶法浇筑程序示意图
（单位：cm）

示。浇筑坝体迎水面仓位时，应顺坝轴线方向铺料。

2. 适用范围

浇筑仓的面积较大，平铺法施工不能满足允许间隔时间要求时采用台阶法，但不适应平仓振捣机施工。

3. 施工要求

（1）台阶法浇筑时，水平施工缝（老混凝土面）只能逐步覆盖，因此，必须注意保持老混凝土面的湿润和清洁。接缝砂浆在老混凝土面上边摊铺边浇混凝土。

（2）在浇筑过程中，要求台阶层次分明。铺料厚度一般为 30～50cm；浇筑层厚度一般为 1.0～1.5m，最大不超过 2m；台阶宽度应大于 1.0m，坡度不大于 1∶2。

（3）平仓振捣时防止混凝土分离和漏振。

（4）在浇筑中如因机械和停电等故障而中止工作时，要做好停仓准备，即必须在混凝土初凝之前，把接头处的混凝土振捣密实。

（5）用台阶法浇筑起始端的混凝土上升速度快，对模板的侧压力较大，在设计模板时，要考虑这一因素。

（三）平铺法与台阶法的铺料计算

1. 平铺法厚度

$$\delta = \frac{qt}{F} \tag{9-1}$$

式中　δ——铺料厚度，m；

　　　q——混凝土实际小时入仓强度，m^3/h；

　　　t——铺料层的允许间隔时间，h；

　　　F——浇筑仓的面积，m^3。

2. 台阶法铺料

每铺筑一次需要的混凝土方量，即将所有台阶覆盖一层可按下式计算

$$V = L\sqrt{\frac{v}{\delta}} \cdot n \tag{9-2}$$

式中　V——台阶法浇筑每铺筑一次的混凝土方量，m^3；

　　　L——浇筑块短边长度，m；

　　　v——吊罐的容积，m^3；

　　　δ——铺料厚度（即台阶高度），m；

　　　n——台阶数。

根据上式可以计算出不同浇筑分层厚度、不同浇筑块短边宽度和不同铺料厚度的混凝土数量，见表 9-3。

表 9-3			台阶法浇筑没铺筑一次的混凝土方量						单位 m³
浇筑块边长 /m	三台阶台阶层厚			四台阶台阶层厚			五台阶台阶层厚		
	0.5m	0.4m	0.8m	0.3m	0.4m	0.5m	0.3m	0.4m	0.5m
10	28.8	32.4	37.5	35.4	43.2	50.0	48.0	54.0	62.5
11	31.7	35.6	41.3	42.2	47.5	55.0	52.8	59.4	68.8
12	34.6	38.8	45.0	46.1	51.8	60.0	57.6	64.8	75.0
13	37.4	42.1	48.8	49.9	56.2	65.0	62.4	70.2	81.3
14	40.3	45.4	52.6	53.8	60.1	70.0	67.2	75.6	87.5
15	43.2	48.6	56.3	57.6	64.8	75.0	72.0	81.0	93.8
16	46.1	51.8	60.0	61.4	69.1	80.0	76.8	86.4	100.0
17	49.0	55.1	63.8	65.3	73.4	85.0	81.6	91.8	101.3
18	51.8	58.3	67.3	69.1	77.8	90.0	86.4	97.2	112.5
19	54.7	61.6	71.3	73.0	82.1	95.0	91.2	102.6	118.8
20	57.6	64.8	75.0	76.8	86.4	100.0	96.0	108.0	125.0

三、平仓

1. 人工平仓

人工平仓的适用范围:

(1) 在靠近模板和钢筋较密的地方,用人工平仓,使石子分布均匀。

(2) 水平止水、止浆片底部要用人工送料填满,严禁料罐直接下料,以免止水、止浆片卷曲和底部混凝土架空。

(3) 门槽、机组埋件等二期混凝土。

(4) 各种预埋仪器周围用人工平仓,防止位移和损坏。

2. 振捣器平仓

振捣器平仓工作量,主要根据铺料厚度、混凝土坍落度和级配等因素而定。一般情况下,振捣器平仓与振捣的时间相比,大约为1:3,但平仓不能代替振捣。

3. 机械平仓

大体积混凝土施工采用机械平仓较好,以节省人力和提高混凝土施工质量。中国水利水电第十六工程局有限公司研制的 PZ-50-1 型平仓振捣机,杭州机械设计研究所、上海水工机械厂研制的 PCY-50 型液压式平仓振捣机,可以在低流态和坍落度 7~9cm 以下的混凝土上操作,使用效果较好。

为了便于使用平仓振捣机械,浇筑仓内不宜有模板拉条,应采用悬臂式模板。

四、振捣

(一) 振捣器

1. 振捣器选择

(1) 大体积混凝土多选用高频率插入式电动振捣器,少数采用风动振捣器,有条件时应尽量使用平仓振捣机。

(2) 薄壁结构如墩、梁、板、柱等部位,一般宜用小型插入式电动振捣器或软轴式电动振捣器。

（3）顶板预制梁的梁缝、门槽和其他二期混凝土断面很小的部位，宜采用软轴式电动振捣器或人工插钎。

（4）模板周围和埋件附近必须采用小型振捣器，以防模板走样和埋件位移。

（5）低流态混凝土，应使用振捣器组或高频率振捣器，以确保混凝土的密实性。

2. 振捣器的技术性能

适用水工混凝土浇筑的各种类型振捣器的技术规格详见《工程机械使用手册（上册）》。

（二）混凝土振捣技术要求

根据《水工混凝土施工规范》（SL 677—2014）规定，振捣时间应以混凝土不再显著下沉、开始泛浆时为准。振捣器移动距离应不超过其有效半径的 1.5 倍，并插入下层混凝土 5～10cm，顺序依次，方向一致，以保证上下层混凝土结合，避免漏振。

（三）振捣器效率和布置

1. 振捣器的效率

插入式振捣器的生产率计算公式

$$Q = 2KR^2h\frac{3600}{t_1 + t_2} \tag{9-3}$$

式中　Q——生产率，m^3/h；

　　　K——振捣器工作时间利用系数，一般取 $0.8\sim0.85$；

　　　R——振捣器的作用半径，m；

　　　h——振捣深度，m；

　　　t_1——振捣器移动一次所耗时间，s；

　　　t_2——在每一点的振捣时间，s。

一般根据混凝土小时入仓强度，振捣器的生产率按 $10m^3/h$ 计算一个浇筑仓位的振捣器台数。

2. 振捣器的布置

插入式振捣器振捣次序的排列有梅花形和方格形，如图 9-14 所示。

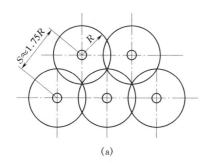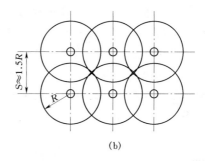

（a）　　　　　　　　　　　　　　　（b）

图 9-14　插入式振捣器振捣次序排列

（a）梅花形；（b）方格形

R—振捣器作用半径

一个面积 250～400m² 的浇筑仓位，一般配备 ϕ100～ϕ130mm 棒式振捣器 3～4 台，包括平仓在内，可满足每班 200～300m³ 混凝土入仓要求。为了便于振捣器管理和维修，将 4～6 台变频器集中装配在一个专用的活动房内，可供一个仓位使用。

3. 平仓、振捣的劳动组合

筑块面积为 250～400m²、每班浇筑混凝土 200～300m³ 的仓位，一般每个仓位配备 11～13人，其中仓外指挥、挂罐 3 人，仓内指挥 1 人，下料、平仓、振捣 7～9 人（包括仓面清理）。如人工平仓工作量较大，则平仓人数相应增加。

五、混凝土铺料间隔时间确定

1. 混凝土铺料允许间隔时间

混凝土铺料允许间隔时间，是指自混凝土出拌和机口到初凝前覆盖上层混凝土为止的这一段时间。它与气温、太阳辐射、风速、混凝土入仓温度、水泥品种、掺外加剂等条件有关。当未掺外加剂和混合材料以及未采用其他特殊施工措施时，混凝土铺料的允许间隔时间可参照表 9-4 确定。当掺用外加剂或混合材料时，混凝土的铺料允许间隔时间应通过试验确定。

表 9-4　　　　　　　　　混凝土铺料允许间隔时间（min）

混凝土浇筑时气温 /℃	普通硅酸盐水泥	矿渣硅酸盐水泥及 火山灰质硅酸盐水泥
20～30	90	120
10～20	135	180
5～10	105	

2. 超过允许间歇时间的处理

规定的混凝土铺料允许间隔时间，是为了组织正常施工、保证施工质量确定的。但在一般情况下，超过允许间隔时间，仍具有一定的可塑性。

任务三　混凝土施工缝的处理

任务目标：混凝土施工缝处理措施确定。

任务执行过程引导：施工缝处理方法，凿毛适用条件、所需资源及施工效率，冲毛适用条件、所需资源及施工效率，刷毛适用条件、所需资源及施工效率，喷毛适用条件、所需资源及施工效率，施工缝面质量要求。

提交成果：根据现场条件选择施工缝处理方法。

考核要点提示：施工缝处理方法（凿毛、冲毛、刷毛、喷毛）、适用条件及效率，施工缝面质量要求。

一、处理方法

根据设计需要和施工条件的限制，水工建筑物不能或者不宜连续浇筑成型。混凝土在施工过程中形成的缝统称工作缝（即施工缝），施工缝面有水平的、垂直的和斜面的。

施工缝处理方法、适用条件及效率见表 9-5。

表9-5 施工缝处理方法、适用条件及效率

处理方法		适用条件	效率
凿毛	人工	小面积，混凝土强度在2.45MPa左右	6～8m²/工日
	风镐	大面积，混凝土强度在9.80MPa	25m²/工日
冲毛	压力水	大面积，混凝土强度在3.43MPa	50～100m²/工日
	风砂枪	大面积，混凝土强度在5.88～9.80MPa	30m²/(台·h)
	高压冲毛机	大面积，混凝土强度在4.90～9.80MPa	250～350m²/(台·h)
刷毛	缓凝剂	混凝土浇筑前，刷在模板上 （适用于侧墙、平面）	70～100m²/工日（包括冲洗）

二、冲毛

1. 压力水冲毛

冲毛的水压力一般为0.392～0.588MPa。冲毛时间一般在混凝土初凝后至终凝前进行，可根据水泥品种、混凝土标号和气温情况确定。冲毛应达到的标准为冲去乳皮和灰浆，直到混凝土表面积水由浑变清为止。当无试验资料时，可参照表9-6掌握冲毛时间。

2. 风砂（水）枪冲毛

冲毛的风压力一般为0.392～0.588MPa。风砂（水）枪冲毛的设备有风（水）管、密封砂罐和喷枪等，如图9-15所示。

风砂（水）枪冲毛一般用在混凝土浇筑（开仓）之前对已冲毛而又产生少许乳皮、水锈等情况的施工缝处理。施工时，用风砂（水）枪冲毛后，尚需再用清水将缝面冲洗干净。

风砂（水）枪冲毛的工效见表9-7。

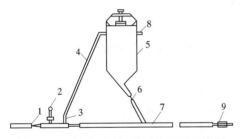

图9-15　风砂（水）枪工作流程示意图
1—风阀；2—气压表；3—三通；4—供风管；5—砂罐；6—旋塞；7—胶皮管；8—排水管；9—喷枪

表9-6　混凝土施工缝冲毛时间（h）

混凝土标号	日平均气温/℃		
	2～10	11～20	21～30
C10	9～12	6～9	4以下
C15～C20	8～11	5～8	5以下
C20	7～10	4～7	4以下

表9-7 施工缝风砂（水）枪冲毛工效

水平施工缝	风压/MPa	0.66	0.49	0.39	0.29	0.20
	冲毛工效/(m³/h)	150	126	61.7	26	18.6
	耗砂量/(m³/h)	0.2	0.15	0.08	0.05	0.05
	喷嘴距混凝土面/cm	30～25	2～530	25	25	25
垂直施工缝	当风压力为0.49MPa： 混凝土强度0.0147～0.0196MPa时，工效7～10m³/h； 混凝土强度0.0147MPa以下时，工效30～40m³/h					

风砂（水）枪的操作要求：

（1）操作人员应戴防砂面罩。

（2）压缩空气内不能有油分（混凝土面一经污染，处理困难）。

（3）砂子需经 4～5mm 的筛网过筛。

（4）输砂皮管内径 32～40mm，其长度不宜超过 80m。

（5）根据风压和混凝土的强度来确定出砂阀门的开度，控制风砂比。

（6）操作时先开风阀门，使砂罐内充压后再开砂阀门。

3. 高压水冲毛

乌江渡工程曾使用改制的高压泥浆泵（100/100 型），用高压水冲毛。对不同龄期和强度的混凝土的冲毛效率，见表 9-8。由表 9-8 可见，当压强比在 2.0 左右冲毛效率较好。

表 9-8　　　　　　　　　　乌江渡工程高压水冲毛效率

混凝土龄期 /h	混凝土强度 /MPa	水压力 /MPa	压强比（水压力/混凝土强度）	冲毛效率 /[m²/（台·h）]
72	11.76	14.7	1.25	93
72	5.292	13.72	2.59	240
72	5.292	12.74	2.41	240
72	8.036	14.7	1.83	148
55	8.428	14.21	1.69	147
48	7.84	13.72	1.75	143

4. 高压冲毛机冲毛

高压冲毛机的冲毛压力可达 24.5～34.3MPa，最高可达 49MPa。

（1）机具设备。中国水电第十六工程局制造的 HCM-MX 型和葛洲坝水电集团公司改制的 GCHJ 型高压冲毛机（整机重 2t），包括高压泵、电动机、电器控制箱、卸载阀组及喷枪等。

（2）冲毛效果。乌江渡工程对施工缝的各种冲毛（凿毛）处理方法做了对比试验，其中，以高压冲毛机冲毛的接缝抗剪强度最高，见表 9-9；不同混凝土抗压强度，用高压冲毛机冲毛和人工凿毛的粘接强度试验比较见表 9-10。

表 9-9　　　不同处理方法的接缝抗剪强度

处理方法	28d 抗剪强度	
	MPa	%
整体混凝土	5.06	100
喷涂柠檬酸、冲毛	4.67	92.4
人工凿毛	4.63	91.5
压力水冲毛	4.22	83.5
高压冲毛机冲毛	4.81	95.2
光面（未除乳皮）	2.53	49.5

表 9-10　　　冲毛机冲毛和人工凿毛粘接强度试验成果

冲毛时混凝土抗压强度 /MPa	粘接强度/MPa	
	高压冲毛机	人工凿毛
5.23	1.55	1.13
7.35	1.21	1.03
9.49	1.19	0.83
10.29	1.45	1.14

（3）生产率及经济效果。

1）当混凝土强度为 3.92～6.86MPa、水压为 31.36MPa、生产率为 300m³/h 左右，冲毛机对 C25 号混凝土 14d 龄期的冲毛效率为 40m²/h。

2）葛洲坝工程用高压冲毛机与风砂枪相比，每冲毛 100m² 可节省费用 135.33 元。

3）中国水利水电第十六工程局有限公司（原闽江工程局）于 20 世纪 90 年代初对不同冲（凿）毛方法处理施工缝的经济性进行了比较，见表 9-11。

表 9-11　　　　　　　　　　　不同冲（凿）毛方法的经济比较

冲（凿）毛方法	人工凿毛	高压冲毛机冲毛
冲（凿）毛/（元/m²）	0.18	0.076
混凝土消耗/（元/m²）	2.31	0.140
总计/（元/m²）	2.48	0.216
百分比/%	100	8.7

三、缓凝剂刷毛

利用木质素磺酸钙干粉、糖蜜塑化剂和柠檬酸等对水泥的缓凝特性，在浇筑混凝土前，涂刷在模板面上，使混凝土成型后的表面早期缓凝，拆模后用压力水冲洗，便可形成毛面；或在混凝土振捣完成后喷涂在水平缝面上，待混凝土终凝后，即可用压力水冲去表层缓凝水泥浆而形成毛面。

1. 木质素磺酸钙干粉刷毛

用木质素磺酸钙干粉（简称木钙粉）与水调成稀糊状（可以一次搅拌，分次使用），于混凝土浇筑前涂刷在模板上，或在收仓后的混凝土面上喷洒。其配合比为木钙粉：水 =1：（0.7～1.0）。要求涂层薄而均匀，一般厚 1～2mm；但在靠近迎水面或溢流面的 20～30cm，止水（浆）片周围 10cm 范围内不要涂刷，仍用其他方法处理。严禁木钙溶液洒在钢筋、止水（浆）片等埋件和将要浇筑的混凝土面上。一般在混凝土浇筑 3～5d 拆模后，用 0.392～0.588MPa 压力水的冲毛效果较好。

2. 糖蜜塑化剂刷毛

糖蜜塑化剂刷毛，每立方米材料用量为：春秋季节 22～25g，夏季 27～31g，冬季 15～17g。其喷涂、冲洗效率根据使用喷涂方法而异，人工涂刷一般为 50～80m²/工日，冲洗 100～150m²/工日。

四、施工缝面质量要求

施工缝处理的目的是使新、老混凝土结合良好，所以要清除老混凝土表面的软弱层，并在新浇混凝土前先铺砂浆或直接浇筑加大砂率的混凝土。20 世纪 70 年代以前，缝面处理基本上是采用低压水冲毛、人工或风镐凿毛等方法，要求的标准是粗骨料外露 1/3。随着施工经验的积累和高压水冲毛机的使用，一些工程对此做了试验对比，表明在进行缝面处理时，只要求粗砂外露即可达到质量要求。

对于水锈和钙质薄膜，乌江渡和龙羊峡等工程的试验表明，在膜层较薄时影响不大；龙羊峡工程规定，施工缝表面经过凿毛或冲毛后，对非迎水面仓位一周内产生的再生乳皮可不做处理。

《水工混凝土施工规范》（SL 677—2014）规定，基岩面和混凝土施工缝面浇筑第一坯混凝土前宜先铺一层 2～3cm 厚的水泥砂浆，或同等强度的小级配混凝土或富砂浆混凝土。其他仓面若不铺水泥砂浆，应有专门论证。近年来，为了简化施工程序，加快进度，有些工程已在部分仓面不铺砂浆。乌江渡工程坝体水平施工缝，仅在迎水面 5～7m 宽度内铺砂浆，其他部位不铺砂浆，采取浇筑 50cm 厚加大砂率 2%～3% 和增大坍落度 1～2cm 的接缝混凝土；有的工程只加大砂率，其加大的比例为 4 级配加大 4%、3 级配加大 3%、2 级配加大 2%，或减小骨料粒径，采用 1 级、2 级配不加大砂率的混凝土。

任务四　混凝土的养护

任务目标：确定混凝土养护措施。

任务执行过程引导：养护方法（自流、洒水、化学养护）特点及适用条件，养护期与混凝土强度增长关系，养护费用与工效。

提交成果：重力坝施工方案中的混凝土养护措施。

考核要点提示：养护方法分类及适用条件，养护期间混凝土强度增长规律，养护费用及工效。

一、养护方法

1. 养护方法分类和适用条件

混凝土养护方法分类和适用条件见表 9－12。

表 9－12　　　　　　　　　混凝土养护方法分类和适用条件

分　类		适　用（工作）条件
洒水	人工	浇洒半径 5～6m，平面、斜面均可，但耗水量大、用工多
	旋喷	喷洒直径达 20m，适用于平面，耗水量小，管理方便，但施工干扰大
	自流	适用于斜坡面或侧面
蓄水		只适用于平面，养护效果较好，但对施工干扰大
覆盖	湿砂	只适于平面，但增加清渣工作量
	湿草帘	平面、垂直面均可，可兼保温效果
化学养护剂		适用于溢流面，但对混凝土结合有影响，水平施工缝不宜采用

在各种养护方法中以蓄水养护或湿砂覆盖效果最好，但在施工中排水、清渣工作量大。所以实际工作中一般多用洒水养护，其优点是简单、灵活、成本低。

2. 养护方法

（1）自流。在浇筑好的混凝土面上或附着在模板外设置自流水管形成"水套"，自流水管形式如图 9－16 所示。

（2）人工洒水。一般应在混凝土浇筑完毕 12～18h 即开始洒水，但在炎热、干燥气候情况下应提前洒水。操作时，先洒侧面，顶面在冲毛后洒水。洒水养护的用水量与施

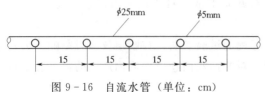

图 9－16　自流水管（单位：cm）

工期长短、浇筑层厚度、结构型式和气温有关，一般可按每立方米混凝土用水 $0.2\sim0.4m^3$ 计算。

3. 化学养护

化学养护是用化学溶液喷洒在混凝土面上形成薄膜，使混凝土与空气隔绝，阻止混凝土内水分蒸发，起到养护混凝土的作用。

薄膜养护剂品种很多，且在发展之中，现介绍其中的两种。

（1）LP 养护剂。LP 养护剂外观为乳白色乳状液体，最低成膜温度需高于 $5℃$，其配合比见表 9-13。

表 9-13 LP 养护剂配合比

成　　分	配合比	成　　分	配合比
氯乙烯	30	引发剂（NH₄）₂S₂O₃	0.3
偏氯乙烯	70	还原剂 NaHSO₃	0.2
乳化剂 OP	1.5	种子 7444	1.5
乳化剂 601	4	水	100

乳液使用前，需中和、消泡、稀释，通常按如下配合比处理：LP 乳液 100（体积），10％磷酸三钠 $3\sim5$（中和用）、磷酸三丁酯适量（消泡用），水 $100\sim300$（稀释用）。

喷洒时间，一般在混凝土表面已收水，呈润湿状态时进行；小面积喷洒可用喷雾器，大面积需用压缩空气喷枪喷洒，其工作压力为 $0.39\sim0.59MPa$；喷洒后 3h 内，薄膜上不应行人或堆物。

因 LP 在潮湿的混凝土表面上一经成膜，就与混凝土牢固粘接而不易去除，此薄膜对相邻两层混凝土有隔离作用，所以宜用于侧面和不需要继续上升的顶面或过流面等部位；采用 LP 养护，保水效果显著，但 LP 薄膜没有保温效果。

（2）过氯乙烯塑料薄膜养护。薄膜溶液配合比见表 9-14，其喷洒工具及设备见表 9-15。

表 9-14 过氯乙烯配合比参考表（重量比） ％

粗 苯 作 溶 剂		溶 剂 油 作 溶 剂	
粗苯	86	溶剂油（轻油）	87.5
过氯乙烯树脂	9.5	过氯乙烯树脂	10
苯二甲酸二丁酯	4	苯二甲酸二丁酯	2.5
丙酮	0.5		

注 表中配合比可根据材料性质及喷洒工具适当调整，苯二甲酸二丁酯用量在夏季可酌量减少，冬季多加；若粗苯和树脂质量好，可不加丙酮。

喷洒时，空气压缩机压力 $0.392\sim0.49MPa$，容罐压力 $0.196\sim0.294MPa$，喷出的塑料溶液呈雾状，溶液用量一般为 $0.25\sim0.33kg/m^2$，其工效达 $15\sim20m^2/min$，喷洒时喷头距混凝土面 50cm 为宜。

粗苯和丙酮等材料是易燃和有毒物品，应严格做好防护工作。

表 9－15　　　　　　　　　　　　　　　　　　　喷 洒 工 具 及 设 备

名　　　称	规格、型号	数量	备　　　注
空气压缩机	0.18～0.6m³（双闸门）	1 台	
高压容罐	6～8Pa，1.5～1m³	1～2 台	如图 9－17 所示，由 4～5mm 钢板焊接而成或用汽油桶代替
压力表	0.392～0.588MPa	2～3 台	
气阀	ϕ13mm	6～8 只	
高压橡皮管	ϕ13mm	100m	氧气皮管
喷具	喷漆枪头 PQ－2 型	1 副	如图 9－18 所示，喷漆枪或农药喷枪
安全阀	ϕ13mm，0.392～0.588MPa	2 只	解放牌汽车安全阀

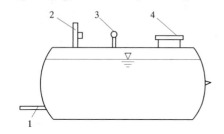

图 9-17　高压容罐

1—输液管；2—输气管；3—压力表；4—溶液入口

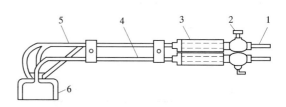

图 9-18　喷枪结构示意图

1—接头；2—开关；3—手把；4—输液管；
5—输气管；6—喷头

二、养护期与混凝土强度

1. 混凝土养护期间的强度增长

以强度等级 32.5 和 42.5 水泥拌制的混凝土为例，在不同温度下强度增长百分率分别见表 9－16 和表 9－17。

表 9－16　　　强度等级 32.5 水泥拌制的混凝土在不同养护温度下强度增长百分率

水泥品种	龄期/d	养 护 平 均 温 度/℃							
		1	5	10	15	20	25	30	35
		混凝土所达到的强度百分比/%							
普通水泥	3	17	22	30	35	42	48	50	55
	5	21	30	35	45	50	55	60	65
	7	27	35	45	50	58	62	70	75
	10	35	45	53	60	70	75	80	85
	15	45	55	63	72	80	90		
	28	66	70	80	90	100			
火山灰质水泥及矿渣水泥	3	5	10	15	20	23	25	33	40
	5	12	16	25	30	35	40	45	52
	7	15	23	32	40	45	50	55	62
	10	23	34	45	52	58	63	68	75
	15	34	45	60	68	75	78	85	90
	28	45	65	80	90	100			

表9-17 强度等级42.5水泥拌制的混凝土在不同养护温度下强度增长百分率

水泥品种	龄期/d	养护平均温度/℃							
		1	5	10	15	20	25	30	35
		混凝土所达到的强度百分比/%							
普通水泥	3	15	20	25	32	38	42	48	52
	5	26	30	38	45	52	57	62	67
	7	32	40	48	55	62	68	72	75
	10	40	50	60	68	68	75	82	85
	15	52	62	72	80	90			
	28	68	78	85	90	100			
火山灰质水泥及矿渣水泥	3	5	10	15	20	23	25	33	40
	5	12	16	25	30	35	40	45	52
	7	15	23	32	40	45	50	55	62
	10	23	34	45	52	58	63	68	75
	15	34	45	60	68	75	78	85	90
	28	45	65	80	90	100			

2. 养护期

（1）确定养护期的依据。水泥品种、混凝土性能、气候条件以及建筑物结构形式和部位。

（2）养护要求。混凝土表面经常保持湿润，养护水使用生活用水即可。当气温低于5℃时，应停止洒水养护。

（3）不同水泥品种养护时间见表9-18。

表9-18 混凝土养护时间

水 泥 种 类	养护时间/d
硅酸盐水泥、普通硅酸盐水泥	14
火山灰质硅酸盐水泥、矿渣硅酸盐水泥粉煤灰硅酸盐水泥、硅酸盐大坝水泥等	21

注 重要部位和利用后期强度的混凝土，养护时间不少于28d。夏季和冬季施工的混凝土，以及有温度控制要求的混凝土养护时间，按设计要求进行。

任务五 二期混凝土的回填施工

任务目标：确定二期混凝土回填施工的措施。

任务执行过程引导：二期混凝土回填施工特点及施工要求，不同部位（闸门槽、孔洞）二期混凝土浇筑方法、选用模板、质量要求及相关案例，预留宽槽回填混凝土方法及质量要求。

提交成果：二期混凝土回填措施。

考核要点提示：二期混凝土施工特点和要求，二期混凝土浇筑方法、质量要求。

一、施工特点和要求

1. 施工特点

(1) 工作面小，施工困难，多用人工操作，需要的劳动力较多。

(2) 浇筑地点分散，施工准备期长，混凝土量较小，占用一定的直线工期。

(3) 钢筋及金属埋件多，混凝土进料、平仓、振捣较困难，需专门制定施工技术措施。

(4) 多为高空作业。或洞内回填，或槽内施工，需特别注意安全生产。

(5) 混凝土浇筑有温度控制要求。

2. 施工要求

(1) 二期混凝土多在狭窄部位或钢筋、埋件较密的部位进行浇筑，通常采用坍落度较大的 2 级配混凝土，并用小型振捣机械或手工插钎的方法捣实，以保证钢筋和金属埋件不产生位移，模板不走样。

(2) 宽槽、封闭块及预留洞的二期混凝土，应在低温季节施工，届时其周边老混凝土已冷却到设计要求温度。

(3) 浇筑预留宽槽、封闭块混凝土时，应选用收缩性较小的原材料和混凝土配合比。

(4) 浇筑二期混凝土之前，应将结合面的老混凝土凿毛、冲洗干净，并保持湿润。

(5) 坝体水平孔洞的二期混凝土回填，根据结构要求，一般应预埋灌浆系统，在混凝土浇筑、冷却后进行灌浆处理。

(6) 浇筑深槽二期混凝土，应挂溜管或振动溜管，以免混凝土分离和骨料破碎。

二、浇筑方法

(一) 门槽二期混凝土浇筑

1. 方法

(1) 搭设脚手架浇筑。搭设脚手架时，除考虑安装闸门埋件外，还应考虑无碍于基准点的测设安装和成果测量等工作的进行。

(2) 用液压滑动模板浇筑。大化工程采用此法施工时，从门槽顶部四角向下垂 4 根 $\phi25mm$ 钢筋作为提升爬杆，模板和操作平台连成一体，由液压千斤顶带动，平衡上升，混凝土由起重机吊立罐卸在门槽顶部，由人工用锹和铁桶倒入门槽顶漏斗，通过溜筒下到浇筑部位。

采用此法时，一对门槽应同时进行浇筑。

2. 模板

(1) 小块木模板。模板加工成长 0.5～1.0m、厚 2.0～2.5cm，用 $\phi6mm$ 螺栓固定，螺杆焊接在预埋插筋的根部。模板可间隔安装，中间空洞作为临时进料口，或随混凝土的升高逐段安装，边立模边浇筑；但必须保证模板安装质量。

(2) 长条钢模板。用钢材制成长约 5m 的钢模板，模板上每间隔 50cm 留一洞口，以便混凝土进料和振捣。用门机吊装立模，工效可提高 2～3 倍。

3. 浇筑

混凝土卸料层厚 20～40cm，浇筑上升速度以每班不超过 3m 为宜；混凝土要振捣密实、表面平整，拆模后无"挂帘"、"错台"、"鼓肚"等缺陷。

在有些工程曾采用预制混凝土闸门槽的方法：一种是将门槽金属埋件先浇在混凝土预制

构件内，然后安装在门槽位置上与坝体混凝土浇筑一起上升；另一种是对精度要求不太高的拦污栅门槽或闸门槽的非工作段，把门槽金属埋件固定在模板上，一次浇入坝体混凝土内。这两种方法，都有成功的先例。但施工过程中可能受到吊罐碰撞而使埋件产生位移，因此，要特别注意施工工艺。

（二）孔洞回填混凝土

导流底孔、交通洞等孔洞（包括地质勘探平洞），一般洞身较长并贯通上下游面，施工后期需要回填堵塞。

1. 回填要求

坝体内预留孔洞在回填堵塞后应和坝体混凝土结合密实，形成整体，防止渗漏。有些工程在设计中并考虑了预留孔洞参与坝体挡水后的应力分布要求，即此，回填孔洞混凝土应提出专门施工措施。

2. 回填措施

（1）对较大断面的孔洞，先在其底部用一般措施浇筑混凝土，混凝土的运输可用胶带输送机、混凝土泵或搭设脚手架用手推车运输；有条件时也可用装载机载运混凝土进入洞内直接浇筑。

（2）较小断面孔洞和较大断面孔洞顶部混凝土的回填，可采用以下措施：

1）用混凝土泵输送混凝土，人工插钎振捣。

2）预填骨料压浆法回填。

3）人工水泥砂浆砌混凝土预制块。

4）喷混凝土堵塞。

以上措施因施工困难和混凝土的干缩性，在孔洞顶部仍会留下空隙，一般多采用预埋灌浆管（灌水泥砂浆）进行封堵。

3. 工程实例

丹江口工程初期施工时，在坝体内预留12个矩形导流底孔，断面为4m×8m（宽×高），长82.5m，回填混凝土3.0万 m^3。

（1）底孔下部（高6.3m以下部分）采用分层分段浇筑混凝土，分段最大长度为27m。施工时底孔内搭设脚手架，并在底孔下游出口处搭设容积为3m^3 的转料滑槽。混凝土由起重机吊运立罐，经垂直溜筒进入滑槽，用0.1m^3 的胶轮车从滑槽取料运输入仓，分层浇筑，台班产量可达120m^3。

（2）底孔顶部1.7m厚的混凝土，曾采用分块浇筑、风动泵回填、预填骨料压浆回填三种方法。

1）顶部分块浇筑。在已浇混凝土面上用胶轮车运输混凝土，将洞口6m长迎水面分3段先进行回填，如图9-19所示。

首先，施工时，用上游模板封门，下游模板立至离孔顶0.3m，中间留1m宽的缺口进料。

其次，最上一层（约30cm厚）采用2级配混凝土，用人工插钎水平捣实。

最后，在2m长、3cm高的空隙内，用手工填塞砂浆团块（砂浆坍落度为1cm左右）。用手工堵塞的办法，挡水后有渗水现象，后来改用喷浆堵塞，即在2m长、3cm高的空隙内，用喷浆机喷浆堵塞（灰砂比为1：2），这种施工方法，速度较快，挡水后无渗漏现象，但喷浆时洞内粉尘较多。

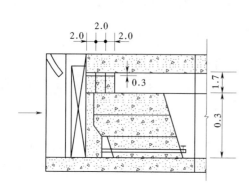

图 9 - 19　丹江口工程低孔进口部分回填
（单位：m）

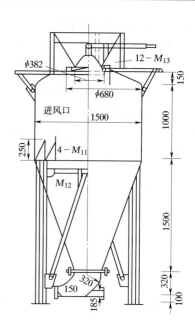

图 9 - 20　风动泵构造
（单位：m）

2）风动泵回填。丹江口工程采用自行设计、制造的风动泵进行回填达 1000 多 m³，效果较好，如图 9 - 20 所示。

风动泵的工作原理，是在密封的铁罐内装入混凝土，通入压缩空气（0.49～0.686MPa），将罐内混凝土通过输送钢管喷射至浇筑面。

施工时泵体置于洞外，由起重机吊立罐，将混凝土装入铁罐。入罐前通过二道筛网，隔除超径石子。为避免混凝土堵塞管道，风管开关的次序应严格掌握。进料时，先开管道出口处的阀门，后开泵体上部的风管；进料完毕时，关闭次序相反。混凝土最大粒径为 4cm，坍落度 2～3cm，混凝土喷射距离控制在 7～8m 之内。

采用风动泵的浇筑速度较快，台班产量可达 30m³ 左右，工人劳动强度小，不需立模；但混凝土密实性差，需补以灌浆处理。

3）预填骨料压浆回填。丹江口工程采用此法共浇筑混凝土 500 余 m³。

（3）渗水及裂缝处理。在回填混凝土前，先对导流孔孔壁进行检查，如有严重裂缝，应进行灌浆处理后再填筑混凝土。

底孔下闸挡水后，如有少量渗水，可用钢管引至下游排出，使回填的混凝土不受渗水影响，最后将钢管用水泥灌浆加压封堵。

（4）主要技术经济指标见表 9 - 19。

表 9 - 19　　　　　丹江口工程导流底孔回填混凝土主要技术经济指标

回　填　部　位		劳动力配备/人	工效/（m³/班）
导流底孔下部（高 6.3m 以下）		35～40	80～120
导流底孔上部	分块回填	15～20	8～12
	风动泵回填	15～20	25～35

（三）预留宽槽回填混凝土

1. 技术要求

（1）宽槽两侧的混凝土龄期应不小于 28d。

（2）在回填混凝土之前，应使相邻块体的混凝土温度降到设计温度，回填时间一般在最冷季节。

（3）宜采用 3 级配混凝土，尽量减少水泥用量，有条件时可采用微膨胀水泥。在某些钢筋密集和操作困难部位，为了保持振捣质量，也可使用 2 级配混凝土。

（4）混凝土结合面需处理至微露粗砂。

（5）在浇筑混凝土之前，应保持缝面清洁和湿润。

2. 回填方法

由于宽槽宽度一般在 1m 左右，目前多采用一般混凝土浇筑的方法回填。

3. 混凝土运输

常用的混凝土运输方法及适用范围见表 9 - 20。

表 9 - 20　　　　　　宽槽回填混凝土运输方法与适用范围

运 输 方 法	适 用 范 围
吊罐将混凝土直接卸入槽内	槽深不大于 3m（当使用 2 级配混凝土时，不大于 5m）
吊罐将混凝土通过溜管卸入槽内	槽深为 5～10m（当使用 2 级配混凝土时，不大于 10～15m）
吊罐将混凝土通过振动溜管卸入槽内	槽深不大于 40m，应采取安全措施

4. 工程实例

丹江口工程在已浇坝体的上游面增加一个坝块，两者之间留宽 1.1m 的宽槽，待坝体混凝土达到稳定温度后，用振动溜管回填混凝土，预留槽全长 330m，分 14 个块为 5 个区段，槽深 25.5～35m，每个区段的回填工期为 27～38d，总工期为 63d，共浇筑混凝土 1.05 万 m³。

（1）振动溜管安装。振动溜管有 ϕ300mm、ϕ400mm 两种。振动溜管附有进料斗、消能器。消能器上设有 1kW 附着式振动器 1 台。

溜管长度根据槽深而定，一般在 20m 以上。安装时，先在宽槽顶部拼接好，再用起重机吊入槽内。振动溜管间距为 5～6m，上端用钢丝绳固定在承受进料斗的 2 根 15cm×20cm 的方木上。为了确保安全，每隔 10m 处增加一道钢筋拉条，固定在宽槽两侧墙上。振动溜管每隔 10m 高设一消能器，且溜管的末端必须设一个消能器，而末端消能器和上一个消能器的间距不得大于 3～4m。消能器上装一附着式振动马达，以防混凝土堵塞。

（2）回填混凝土性能和温度控制。回填的混凝土使用强度等级 42.5 或 52.5 硅酸盐水泥，其水灰比 0.51～0.52，水泥用量 182.5kg/m³，骨料为 3 级配，坍落度 2cm，抗压强度 14.7MPa，掺加 （0.4～0.8)/万的加气剂。

混凝土浇筑温度应小于 7.5℃，允许温差为 18℃。

（3）混凝土浇筑。浇筑分层厚为 6.5～11m。铺料层厚 50cm，使用强力振捣器。回填混凝土每浇筑一次的循环作业时间见表 9 - 21。

表 9-21　　　　　　　　　**丹江口工程宽槽回填循环作业时间表**

项　目	日　期							
	1	2	3	4	5	6	7	8
浇筑混凝土								
冲洗及拆除溜管								
冲毛								
搭设凿毛脚手架								
凿毛								
拆除凿毛脚手架								
安装振动溜管								
安装冷却水管								
清洗								

（4）质量控制。

1）为了防止石子分离，在溜管间距为 5～6m 情况下，每次下料不应超过 1m³，严禁将溜管斜拉下料，必要时在溜管底部安装两节普通溜管，在振动溜管稍有斜拉时普通溜管仍能保持垂直下料。

2）加强宽槽内平仓振捣力量，已经分离的砂浆必须由人工平仓均匀并振捣密实。要设置上下联系信号，槽内未平仓振捣完毕，上面不能下料。

3）应设专人负责槽内泌水的刮除并排出宽槽外，以防止积水影响缝面结合。

（5）安全措施。

1）为避免人、物坠落槽内，在宽槽顶面除进人口外，均用木板盖住；在槽内每隔 10m 搭设一层保护平台。

2）振动溜管在使用前应派专人检查钢丝绳、拉条、振动马达的连接情祝。振动马达的操作控制开关装在宽槽顶部。

3）在工序安排上，严禁在同一部位进行上下立体交叉作业。

项目驱动案例八：重力坝混凝土浇筑施工

一、工程基本资料

基本资料同案例三。

二、施工程序、施工方法

（一）基础处理

1. 施工程序

施工程序：开挖—素描—验收—清基—钢筋安装—验收—混凝土浇筑。

2. 施工方法

对坝基厂房基础的断层，采用风镐开挖，开挖标准执行设计文件。开挖结束后，进行地质素描，经监理人验收后进行混凝土的施工。

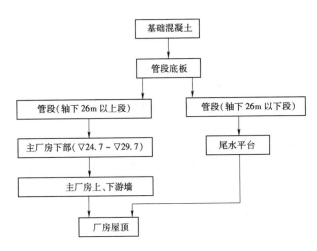

图 9-21　厂房主机间部位混凝土施工程序

钢筋制安采用在钢筋加工厂制作，用 5t 载重汽车运至现场、人工绑扎的方法安装。

混凝土采用 10t 自卸车运输，门机吊罐入仓，采用 $\phi 100$ 或 $\phi 50$ 振捣器振捣进行混凝土浇筑。

（二）混凝土施工

1. 施工程序

（1）溢流坝、挡水坝、厂房混凝土浇筑采用自下而上分层分块的方式进行施工，其中溢流面混凝土浇筑采用滑模施工，根据本工程的施工强度要求，拟采用两套滑模。

（2）厂房主机间部位混凝土施工程序见图 9-21。

2. 施工方法

混凝土施工工序见图 9-22。

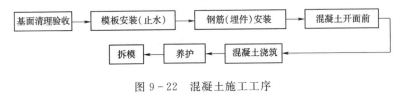

图 9-22　混凝土施工工序

（1）基面清理：人工消除附着物，用高压水清洗岩石表面（混凝土表面），使岩石面露出清晰的构造面。并清掉松动的岩石，同时除去岩石尖角。最后进行岩石开挖验收和地质编录。

（2）模板及止水安装：

1）模板选型：根据本工程施工特点，以组合钢模板、胶合钢模板为主，辅以钢木混合结构模板。

曲面模板：用于进水口尾水墩头、廊道顶拱，灯泡管段模板采用钢木结合定型模板。

平面异型模板：用于梁、孔洞、牛腿、门槽Ⅱ期混凝土，采用木模板的型式。

组合钢模板：用于墙、板、井等。

定型钢木模板：用于尾水挡墙的模板支立。

2）模板支立：模板在加工厂成形后，由汽车运至大坝基坑内，由门机吊至安装部位，键槽模板采用专用模板，支立模按照模板类型设置架立筋，拉筋。模板支立前，先进行准确的测量定位放样，并设置明显的标志。模板支立严格按测量放样进行，保证位置、形状尺寸的准确，同时，在支模过程中进行临时固定，然后按照测量校核修整，准确后再进行固定，以保证在其他工序施工时不变形、不变位。模板支立完成后，在混凝土浇筑前涂刷脱模剂，以保证拆模后的混凝土表面光滑。折模严格按规范规定时间进行，且在拆除后及时清理模板表面。

3）止水安装：事先按照施工部位的止水安装长度、形状等要求制作好，然后随模板支立进行安装，并确保牢固，以便在混凝土浇筑过程中不发生移位或损坏。

（3）钢筋（埋件）制安：钢筋制作前，严格按照设计详图及《水工混凝土施工规范》（SL 677—2014）中的规定进行钢筋制作料表的编制，同时考虑钢筋原材料的定尺，以减少材料的损耗。钢筋制作遵循使用顺序进行，制作好的钢筋认真按材料表中的编号挂牌，以免混料造成安装错误。并用汽车运输到施工现场，由缆机吊至仓面。钢筋安装前，根据实际需要做好架立筋，然后再进行钢筋安装。钢筋安装严格按施工详图给定的尺寸、位置、间距和保护层要求进行。钢筋的接头必须按照 SL 677—2014 规定的要求进行。

（4）混凝土浇筑：在模板支立、钢筋安装以及止水、埋件安装完成后，先进行清基，然后进行混凝土的开面验收，合格后开浇。

1）混凝土拌和：采用 $3 \times 1.0 \text{m}^3$ 混凝土拌和楼拌制混凝土。

2）混凝土运输：采用门机和履带吊运输。

3）清基：清基后仓面经验收合格后再进行混凝土浇筑。

4）铺料：采用台阶浇筑法，浇筑层厚为 0.3～0.5m。

5）平仓振捣：大体积混凝土采用 $\phi 100$ 振捣棒或 $\phi 20$ 软轴振捣器振捣，其他小体积混凝土及梁板混凝土采用 $\phi 50$ 振捣棒或 $\phi 30$ 软轴振捣器及附着式振捣器振捣，个别钢筋密集部位采用人工辅助振捣。

6）养护：在混凝土浇筑后 12～18h 内开始进行，一般采用洒水养护 14d，高温季节等特殊条件延长养护时间至少 21d 以上。并结合流水养护及喷水雾养护。

（5）混凝土温度控制：坝体混凝土各坝块浇筑应均匀上升，相邻坝块高差不得超过 10m。

尽量避开高温天气施工，小仓面安排在早晚和夜间施工，大仓面采用喷水雾法施工，增加仓面，减少浇筑层厚度，以利于散热。

骨料场料堆采用防晒棚遮阳，减少骨料温升。

吊罐侧壁设隔热体、顶部加盖遮阳。

在混凝土中掺入适当的外加剂及粉煤灰掺和料，减少混凝土中水泥用量从而降低水化热。

在高温季节，在仓面采用表面流水冷却的方式进行散热。

（6）冬季低温混凝土控制：低温季节混凝土施工，采取搭设保温棚、碘钨灯照射等，另外对浇筑后的混凝土立面采用包裹袋等措施。同时尽量安排在白天浇筑混凝土。另外，对天气急骤变化引起的降温应预先对新浇混凝土加以覆盖，以避免坝面产生裂缝。

（三）预制混凝土制作与安装

主要是堤顶混凝土预制梁板、交通桥梁面板及厂房屋面板、吊车梁的预制与安装，预制在混凝土预制件场进行。

1. 预制混凝土

其工艺流程见图 9-23。

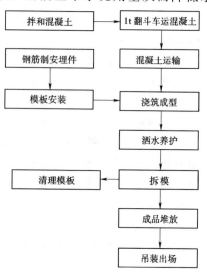

图 9-23　预制混凝土工艺流程图

（1）混凝土预制。混凝土采用 1t 翻斗车从拌和站运至预制场地施工现场，人工上料入仓，ϕ30 软轴振捣器振捣，模板采用定型钢模板，采用人工支立模板。

（2）运输。由于预制梁体积大较重，采用 40t 拖车运输车运输，卸车时采用门机吊运。

（3）安装。首先测量放线定位，吊装时采取门机起重，将其就位后，尽快进行焊接固定，尽快进行桥面混凝土铺装等。

（四）预应力混凝土轨道梁的施工

预应力混凝土轨道梁初拟采用后张法进行施工。

模板：混凝土预应力轨道梁底台模为混凝土地面，上铺设一层薄膜塑料布，侧模采用标准钢模板。

钢筋：钢筋在钢筋加工场内调直、下料、加工，运至现场绑扎成型，然后两侧立模，再绑扎顶层钢筋。

混凝土浇筑：配制混凝土的粗细骨料、水、水泥等均应做相应的试验，并满足规范要求。混凝土按现场试验人员提供的"混凝土级配单"配料，利用 0.4m³ 拌和站拌制混凝土，人工手拉车或机动翻斗车运到浇筑平台。浇筑时，人工分料手铲入仓，并采用水平分层、一次整体浇筑，浇筑时，应加快浇筑速度。由于预应力轨道梁钢筋较多，分布较密，宜用小型插入式振捣器振捣密实。预应力轨道梁振捣时应仔细进行，每层混凝土均不过振，更不可漏振，以彻底消除质量隐患。浇筑混凝土在浇筑混凝土时，应避免振捣器碰撞预应力钢束管道、预埋件，并应经常注意检查模板、管道、锚固端钢板及支座预埋件等，以保证其位置及尺寸符合设计要求；严禁踏压预应力钢束及触碰锚具，确保钢束的束形和矢高准确。

混凝土浇筑完成并初凝后应立即进行养护，在养护期间应保持湿润，防止雨淋、日晒和受冻。对混凝土外露面待表面收浆、凝固后即用草帘等覆盖，并应经常在草帘及模板上洒水，养护时间不少于 14d。

预应力混凝土轨道梁施工工艺见图 9-24。

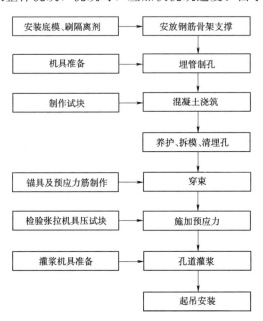

图 9-24　预应力混凝土轨道梁施工工艺流程图

安装时首先测量放线定位，吊装时采取门机起重，将其就位后，尽快进行焊接固定，尽快进行桥面混凝土铺装等。

三、施工进度

根据施工总进度，一期混凝土 6.0 万 m³，施工历时 11 个月，高峰月混凝土浇筑强度 8431m³。二期混凝土 7.9 万 m³，施工历时 11 个月，高峰月混凝土浇筑强度 8439m³。三期混凝土浇筑 1.5 万 m³，施工历时 5 个月，高峰月混凝土浇筑强度 6025m³。

四、主要施工机械设备

主要施工机械设备见表9-22。

表9-22 主要施工机械设备表

名称	型号	单位	数量	名称	型号	单位	数量
高架门机	MQ540/30	台	2	载重汽车	8～12t	台	4
履带式起重机	DW200	台	2	翻斗车	1t	台	4
汽车吊	20t	台	2	拌和楼	$3\times1m^3$	台	1
自卸汽车	10t	辆	10	拌和机	$0.4m^3$	台	2

项目十　坝 体 接 缝 灌 浆

工 作 任 务 书				
课程名称	重力坝设计与施工		项目	坝体接缝灌浆
工作任务	编制重力坝接缝灌浆施工方案		建议学时	1
班级		学员姓名		工作日期	
工作内容 与目标	（1）掌握坝体接缝灌浆的基本条件； （2）掌握接缝灌浆系统的组成； （3）掌握接缝灌浆的次序、灌浆工艺流程			
工作步骤	（1）学习坝体接缝灌浆的前提条件； （2）学习接缝灌浆系统的组成； （3）学习接缝灌浆的次序、灌浆工艺流程			
提交成果	完成重力坝施工方案中的接缝灌浆施工方案部分			
考核要点	（1）接缝灌浆基本条件； （2）接缝灌浆系统组成； （3）接缝灌浆施工工艺流程			
考核方式	（1）知识考核采用笔试、提问； （2）技能考核依据设计报告和设计图纸进行答辩评审			
工作评价	小组 互评	同学签名：_____　　　年　　月　　日			
	组内 互评	同学签名：_____　　　年　　月　　日			
	教师 评价	教师签名：_____　　　年　　月　　日			

任务目标：编制重力坝接缝灌浆施工方案。

任务执行过程引导：接缝灌浆的基本条件，接缝灌浆系统组成（灌浆管路、出浆盒、止浆片、排气槽或排气管），接缝灌浆次序，接缝灌浆的程序、方法和步骤。

提交成果：重力坝接缝灌浆施工方案。

考核要点提示：接缝灌浆基本条件，接缝灌浆系统组成，接缝灌浆施工工艺流程。

混凝土坝的断面尺寸一般都较大，实际施工时常分缝分块进行浇筑。重力坝横缝一般为永久温度沉陷缝；纵缝、拱坝和重力坝横缝都属于临时施工缝，需要进行接缝灌浆。蓄水前应完成初期低库水位以下各灌区的接缝灌浆及其验收工作。蓄水后，各灌区的接缝灌浆应在库水位低于灌区底部高程时进行。

一、接缝灌浆的基本条件

（1）灌区两侧混凝土温度必须达到设计规定的接缝灌浆温度。

（2）除结构上不具备条件外，灌区上部应有 9m 厚混凝土压重，且其温度也应达到设计规定的接缝灌浆温度。

（3）灌区两侧坝块混凝土龄期应大于 6 个月，对少数特殊灌区混凝土龄期小于 6 个月，应采取补偿混凝土变形等措施，但混凝土龄期不得小于 4 个月。

（4）接缝张开度要大于 0.5mm。小于 0.5mm 的缝，应作细缝处理，可采用湿磨细水泥灌浆或化学灌浆；灌浆管道系统和缝面畅通，灌区止浆封闭完好。

（5）灌浆一般安排在 12 月至次年 3 月低温季节进行。

接缝灌浆时，坝体内部温度应降到稳定温度，灌浆时间最好选择在低温季节和上游水位较低时进行，以避免接缝宽度缩小。

二、接缝灌浆系统

混凝土坝的接缝灌浆，需要在缝面上预埋灌浆系统。根据缝的面积大小，将缝面从上而下划分为若干灌浆区。每一灌浆区高 9～12m，面积 200～300m²，四周用止浆片封闭，自成一套灌浆系统。每个灌区由循环管路、止浆片、键槽、出浆盒及排污槽组成。灌浆时利用预埋在坝体内的进浆管、回浆管、支管及出浆管送水泥浆，迫使缝中空气（包括缝面上的部分水泥浆）从排气槽、排气管排出，直至缝面灌满设计稠度的水泥浆为止。图 10-1 为接缝灌浆布置图。

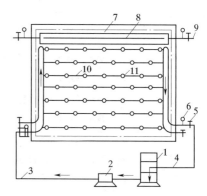

图 10-1 接缝灌浆布置示意图
1—拌浆筒；2—灌浆机；3—进浆管；4—回浆管；
5—阀门；6—压力表；7—止浆片；8—排气槽；
9—排气管；10—支管；11—出浆盒

（1）止浆片。沿每一个灌区四周埋设，其作用是阻止水与浆液的外溢。止浆片过去多采用 1.2mm 的镀锌铁片，这类材料易于锈蚀，或因形状不好而与混凝土结合不良，常引起止浆片失效。近年来，广泛采用塑料止水带，其宽度以 250～300mm 为宜。

垂直及水平止浆片距坝块表面的距离应不小于 30cm，如止浆片距坝面的距离过小，混凝土不易振捣密实，容易出现架空或漏振，影响止浆效果。

（2）灌浆管路。目前国内的灌浆系统有以下两种形式。

1）传统钢管盒式灌浆管路系统（即埋管式）。由进浆管、回浆管、支管、出浆盒、排污槽等组成。支管间距 2m，支管上每隔 2～3m 有一孔洞，其上安装出浆盒。出浆盒由喇叭形出浆孔（采用木制圆锥或铁皮制成）与盒盖（采用预制砂浆盖板或铁皮制成）组成，分别位于缝面两侧浇筑块中，如图 10-2 所示。在进行后浇筑块施工时，盒盖要盖紧出浆孔，并在孔边钉上铁钉，以防止浇筑时堵塞。待以后接缝张开，盒盖也相应地张开以保证出浆。

2）20 世纪 70 年代革新成功的骑缝式拔管灌浆管路系统。其进浆支管和排气管，均由充气塑料拔管形成。由于管孔骑于接缝上，因而管孔与接缝直接连通，浆液通过灌孔向接缝全线注浆。进、回浆干管装置在外部，通过插管与管孔连接，其布置如图 10-3 所示。预埋

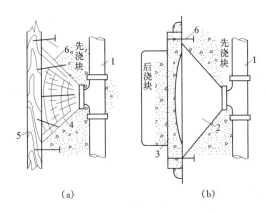

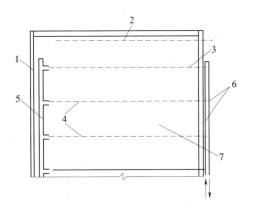

图 10-2　出浆盒的构造与安装

（a）先浇块浇筑时；（b）后浇块浇筑时

1—升浆管；2—出浆口；3—预制砂浆盒盖；
4—喇叭形出浆机；5—模板；6—铁钉

图 10-3　骑缝式拔管灌浆管路系统布置简图

1—止浆片；2—排气孔；3—孔口插管；4—骑缝孔；
5—升浆连通管；6—进、回浆干管；7—横缝面

件是随坝块的浇筑先后分两次埋设。先浇块的预埋件有止浆片、垂直与水平的半圆木条、圆钉及长脚马钉。当先浇块拆模后，再拆除半圆木条，这样，就在先浇块的表面上，形成了水平与垂直向的预留半圆槽孔壁。后浇块的预埋件有连通管、接头、充气塑料拔管及短管等。当后浇块浇筑一定时间之后（夏季埋管后 24h，冬季埋管后 24～72h），拔出放气的塑料拔管，即形成骑缝造孔，并有进、回相通的接缝灌浆系统。

两者比较，骑缝式拔管灌浆管路系统具有结构简单、省工省料、出浆顺畅、进回浆压力小等优点。乌江渡工程就是采用的骑缝式拔管灌浆管路系统。

（3）出浆盒（钢管盒式灌浆系统）。位于键槽上的出浆盒是灌浆时浆液从灌浆管道进入缝面的通道，为了使浆液在进入缝面时易于扩散，出浆盒一般设计成圆锥形。施工时先浇块上预埋截头圆锥形铁（木）模，大头紧贴键槽模板，小头通过短管或直接与支管相接，先浇块拆模时，将铁（木）模取出，在后浇块上升前，盖上预制混凝土或金属盖板，并在周围涂抹水泥砂浆，形成缝面出浆盒。

出浆盒应放在键槽易拉开的一面，如放在三角形键槽的上部斜面及键槽的凹直面。每个出浆盒担负灌浆面积以 5m² 为宜，应呈梅花形布置，灌浆底部一排出浆盒，可适当加密为 1.5m。

（4）排气槽和排气管。排气槽断面为三角形，水平设于每一灌浆区的顶端，并通过排气管与廊道相通。其作用是：在灌浆过程中，排出空气、部分缝面浆液，判断接缝灌浆情况；从排气管倒灌水泥浆，保证接缝灌浆质量。

三、接缝灌浆施工

（一）接缝灌浆的次序

（1）同一接缝的灌区，应自基础灌区开始，逐层向上灌注。上层灌区的灌浆，应待下层和下层相邻灌区灌好后才能进行。

（2）为了避免各坝块沿一个方向灌注形成累加变形，影响后灌接缝的张开度，横缝灌浆应自河床中部向两岸进展，或自两岸向河床中部进展。纵缝灌浆宜自下游向上游推进。主要是考虑到接缝灌浆的附加应力与坝体蓄水后的应力叠加，不致造成下游坝趾出现较大的压应

力，同时还可抵消一部分上游坝踵在蓄水后的拉应力。但有时也可先灌上游纵缝，然后再自上游向下游顺次灌注，预先改善上游坝踵应力状态。

（3）当条件可能时，同一坝段、同一高程的纵缝，或相邻坝段同一高程的横缝最好同时进行灌注。此外，对已查明张开度较小的接缝，最好先行灌注。

（4）在同一坝段或同一坝块中，如同时有接触灌浆、纵缝及横缝灌浆，应先进行接触灌浆。其好处是可以提高坝块的稳定性，对于陡峭岩坡的接触灌浆，则宜安排在相邻纵缝或横缝灌浆后进行，以利于提高接触灌浆时坝块的稳定性。

（5）纵缝及横缝灌浆的先后顺序。一般是先灌横缝，后灌纵缝。但也有的工程考虑到坝块的侧向稳定，先灌纵缝，后灌横缝。

（6）同一接缝的上、下层灌区的间歇时间，不应少于14d，并要求下层灌浆后的水泥结石具有70%的强度，才能进行上层灌区的灌浆。同一高程的相邻纵缝或横缝的间歇时间应不少于7d。同一坝块同一高程的纵、横缝间歇时间，如果属于水平键槽的纵直缝先灌浆，须待14d后方可灌注横缝。

（7）在靠近基础的接触灌区，如基础有中、高压帷幕灌浆，接缝灌浆最好是在帷幕灌浆之前进行。此外，如接触灌区两侧的坝块存在架空、冷缝或裂缝等缺陷时，应先处理缺陷，然后再进行接触灌浆。

（二）接缝灌浆的程序、方法和步骤

接缝灌浆的整个施工程序是：缝面冲洗、压水检查、灌浆区事故处理、灌浆、进浆结束。其中初始浆液（水灰比3:1或2:1）开灌，经中级浆液（水灰比1:1）变换为最终浆液（水灰比0.6:1或0.5:1），直到进浆结束。

初始浆液稠度较稀，主要是润湿管路及缝面，并排出缝中大部分空气；中级浆液主要起过渡作用，但也可以填充较细裂缝；最终浆液用来最后填充接缝，保证设计要求的质量。在灌浆的过程中，各级浆液的变换可由排气管口控制。开灌时，最先灌入初始浆液，当排气管出浆后，即可改为中级浆液；当排气管口出浆稠度与注入浆液稠度接近时，即可改换为最终浆液。排气管间断放浆是为了变换浆液的需要，即排出空气和稀浆，并保证缝面畅通。在此阶段，还应适当采取沉淀措施，即暂时关闭进浆阀门，停止向缝内进浆5～30min，使缝内浆液变浓，并消除可能形成的气泡。

灌浆转入结束阶段的标准是：排气管出浆稠度达到最终浆液稠度；排气管口压力或缝面张开度达到设计规定值；注入率不大于0.4L/min，持续灌浆20min后结束。

接缝灌浆的压力必须慎重选择，过小不易保证灌浆质量，过大可能影响坝的安全。一般采用的控制标准是：进浆管压力350～450kPa，回浆管压力200～250kPa。

项目驱动案例九：坝体接缝灌浆

一、工程基本资料

三峡大坝为混凝土重力坝，全长2309.47m，最大坝高183.0m，坝顶高程185.0m，由泄洪坝段、左右岸厂房坝段、左右非溢流坝段、导墙坝段等组成。其中泄洪和左厂11～14号坝段为三峡二期工程，简称Ⅰ＆ⅡB标。Ⅰ＆ⅡB标坝体混凝土采用柱状法浇筑施工，坝

体间横缝和沿坝轴线方向布置的Ⅰ、Ⅱ两条纵缝，设计要求在坝体混凝土通过后期冷却达灌浆温度后，分 4 个冬春低温季节（1999 年冬至 2003 年春）进行灌浆施工。完成总量为 25.62 万 m²，其中单灌季最高完成 12 万 m²，单月最高完成 2 万 m²。创国内施工强度最高水平。

二、灌浆区的划分与灌浆系统布置

三峡坝体接缝灌区采用 651 型等不同型号的塑料止浆片封闭而成，面积一般在 100～300m² 不等。所有纵缝及高程 83.5m 以下横缝灌区，灌浆系统由进浆管、回浆管、升浆管、出浆盒、排气槽及排气管组成，为典型传统式的钢管盒式出浆系统。高程 83.5m 以上横缝灌区采用塑料拔管，为线出浆系统布置。典型灌区如图 10-4 和图 10-5 所示。

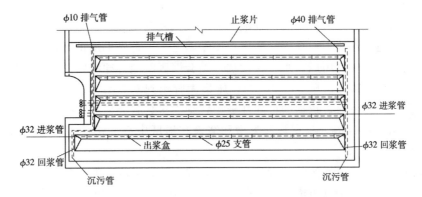

图 10-4　铁管盒式接缝灌区图

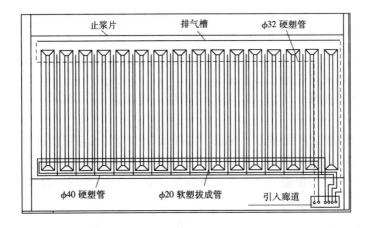

图 10-5　塑料拔管接缝灌区图

三、灌前准备

三峡接缝灌区形成后灌浆前的准备工作主要包括：通水冷却，灌区检查，缺陷处理，缝面冲洗、湿润，预灌性压水检查，其他准备工作。

1. 通水冷却

每灌季一般在 10 月开始通水制冷水，水温 12～14℃，次年的 1—2 月开始通江水，温度为 8～10℃，3 月再通制冷水。制冷水通水流量控制在 18～20L/min，江水控制在 20～25L/min。降温幅度一般在 0.3～0.5℃/d，温度误差控制为 -2～+1℃。

2. 灌区检查

灌区检查分单开式和封闭式通水检查，通水压力采用 80% 的灌浆压力。

（1）单开式通水检查。分别从两进浆管进水，随即将其他管口关闭，依次有一个管口开放，在进水管口达到设计压力的 80% 的情况下，测定各个管口的单开出水率，以便查清管道及缝面通畅情况；灌区应至少有一套管路通畅，其流量大于 30L/min；两个排气管的单开出水量均大于 25L/min。

（2）封闭式通水检查。从一通畅进浆管口进水，其他管口关闭，待排水管口达到通水压力，测定各项漏水量，并观察外漏部位，以查明灌区密封情况。灌区漏水量宜小于 15L/min（不是集中渗漏），串层漏水量及串块漏水量宜小于 5L/min。发现外漏，必须处理合格。

3. 缺陷灌区处理

根据以上通水检查结果，二期工程缺陷的灌区主要有 4 类。

（1）管路不通。管路不通是接缝灌区主要缺陷之一。首先采用正反方向反复轮换压水的方法疏通，效果不好时再用风、水轮换冲洗，结合灌区浸泡再冲洗以及加压和用专用工具掏挖等方法处理。加压最大水压 0.8MPa，风压最大曾用到 0.5MPa，浸泡时间一般 24h 或以上。实践证明，管路不通，疏通的可能性极小，绝大多数只能采取钻孔补救。钻孔一般采用风钻孔，孔径 ϕ75~80mm，根据缺管类型和浆液在灌区中行进路径布孔，目的是避免排气困难造成"死角"。

（2）外漏。三峡接缝灌区的外漏是由于止浆片失效、混凝土架空和与混凝土裂缝串通等几种情况引起。处理方法以凿槽嵌堵，即凿"U"形槽，用预缩砂浆分层嵌堵为主，少数部分沿用了传统的"三液两布"（两层玻璃丝布，刷三遍环氧树脂）和水玻璃砂浆封堵等；同时，为减少嵌漏工程量，还大量采用了钻封闭孔灌 LW（水溶性聚氨酯）的嵌堵方法。

（3）与裂缝串通。接缝灌区与混凝土裂缝串通，一般均遵循先接缝灌浆、后处理裂缝的原则。只有当串通量较大时，先对裂缝进行表面嵌堵，并预留放浆管孔；接缝灌浆时，作为放浆孔，放浆达接缝灌区结束水灰比时，扎死灌管。若串量小，一般串水不串浆，不做处理，两种情况均需骑缝安装千分表，派专人观察，防止有害应力值与裂缝张开破坏混凝土结构。

（4）与坝体排水槽、坝面排水孔串通。三峡部分横缝灌区与坝体排水槽和坝面排水孔串通，主要原因是混凝土架空所致。前期在接缝灌浆的同时，槽内采用通水平压、冲洗的方法，"保槽争区"，后期采用灌区灌浆前，槽内先回填（灌注）LW，再接缝灌浆。

4. 缝面充水浸泡及冲洗

通水检查及缺陷处理合格，坝体达灌浆温度后，对拟灌浆的接缝区，灌前按设计要求进行缝面充水浸泡及冲洗，具体为：每一灌区浸泡时间不少于 24h，然后用风、水轮换冲洗各管道及缝面，直至排气管回清水；当水质清洁无悬浮或沉淀物时用风吹净缝内积水，方能灌浆。当灌区形成时间较长，缝面有被污染的情况时，加长充水浸泡及冲洗时间。

5. 灌前预灌性压水检查

用灌浆压力对拟灌的接缝区进行预灌性压水检查，是灌前最后一道准备工作，以复核灌区的管路通畅、缝面通畅及灌区密封情况，以确定灌区是否具备开灌条件，并可核实接缝容积，检查灌浆泵运行可靠性、千分表的灵敏性，做好相邻层、区的平压通水准备工作等。经检查确定合格后，才能签发准灌证开灌。

6. 其他准备工作

（1）备足所用的嵌缝堵漏及灌浆材料。

（2）有可靠的风、水、电供应措施。

（3）各控制点间有方便畅通的通信联系设施。

（4）做好人员的组织分工。

四、灌浆施工

（一）灌浆材料

采用 42.5 级普通硅酸盐水泥，其细度和灌浆水灰比按设计要求制，见表 10-1。

表 10-1　　　　　　　　　　　不同张开度水泥细度选用表

接缝张开度/mm	方孔网/μm	筛余量/%	参考浆液浓度	外加剂
>1.0	80	≤5	1∶1、0.6∶1	不掺
0.5～1.0	80	≤5	3∶1、1∶1、0.6∶1	管道不畅灌区掺木钙
<0.5	按细缝要求处理			一般掺木钙

（二）灌浆压力

灌浆压力以灌区层顶（排气槽）压力作为控制值，以进浆管口（灌区层高）压力作为辅助控制值。

各种情况如下：

（1）有压重情况：灌浆区层顶（排气槽）压力为 0.20～0.25MPa，灌浆区层进浆管道口压力为 0.40～0.55MPa。在纵缝附近有电梯井、廊道等大的孔洞时，进浆管管口压力控制在 0.35～0.40MPa，排气槽压力控制在 0.15～0.20MPa。

（2）无压重情况：接缝灌浆原则上不允许在无压重混凝土情况下进行，对于顶层灌区，灌浆区层顶排气槽压力为 0.05MPa。

（3）特殊情况：遇特殊情况时（如串漏等），灌浆前必须根据情况计算分析，确保适当的灌浆压力，慎重施工。

为保证灌浆的顺利实施和防止坝块的应力变形，在灌注过程中，凡有条件布置监测仪器（千分表）的灌区，布置不宜小于 3 支，控制接缝增开度不大于 0.3mm。

（三）结束标准

当排气管出浆浓度达到或接近 0.6∶1 或 0.5∶1 且排气管压力或缝面增开度达到设计规定值、缝面吸浆率等于 0 或连续 20min 小于 0.4L/min 时，即可结束灌浆。

（四）正常情况下灌浆

正常情况下的灌浆，设计定义为：单区，当接缝张开度大于 0.5～1.0mm，进回浆管与排气管相互通畅，单开出水率大于 30L/min，并无明显外漏时，视为正常情况灌浆。其灌浆全过程分为初始阶段、中间阶段、结束阶段。

（1）初始阶段。其目的是为了润滑管道和缝面，并排出缝内大部分空气和水分。根据缝面及管道畅通情况，进浆管口进 3∶1 或 2∶1 浆液（当张开度大于 2mm，管道畅通、两个排气管单开出水量大于 30L/min 时也可直接采用 1∶1 或 0.6∶1 浆液进浆），其余管口敞开，然后按出浆次序依次关闭各管口。当排气管出浆后，即可改用1:1中间级浆液灌注。

（2）中间阶段。进浆管变为1:1中间级浆液后，逐步使排气管升至设计压力。当排气管口出浆浓度接近或当1:1浆液灌入量约等于缝面容积时，即改用最浓比级0.6:1（或0.5:1）浆液灌注，直至结束。

（3）结束阶段。当排气管口出浆浓度达到或接近0.6:1或0.5:1最浓比级浆液浓度、排气管口压力或缝面增开度达到设计规定值、缝面浆液注入率等于0或连续20min小于0.4L/min时，即可结束灌浆。灌浆结束时，应先关闭各管口阀门后再停机，闭浆时间不宜小于8h。当排气管出浆不畅或被堵塞时，应在缝面增开度（0.3mm）限值内，尽量提高进浆压力，力争达到上述结束标准。若无效，则在顺灌结束后，应立即从两个排气管中进行倒灌。倒灌时使用最浓比级浆液，在设计规定的压力下，缝面停止吸浆，持续10min即可结束。

灌浆过程中，严格控制灌浆压力和缝面增开度。灌浆压力应达到设计要求，若灌浆压力尚未达到设计要求，而缝面增开度已达到设计规定值时，则应以缝面增开度为准，控制灌浆压力。

（五）多区（串区）灌浆

同一高程的灌区相互串通采用同时灌浆方式时，原则采用一区一泵进行。在灌浆过程中，必须保持各灌区的灌浆压力基本一致，并应协调各灌区浆液的变换。

同一坝段的上、下层灌区相互串通，采取同时灌浆方法，先灌下层灌区，待上层灌区发现有浆串出时，再开始用另一泵进行上层灌区的灌浆。灌浆过程中，以控制上层灌浆压力为主，调整下层灌区的灌浆压力。下层灌浆宜待上层灌区开始灌注最浓比级浆液后结束，且上、下层灌区结束时间相差应尽可能控制在1h之内，在未灌浆的邻缝的灌区应通水平压。

（六）缺陷灌区的灌浆

1. 细缝区

三峡细缝区主要指缝面与管道不畅灌区，共有34个，零星分布且无规律，绝大多数出现在建基面至高程48m。此类灌区经超冷2℃，补孔压水，加压疏通及风水轮换冲洗等，均未取得理想效果。

灌浆方法：以千分表读数控制增开度及灌浆压力，逐级升压以尽量提高灌浆压力，并做好邻缝的平压工作；采取湿磨细浆材由稀变浓，开灌水灰比为2:1（或3:1）。从灌浆效果看，总体不理想，主要表现在：一是排气管出稀浆不出浓浆，且量小不起压；二是排气管不出浆或出浆后梗死；三是所有补孔出浆情况基本同排气管，倒灌时，根本不进浆，只有少数灌区，满足设计要求，如右纵1～泄23-Ⅵ-1（高程45～48.5m）预压水测得上排单开出水量仅40L/min。灌浆时在采用了湿磨细水泥浆灌注的同时，还将进浆压力提高到上限0.4MPa，使本区上排顺利进行了两次放浆，最终出浆密度达1.60g/cm³。据灌后综合成果分析，其各项指标均能满足设计要求，缝面增开度有效控制在设计范围内。

基于上述情况，最终有5个细缝灌区未灌，成为"窗口"灌区，待大坝运行观察后处理。

2. 串坝体排水槽区的灌浆

串坝体排水槽灌区一般为横缝，与上、下游排水槽串通的现象均有出现。根据不同高程排水槽与相关横缝产生的不等量的互串，制定了"灌区灌浆、排水槽自下而上间断冲洗、通水平压、适时置换、灌后疏通"的施工方法，原则是"保槽争区"。

串量在 3～5L/min 甚至串到 10L/min，可以采用一般的间隔通水冲洗方法处理，水压应略小，流速不宜过大，根据出水混浊程度，合理调节间隔时间。串量偏大对接缝灌浆有影响，派有专人操作排水槽通水平压，参照灌区高程与排水槽的关系，操作排水槽平压时间（通水平压槽上、下口均应安装压力表及阀门）。

因互串点高程不同，集中串漏和分散串漏不同，平压的理论压力仅是个参数。平压初始应密切关注灌区层顶排浆密度变化；排浆密度小，且平压水较清，应视为平压压力偏大；反之，且灌区有一定吸浆量，应视为平压压力偏小。平压压力要通过反复调整，适宜后关闭槽上口阀门采用静压平压。在平压过程中要注意灌区的吸浆量变化，检查平压效果，若灌区吸浆量偏大，则间隔 30～40min 打开排水槽下口阀门放水（浆）一次，观察出水混浊程度或测记密度。灌浆结束后待凝 2～4h，排水槽应自下而上或自上而下，缓缓进水敞开冲洗疏通，进水压力控制在灌浆压力的 50%～60% 之内，在待凝期间下口可以松动放水或放浆 3～4 次，每次放量为 5～10L/min，防止下口堵塞。

排水槽与灌区互串较严重，平压不能达到理想效果。当平压出水（浆）密度达 1.20g/cm³ 左右，应根据灌浆情况用压力水置换槽内浆液，置换时间应选择灌区低压或放浆时间内，置换时不应大进大排，宜略加大平压进水量，置换速度宜小于 50L/min，每次置换时间为 2～3min。

当灌区达结束标准进行屏浆前，排水槽宜进行一次置换。灌浆结束待凝期每 30min 左右应保证压力不降的条件下，略开启上口阀门松动放浆，下口略加大进水搅动槽内浆液，防止下口堵死，随待凝时间推移，松动间隔时间亦可略为延长，最后认真反复清洗，确保排水槽通畅。

该灌浆方法实际存在几个问题：一是平压操作现场人员难以十分默契准确地控制，控制不好，难免出现缝内有水、槽内有浆；二是灌浆结束冲槽时，由于排水槽上下管口不在同高程廊道，压力不便控制，冲洗时很容易使缝内卸压，影响水泥结石质量。因此后改为：槽内先灌 LW 水溶性聚氨酯后再灌接缝灌区的施工程序。

3. 串坝面排水管灌区的灌浆

接缝与坝体排水管串通主要采取通水置换方法，其主要操作过程为：

（1）灌前将被串排水孔孔底用木塞堵死，孔底木塞上开孔，并引皮管，皮管上安装阀门，灌浆结束后间歇放浆，以查明管内水泥浆沉淀或初凝情况，孔上口敞开，并备好木塞。

（2）灌区进浆前，从孔上口向孔内倒灌木钙、GJ-3 或其他缓凝剂，灌浆过程中视情况适量再加掺。

（3）搅动方法为从孔底引管向孔内吹风，压力以感觉吹动浆液为限。

（4）孔内浆液上升停止且搅动均匀后，视灌区排气管压力情况，将排水孔孔口堵死，以确保灌区排气管能起压达设计压力为原则。

（5）根据孔底引管孔口放浆情况，确定孔底木塞打开时间，放空孔内浆液并自上而下将孔冲洗干净。

项目十一　项目管理软件应用

工 作 任 务 书				
课程名称	重力坝设计与施工		项目	项目管理软件应用
工作任务	利用 P3e/c 软件对具体工程项目进行管理		建议学时	3
班级		学员姓名	工作日期	
工作内容 与目标	(1) 了解 P3e/c 软件概况； (2) 掌握 P3e/c 软件初始化设置要点； (3) 掌握应用 P3e/c 软件编制项目进度计划的步骤、操作要点； (4) 掌握应用 P3e/c 软件进行项目资源及费用管理的方法、操作要点； (5) 掌握应用软件对项目计划的实施过程进行监督、控制的方法			
工作步骤	(1) 学习 P3e/c 软件特点、适用条件及初始化设置步骤； (2) 学习应用 P3e/c 软件编制项目进度计划的方法； (3) 学习应用 P3e/c 软件进行项目资源、费用管理的方法； (4) 学习应用软件对项目计划的实施过程进行监督、控制的方法			
提交成果	根据工程概况及参建企业实际情况，应用 P3e/c 软件编制出具体工程的详细施工计划，并对其具体实施情况进行监督、控制			
考核要点	(1) P3e/c 软件初始化设置； (2) 应用软件编制项目进度计划的步骤、方法； (3) 应用软件对项目资源、费用进行管理的方法、操作要点； (4) 项目计划的实施、控制过程			
考核方式	(1) 知识考核采用提问、答辩进行评审； (2) 技能考核依据应用软件熟练程度及操作过程规范性、结果正确性评审			
工作评价	小组 互评	同学签名：_____ 　　年　　月　　日		
	组内 互评	同学签名：_____ 　　年　　月　　日		
	教师 评价	教师签名：_____ 　　年　　月　　日		

任务一　了解项目管理软件的工程应用现状

任务目标：根据工程规模、业主及施工单位管理要求等因素选择适合工程实际的管理软件。

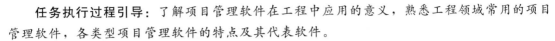

　　任务执行过程引导：了解项目管理软件在工程中应用的意义，熟悉工程领域常用的项目管理软件，各类型项目管理软件的特点及其代表软件。

　　提交成果：选用 P3 软件进行某工程项目管理的原因说明（或软件采购说明）。

　　考核要点提示：使用项目管理软件的意义，工程领域常用项目管理软件类型、特点及其代表性软件。

一、使用项目管理软件的意义

　　水利工程具有建设规模大、资源配置复杂、工期要求严格、质量要求高、技术复杂、投资额巨大等特点。其标块划分较细，合同数量多，额度大小及施工难度不一，专业覆盖面广，时间跨度较大。必须建立一套严密的施工管理体系，并在此体系的保障下，统筹协调工程各方面工作，优化配置各项资源，实现工程建设高效、优质、低耗、安全等综合目标。

　　传统的管理理念和方法已经很难满足日益发展的项目管理需求，迫切需要企业运用先进的项目管理工具和手段，以提升企业对项目的投资、进度、合同控制能力，促进企业项目项目管理科学化、规范化、体系化，以项目的成功确保企业的成功。

　　专业项目管理软件的应用是解决这一问题的良好途径。运用项目管理软件于国内水电工程建设项目管理已有多年历史，多年来，在水电建设领域管理部门、学术机构、项目管理技术人员共同努力和推动下，各类项目管理软件在国内大型水电建设项目和流域开发公司中得到了广泛应用，取得了良好的效果和经济效益，积累了丰富的应用经验，为提高水利建设行业的项目管理水平作出了积极的贡献。

二、工程领域常用项目管理软件

　　项目管理软件在工程建设领域的应用经历了从无到有、从简单到复杂、从局部应用向全面推广、从单纯引进或自主开发到引进与自主开发相结合的过程。到目前为止，在工程建设领域应该使用项目管理软件已达成共识；在一个项目的管理过程中是否使用了项目管理软件已成为衡量项目管理水平高低的标志之一。下面着重介绍工程领域项目管理软件中的进度管理类软件、合同与项目事务管理类软件以及集成系统中的国内外代表性软件。

　　1. 进度管理软件

　　在工程行业，著名的《工程新闻记录》杂志（ENR）每隔 4 年进行一次工程行业计算机应用状况调查，在其 2003 年进行的一次调查结果报告中，关于进度管理软件的市场覆盖率结果如图 11 - 1 所示。

　　（1）MS - Project。由微软公司开发，是目前为止在全世界范围内应用最为广泛的、以进度计划为核心的项目管理软件。借助 MS - Project 和其他辅助工具，可以满足一般要求不是很高的项目管理的需求。

　　（2）P3e/c。P3e/c（Primavera Project Planner for the Enterprise or Corporation）是美国 Primavera 公司开发的企业级项目管理软件，是行业的默认标准。在国际工程领域特别是大型复杂工程领域，P3e/c 占据进度管理软件的龙头地位。

　　P3e/c 是以现代项目管理知识体系为基础，具有高度的灵活性和开放性，以计划—协同—跟踪—控制—积累为主线，在企业项目化管理或项目群管理中有着广大的用户群。

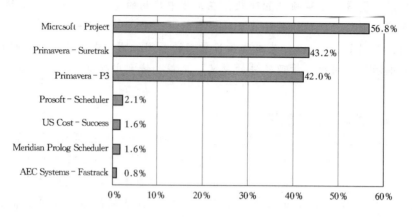

图 11-1　进度管理软件覆盖率比较

Primavera 公司的 P3 和小 P3（即 Suretrak）在工程界大概超过 80％的覆盖率，长期以来被认为是一种标准，它在如何进行进度计划编制、进度计划优化以及进度跟踪反馈、分析、控制方面一直起到方法论的作用。

2. 合同与项目事务管理软件

ENR 在其 2003 年进行的一次调查结果报告中，关于合同与项目事务管理软件的结果如图 11-2 所示。

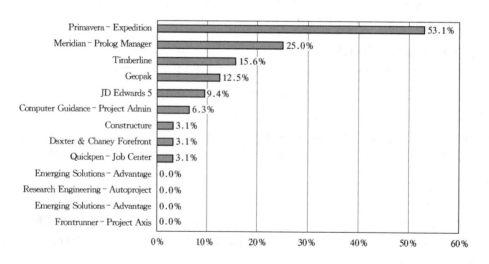

图 11-2　合同与项目事务管理软件覆盖率比较

（1）Expedition。Expedition 也是 Primavera Systems Inc. 的产品，在国际大型工程建设项目中，占有合同与费用管理软件市场的大部分份额，在业主、咨询单位和承包商等单位都有相当数量的客户。经过多年的推广，在中国内地的大型工程建设项目上应用极其广泛，并积累了丰富的经验，其通过 Expedition 实现的概算—合同—支付闭环管理深受用户喜爱。

（2）Prolog。美国领先的建筑管理类软件开发商 Meridian Project System 的产品，主要客户分布在北美地区。Meridian 通过由 2000 年成立的、总部位于香港的项目管理咨询和 IT

解决方案供应商宝智坚思向中国大陆提供代理服务，2003 年宝智坚思在上海成立其全资子公司宝智坚思管理咨询（上海）有限公司，凭借近年来在香港积累的一些经验进军中国大陆，向中国大陆市场推广 Prolog 产品。到目前为止，已有数家国内客户。

Prolog 的主要成员包括 PrologManager 和 Prolog Website，其中前者是以合同与费用管理为核心的项目管理软件，可以提供深层次的多项目管理功能，包括协作管理、采购管理、进度管理、费用控制、文档管理和现场管理；后者是 Meridian 公司研发的与 Prolog Manager 互为补充，专为分散的项目团队设计的、基于 Web 的协同工作的应用系统。

3. 集成系统

（1）Buzzsaw。软件开发商为 Autodesk 公司，其核心理念是项目信息门户（Project Information Portal，PIP），它的服务是提供一个协同工作门户网站，使项目组保持畅通联系，并通过任意的 Internet 连接来存储、管理和共享项目文档，进行及时的交流和协作，从而提高项目组的生产力并降低成本，Buzzsaw 软件采用"沟通＋协同＋文档管理"的方式设计开发。

（2）Citadon。由 Citadon 公司开发，是目前美国最大的、具有电子交易功能的项目管理与协作平台。Citadon 是基于 Web 方式的文档管理、业务流程管理和协作管理解决方案的领导者，其核心理念是将信息（Information）、流程（Process）和知识共享（Sharing）集成，在统一网络平台之上实现团队沟通管理、业务流程管理、在线文档管理。

（3）普华 PowerPIP 软件（图 11-3）。由上海普华科技发展有限公司自主研发的工程项目管理平台，针对项目业主、集团公司基建管理部门和政府公用事业建设管理部门的工程项目信息管理平台。该平台整合了项目管理领域几十年来 IT 应用实践的精髓，将业务人员使用的 PMIS（Project Management Information System，项目管理信息系统）、管理层使用的 PCIS（Project Controlling Information System，项目管理总控系统）与参与单位使用的 PIP（Project Information Portal，项目管理门户系统）三合一，使项目管理的 IT 辅助尽可能发挥最大作用。PowerPIP 与著名的项目管理软件 P3 及 P3e/c 具有接口，实现了以计划为基础的协同工作，以合同与费用控制为重点全面记录及监控，通过管理网络与管理作业实现管理流程与网络计划的结合，使得所有的管理业务均可在主体计划下协同行进。

（4）梦龙 LinkProject 软件（图 11-4）。梦龙科技开发的"Linkproject 项目管理平台"基于项目管理知识体系（PMBOK）构建，整合了进度控制、费用分析、合同管理、项目文档等主要项目管理内容。各个管理模块通过统一的应用服务实现工作分发、进度汇报和数据共享，帮助管理者对项目进行实时控制、进度预测和风险分析，为项目决策提供科学依据。

LinkProject 适用于项目业主单位、工程总承包单位、施工单位的项目管理。

（5）普华 PowerOn 软件。PowerOn 是上海普华科技发展有限公司自主研发的一套既融入了国际先进的项目管理思想，又结合了国内管理习惯及标准的企业级多项目管理集成系统。

PowerOn 以大中型工程公司、建设项目的 EPC 总承包商、专业承包商为主要用户对象。PowerOn 不但可以适用于单项目管理，也适用于项目型企业跨区域、多层次多项目管理。通过项目组合管理，还可以有效地衔接企业战略与具体的项目管理业务。

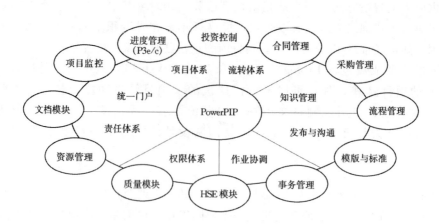

图 11 - 3　普华 PowerPIP 项目管理信息平台构成

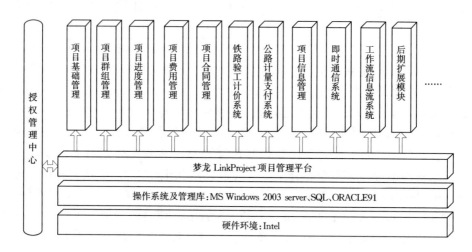

图 11 - 4　梦龙 LinkProject 项目管理平台

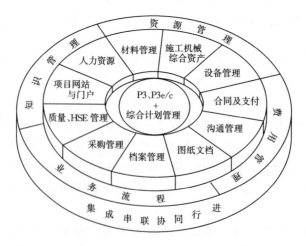

图 11 - 5　普华 PowerOn 的系统平台及业务构架

在一个集成串联协同行进的系统平台上，PowerOn 设计了如下功能模块：个人工作中心、项目门户、计划综合管理、物资采购管理、合同与支付管理、费用管理与成本核算、质量管理、HSE 管理、人力资源管理、材料管理、施工机具管理、设备管理、工程记录管理、沟通管理、图纸文档管理、档案管理。PowerOn 是以计划为龙头，物资流、资金流和工作流为主线的企业级工程项目管理集成系统。普华 PowerOn 的系统平台及业务构架如图11-5所示。

任务二　了解 P3e/c 软件概况

任务目标：了解 P3e/c 软件的组成模块、特点、功能及该软件的项目管理流程。

任务执行过程引导：了解 P3e/c 软件的组成模块及使用对象，了解 P3e/c 软件主要特点，了解 P3e/c 软件的功能，熟悉 P3e/c 软件的项目管理流程。

提交成果：结合施工企业实际和工程项目管理要求，以软件工程师的身份为客户单位（水电施工企业）编写一份 P3e/c 软件介绍。

考核要点提示：P3e/c 软件组成模块及使用对象，P3e/c 软件主要特点，P3e/c 软件的功能，P3e/c 软件的项目管理流程。

P3e/c 软件是由美国 Primavera 公司在 P3（Primavera Project Planner）的基础上研发的企业级项目管理软件。P3e/c 软件主要面向项目管理的进度和资源方面，同时进行费用分析，在输入各作业的工期、开工时间、作业间逻辑关系等基本数据后，经过计算得出该项目的关键线路和非关键线路的自由时差，通过控制、管理资源及资源平衡得出合理的施工进度，并在实际施工中进行动态跟踪，适时更新进度。

一、P3e/c 软件的组成模块及使用对象

为了提高管理效率，充分满足不同用户的管理要求，必须让不同的管理人员使用不同的管理工具，为此 P3e/c 采用了分模块化的设计思路。P3e/c 由 5 个相互独立又相互依存的组件组成。

（1）Project Manager（PM），用于计划编制、下达、调整、分析、系统设置和管理，是 P3e/c 必备核心组件。一般供项目经理、计划管理控制人员使用。

（2）Methodology Manager（MM），用于企业项目管理标准化库（经验库/模板库）的建立与维护。一般供企业标准化管理的人员使用。

（3）Team Member（TM），为企业内部项目执行层人员进度采集模块（包括作业进展、资源消耗与工程量完成情况）。一般供具体实施人员（资源）使用。

（4）My Primavera（MP），基于 WEB 的项目管理组件，用于企业领导层对项目进度、资源、费用进行综合分析，也可作计划调整和进度更新，实现大部分客户端的功能操作。一般供团队领导、管理决策层或项目经理使用。

（5）Project Analyst（PA），用于项目组合的计划与执行情况分析。一般供领导决策层或计划分析控制人员使用。

二、P3e/c 软件的主要特点

（1）能根据工程施工实际，迅速计算工程最终完工日期，以便及时预测合同目标执行情

况，提前及时采取有效措施。

（2）能全面反映各分项工程（作业）的工期、资源投入、费用指标及工程施工过程中的停工时段、重大事件记录等。

（3）能进行过程跟踪和快速修改，采用不同标符和不同颜色标出工程（作业）的计划和完成情况，当需要修改优化时可在原计划上直接操作，并快速编制出各个方案，最后通过比较选出优化方案。

（4）能对成本进行动态管理，它利用资源成本荷载（Resource Cost Loading）、资金流（Cash Flow）、成本控制（Cost Control）和单价及费率（Unite & Rates）等一系列图表，分析资源成本的配置量，并评估其是否合理。

三、P3e/c 软件的功能

P3 管理软件的功能非常强大，可运用表格和图示两种方式提供 70 多种标准报告，其主要类型包括资源型报表（反映资金流程线和资源分配线）、历时型及关系型图（纯逻辑图、时标逻辑图、横道图等）和自定义型（用户自己定义的）报告等，利用这些报告，可对工程进行全面的管理和科学的评估分析。

（1）计划管理方面，具备 10 万条工序、31 种日历、24 种用户特征编码，无限个目标进度，单节点、双节点网络、多种复杂逻辑关系都可进行运算。

（2）资源管理方面，可以处理无限个资源，还可提供结构式资源编码，对带权资源进行压缩和平衡，可以为有限资源的合理使用预先进行模拟计算，为资源调度提供优化方案。

（3）成本控制方面，具备 12 位长账号，包括成本种类、单位随时间变化、宏代替选择和累计、任意一点的汇总成本、措施调整后的成本预算、单价成本分析等诸多功能。

四、应用软件的项目管理流程

P3 软件项目管理流程通常分为 4 个阶段：初始阶段、计划阶段、控制阶段和结束阶段。

初始阶段即准备工作阶段，包括建立 P3 小组、收集信息、了解工程项目有关情况。

计划阶段即对整个项目过程中的时间进度、资源和费用进行计划安排，包括建立工程目标和工作范围（WBS结构）、建立作业代码和作业分类码、确定每个作业的工作时间（包括计划工期和作业日历）、确定每个作业的资源量、建立作业间逻辑关系、费用预算等，经过进度计划得出工程完工日期最长的连续作业路径或自由时差为 0 的作业线路即为关键线路。

控制阶段即在项目的实施过程中，根据不同作业的特性，深入现场、采集信息、弄清制约当前工程进度的因素，并加以整理、归纳、分析，将结果反映到 P3 计划中，经过 P3 软件进行运算并提供各类工程数据，再提出新的调整计划用于实施。

结束阶段即对工程的最终实施过程进行图表描述，并加以小结，得出有关的经验和教训。

应用软件的项目管理流程如图 11-6 所示。

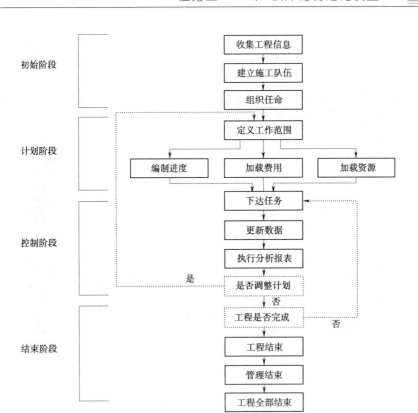

图 11-6 应用软件的项目管理流程

任务三　P3e/c 软件的初始化设置

任务目标：对 P3e/c 软件进行初始化设置。

任务执行过程引导：管理参数的设置，企业编码体系的建立（OBS、EPS 结构），各级管理用户及其相应权限设置。

提交成果：根据企业情况和软件使用人员结构层次对 P3e/c 软件进行初始化设置。

考核要点提示：P3e/c 软件组成模块及使用对象，P3e/c 软件主要特点，P3e/c 软件的功能，P3e/c 软件的项目管理流程。

一、设置管理参数

1. 管理员登录

运行"Project Management"程序，输入用户名："admin"，输入口令："admin"，点击"确定"按钮登录 PM 组件，如图 11-7 所示。

"显示"菜单主要是用于调整设置软件的显示界面和视图格式的，选择菜单"显示"——→"工具条"，可以将"工具条"菜单中有关选项打上钩，以便显示相关的工具栏，如图 11-8 所示。

2. 修改管理设置

选择菜单"管理员"——→"管理设置"，可使用"管理设置"对话框来指定由项目控制

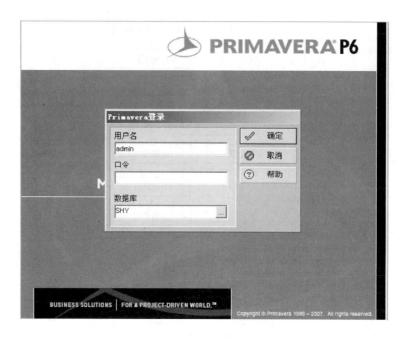

图 11-7 P3e/c 软件登录界面

图 11-8 工具条选择

协调员设定的默认设置。例如可在"单价类型"页面中给 5 个可用"单价"字段中每一个提供一个标题。该标题应说明其代表的单价类型。每当单价类型在列表或栏位的任何位置显示时，所定义的单价类型标题都会显示。修改管理设置如图 11-9 所示。

图 11 - 9　修改管理设置

3. 定义管理类别

选择菜单"管理员"——→"管理类别"，可使用"管理类别"对话框来定义可应用于所有项目的标准类别和值。例如可使用"计量单位"页面来设置材料资源的计量单位，在单位缩写或名称栏位下通过双击单位来更改名称，如图 11 - 10 所示。

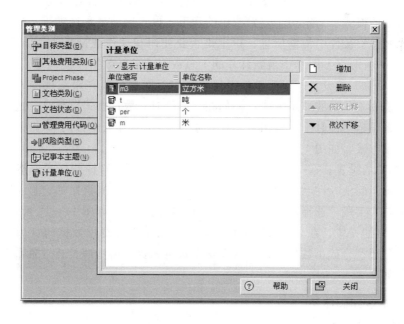

图 11 - 10　定义管理类别

4. 定义货币体系

选择菜单"管理员" ——→ "货币",可以指定用于在数据库中保存所有项目的费用数据的货币单位或基准货币,以及用于在窗口或对话框中显示费用数据的货币单位或查看货币。基准货币的汇率始终为 1.0,如果选择不同于基准货币的货币来查看费用数据,则基准货币值将乘以查看货币的汇率,来计算将在费用与单价字段显示的值。默认的基准货币为美元,可按图 11 - 11 将第一行显示为"USD"的货币修改为"人民币",添加另一种货币"美元",也可将其余的货币种类删除掉。定义货币如图 11 - 11 所示。

图 11 - 11 定义货币

5. 设置当前用户参数

选择菜单"编辑" ——→ "用户设置",可以设置某些选项以符合特定需求。如设置显示时间单位与日期的格式、指定用于查看费用的货币、设置启动显示选项等。还可以设定如何从模块的电子邮件安装件中传输信息、指定是否要使用在"作业剖析表"、"资源剖析表"、"作业直方图"、"资源直方图"中最新计算的汇总数据或最新数据。

(1)"时间单位"的设置。时间单位设置将影响时间数量值在跟踪视图、作业工期、资源单价、可用量和工作量的显示方式。例如在"单位时间数量格式"部分,选择以百分比或单位时间数量来显示单位时间资源用量,4 小时/天与 8 小时工作日的 50% 相同,该选择将确定单价的显示方式,如图 11 - 12 所示。

(2)"日期"的设置。在"日期格式"页面可选择要使用的日期格式,然后选择如何在日期字段中显示时间值。在"选项"区域勾选适用的复选框,来设定如何显示选定的日期格式。在"分隔符"字段,选择用于分割日期、月和年的字符,如图 11 - 13 所示。

(3)"货币"的设置。在"货币"页面,可指定用于查看费用数据的货币以及在费用值中显示或隐藏货币符号或小数值。用于查看货币数量的货币由管理员在"货币"对话框中定义。货币选项如图 11 - 14 所示。

二、建立企业编码体系

1. 建立组织分解结构

组织分解结构 OBS(Organization Breakdown Structure)反映了企业的项目管理组织层

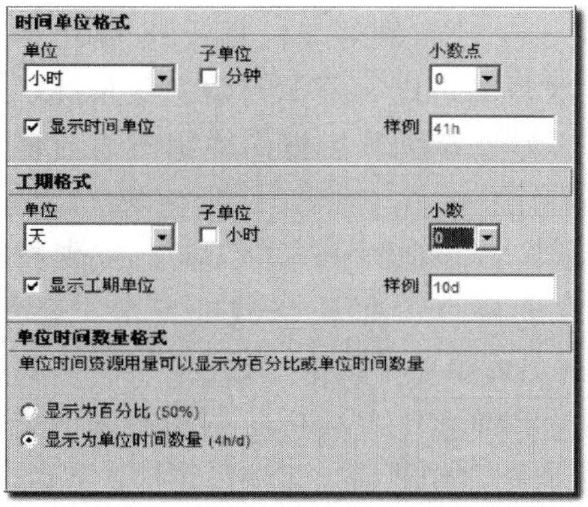

图 11-12　设置时间单位 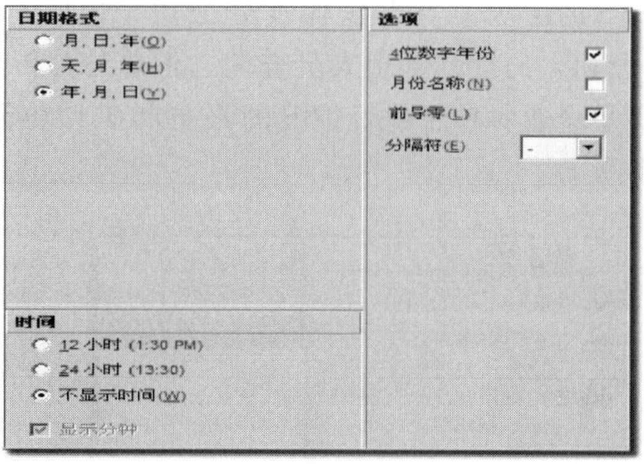　　　　　　　　图 11-13　日期设置

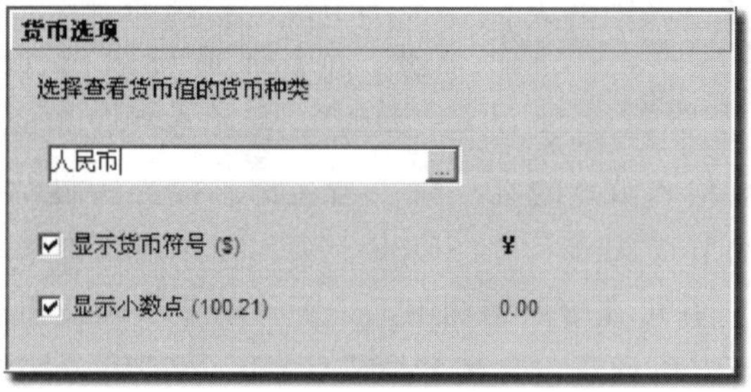

图 11-14　货币选项

次和结构，是企业管理结构的层次化排列。用户对企业项目结构（EPS）中节点和项目的访问是通过在 OBS 分层结构中定义的责任人来实现的。OBS 一旦分配给企业项目结构（EPS）或工作分解结构（WBS）的任何一个层次，那么该 OBS 就成为该 EPS 及其下层 EPS 或 WBS 及其下层 WBS 的责任人。也就是说该 OBS 对其子项 EPS 或 WBS 及其相关作业有权限。

可选择菜单"企业"——"OBS…"，建立企业的组织分解结构，如图 11-15 所示。

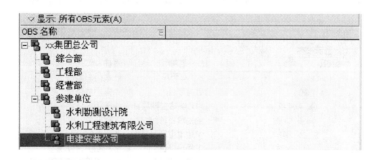

图 11-15　建立组织分解结构

2. 建立企业项目结构

企业项目结构 EPS（Enterprise Project Structure）反映企业内所有项目的结构分解层次，是企业内所有项目的一种最主要的组织形式（此外，项目还可以按项目分类码、栏

位字段进行组织）。EPS 为树状结构，该结构可以根据企业的需要分解为不同的层次数。EPS 的层次节点可以代表分公司、部门、项目地点、项目类别等。应用 EPS 可让企业（公司）的计划管理人员查询、汇总与分析公司所有项目的进度、资源与费用等情况，以满足企业对项目执行情况的报告和工作协调的要求，为领导决策层提供详细报表与信息参考。

图 11-16　EPS 栏位设置

选择菜单"企业"——"EPS"。首先按图 11-16 设置该窗口的栏位格式：点击"显示：EPS"，在弹出的菜单中选中"栏位"——"责任人"，这样可以将责任人的栏位调用出来。类似的在其他窗口中（作业窗口、项目窗口、WBS 窗口等）也可以按该方法来设置栏位。

（1）将节点添加到 EPS。选择要向其添加节点的节点，新添加节点将位于选定节点的下一层级。在企业项目结构（EPS）对话框中，单击"添加"。直接在栏位单元，或在"EPS 代码"字段与"EPS 名称"字段中输入节点的唯一代码与名称。接受所显示的责任人，或在字段中单击"浏览"按钮，来为节点选择不同的 OBS 元素。使用箭头键来增加/减少节点的缩进以表示其在 EPS 中的层次，并可在分层结构中上、下移动节点调整相对位置。

（2）添加多个根节点。可通过包含多个根节点来区分 EPS 分层结构的不同分支。例如，为了将当前项目与已完成项目或与作为新项目基础的模板项目分离开来，在此情况下，可按添加 EPS 节点的方式，添加一个 EPS 根节点，但减少根节点的缩进，将其放在层级的最左端。

（3）建立分层结构。设置 EPS 后，可定义各个 EPS 节点的其他数据，例如，预期日期、预算和支出计划。可使用"项目详情"来指定该信息；或者，如果具有访问这些功能的权限，则可在结构的适当节点下添加项目。访问权限由网络或数据库管理员设置。

例如按图 11-17 建立 EPS 结构，并为每个 EPS 结点选择一个"责任人"。

注意：EPS 结点的责任人是在对话框底部的 EPS 详情表中进行选择，不是在表格中选择或填写。

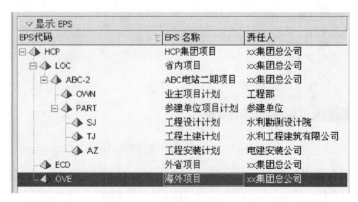

图 11-17　建立 EPS 结构

3. 定义角色与资源

（1）定义角色。角色是可创建并分配给组织中所有项目的人工与非人工资源及作业的标准角色集合。可在项目中确定数量不限的角色，并将其分层级组织，以便管理和分配。分配给各项作业的角色集合，将定义该作业的技能要求。还可以为各个角色定义多个单价与单位时间数量限制，来准确地计划未来费用与分配。

在项目进度计划计算与费用计划过程中，根据需要将角色分配到作业资源。计划完成后，可根据各项作业的角色与技能要求，用资源替换角色。

例如可选择菜单"企业"——→"角色"，按图 11-18 定义角色。

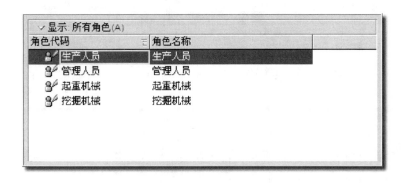

图 11-18　定义角色

（2）定义资源分类码。资源分类码是对项目资源分类的另一种方式，可创建指定名称的分类码并为其创建码值。还可将这些码值分配到相应资源，以便根据工程队的所有经理或所有资源来快速分组、过滤或排序。

例如可选择菜单"企业"——→"资源分类码"，点击"修改"按钮，添加一个编码名称为"资源分类"，如图 11-19 所示。

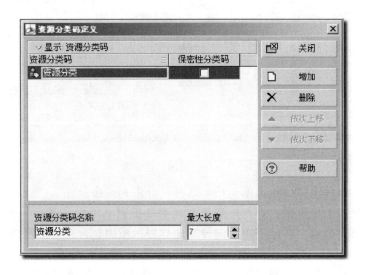

图 11-19　定义资源分类码

在"资源分类码"对话框中，选择要为其设定码值的分类码，然后单击"添加"，输入资源码值名称，最大字符数量在资源分类码层预设。要创建码值分层结构，可单击向右箭头按钮，将选定码值缩进一个层级。例如可按图 11-20 为该编码"资源分类"增加码值。

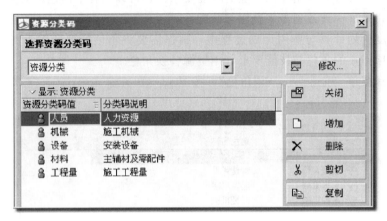

图 11-20   "资源分类"增加码值

（3）定义资源。资源包含执行所有项目作业的工作人员与设备。其中人工与非人工资源通常按时间计算，常分配到其他作业和项目；材料资源通常按单价计算。

可以创建资源分层结构，使其反映组织资源结构并支持将这些资源分配到作业，也可以设定无层级限制的资源分类码，用于分组与汇总。

选择菜单"企业"——→"资源"进入资源窗口。首先设置资源窗口的栏位，选择菜单"显示"——→"栏位"——→"自定义"，在弹出的窗口中点击按钮"默认"，可按图 11-21 将需要在资源窗口显示的栏位选择到"已选的选项"窗口中。

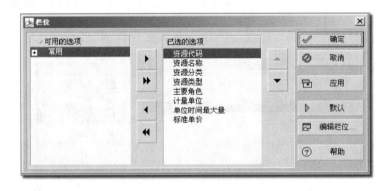

图 11-21   资源栏位设置

在"资源"页面单击"显示选项"栏，选择"分组和排序条件"、"默认"来显示资源分层结构。选择直接的上级资源，并与要添加的元素处于同一层级，然后单击"增加"按钮。根据用户设置，可以启动"新建资源"向导。向导提示添加包含在"资源详情"的各个页面中的信息。如果不适用向导，也可以在各个页面中直接输入此信息。要显示"资源详情"，单击"显示选项"栏，然后选择"详情"。例如可按图 11-22 所示建立资源库并分配角色和资源分类码。

图 11-22　建立资源库

资源的"单位时间最大量"、"标准单价"两个栏位数据需要在视图底部的资源详情表"数量和价格"页面中填写，不能直接在表格中填写。

4. 定义费用科目

费用科目可用于在整个项目周期内跟踪作业费用与赢得值。在项目层设置默认费用科目，以便将其自动分配到项目的作业。费用科目是在企业项目结构（EPS）中所有项目都可以用的分层结构中建立。例如可选择菜单"企业"———"费用科目"，建立图 11-23 所示费用科目。

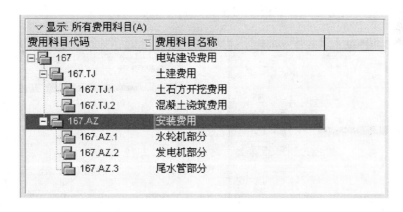

图 11-23　建立费用科目

5. 创建日历

可以在系统中创建无限数量的日历，以符合不同工作类型的需要。例如有些工作要求五天制工作周，而其他作业的执行是非全日制的（如星期一、星期三、星期五），所以可创建不同的日历，并将项目中的作业与资源分配给它们。

软件提供三种日历库：全局、资源及项目。全局日历库包含适用于数据库中所有项目的日历。项目日历库是组织中的各个项目的独立日历库。资源日历库是各个资源的独立日历库。可以将资源或全局日历分配给资源，或将全局或项目日历分配到作业。

（1）创建全局日历。选择菜单"企业"——→"日历"，选择"全局"，然后单击"增加"。选择要复制供新全局日历使用的日历，然后单击"选择"。输入新的日历名称。要将新日历作为所有作业与资源的默认全局日历，则勾选"默认"复选框。要编辑"新日历"，则单击"修改"，要在分配之前查看新日历，则单击"用户"。

（2）创建资源或项目日历。如果要创建项目日历，必须先打开一个项目。选择"资源或项目"，然后单击"增加"。例如可选择菜单"企业"——→"日历"，按表 11-1 的内容分别增加"七天工作制"和"五天工作制"两个全局日历，并点击"修改"按钮设置各自的工作周和节假日。

表 11-1　　　　　　　　　　　　　全 局 日 历 设 置 范 例

全局日历名称	工作周设置	非工作日（节假日）设置
七天工作制	周一至周日每天工作 8h	2005 年 5 月 1 日、2 日和 3 日 3 天为节假日
五天工作制	周一至周五每天工作 8h 周六和周日每天工作 0h	2005 年 10 月 3 日 1 天为节假日

将刚定义好的"七天工作制"设置为"默认"，如图 11-24 所示。

6. 建立项目分类码和作业分类码

（1）项目分类码。可以使用项目分类码根据特定类别（例如位置与部门等），将企业项目结构（EPS）中的项目进行分组。模块支持无限层的项目分类码，可以给项目建立任意数量的所需分类码，以符合过滤、排序与报表的需要。当 EPS 包含很多项目，而这些项目又具有很多层级，则可使用项目分类码来对项目进行分层组织。

图 11-24　创建日历

图 11-25　项目分类码定义

例如，可选择菜单"企业"——→"项目分类码"，点击"修改"按钮，进入"项目分类码定义"对话框，在其中添加一个项目分类码名称为"行业类别"，如图 11-25 所示。

要添加码值到项目分类码，则在"项目分类码定义"对话框单击"关闭"退回到"项目分类码"对话框，在其中选择要为其建立码值的项目分类码，然后单击"增加"，并输入码

图 11 - 26　项目分类码增加码值

值与说明。要更改码值在项目分类码分层结构中的位置，选择该分类码，然后单击相应的箭头按钮。例如可按图 11 - 26 为项目分类码"行业类别"增加码值。

（2）作业分类码。在软件中可以定义一个分类码集合，对项目中的作业进行分类。然后根据所分配的作业分类码和码值进行排序、过滤与分组作业。作业分类码包含各类信息，例如设计、质量控制或地址等。可以为各个分类码定义特定值，以进一步描述该类别。例如，如果某集团总公司拥有多个不同区域的在建工程，则可以创建带有华北、华中、华南等值的"位置"分类码。然后可以将各项作业与特定地址关联，并给各个分类码定义不限数量的值。

图 11 - 27　作业分类码定义

例如可以选择菜单"企业"──→"作业分类码"。在窗口中选择"全局"，并点击"修改"按钮，添加一个全局作业分类码为"计划层次"，如图 11 - 27 所示。

按图 11 - 28 为作业分类码"计划层次"增加码值。

图 11 - 28　作业分类码"计划层次"增加码值

7. 编制用户自定义字段

自定义字段可用于自定义字段和值，并将其添加到项目数据库。可以用它们跟踪递送日期和订单编号等附加作业数据。还可以用于跟踪与资源和费用有关的数据，例如利润、差值、修订后的预算等。

可以在"作业"、"作业步骤"、"WBS"等主题区域中自定义不限数量的自定义字段，并可为其指定相应的数据类型。与其他数据字段类似，可以在"作业表格"、"作业步骤"等栏位中显示所创建的自定义字段，根据自定义字段的数据分组、排序和过滤，在报表中查看自定义字段的数据。

点击菜单"企业"——→"用户定义字段"，选择需要添加用户自定义字段的区域为"作业"区域，可按图 11—29 所示为

图 11-29　编制用户自定义字段

"作业"区域创建两个用户自定义字段，并选择每个字段的数据类型。

三、管理用户及权限

（一）创建全局安全配置和项目安全配置

P3e/c 是一个多用户、多组件的企业项目管理软件，在项目的实施过程中，各用户的协同工作及其权限管理显得尤为重要。为了控制不同用户对不同层次数据的访问权限，P3e/c中提供了两种安全配置。

1. 全局配置

控制用户存取全局数据的权限，如 EPS、资源、角色、费用科目、全局分类码、用户建立、安全配置等。所有用户都必须分配有一种全局配置。

2. 项目配置

控制用户存取项目级数据的权限，如 WBS、作业、其他费用、临界值等。项目安全配置的分配是通过 OBS 过渡来实现的。比如用户 1 是属于某个 OBS，那么它在这个 OBS 中的角色（权限）就通过项目安全配置来实现，这样项目安全配置就决定了它对 OBS 所对应的管理范围（EPS/项目/WBS）的管理权限。每个用户可以在多个 OBS 节点中，但他在每个 OBS 中的角色可能是不同的，因此可以选择不同的项目安全配置。

在 P3e/c 软件中处理数据，全局数据的定义和增加资源等功能操作的用户，给其分配"编辑权限"的全局权限；对于只是通过 P3e/c 了解项目信息的用户，给其分配"只读数据"权限；系统自带的 Admin superuser 全局配置一般只分配给系统管理员使用。

例如可选择菜单"管理员"——→"安全配置"。在弹出的窗口中选择"全局配置"选项，添加两个全局安全配置"1. 参建单位全局权限"和"2. 业主全局权限"，并按图 11-30、图 11-31 分别为这两个全局安全配置分配权限。其中"1. 参建单位全局权限"只需将图 11-30 中显示的权限条目打钩；而"2. 业主全局权限"需要将所有全局权限条目打钩，不仅仅是图 11-31 中显示的部分。

选择"项目配置"选项，添加两个项目安全配置"1. 项目编制权限"和"2. 项目查看

权限"，并按图 11-32、图 11-33 分别为这两个项目安全配置分配它们的权限。其中"1.项目编制权限"需要将所有项目权限条目打钩，不仅仅是图 11-32 中显示的部分；"2.项目查看权限"不含任何项目权限。

图 11-30　为参建单位创建全局安全配置

图 11-31　为业主创建全局安全配置

图 11-32　分配项目编制权限

图 11-33　分配项目查看权限

（二）创建用户并分配权限

超级管理员 adimin 可以对使用该软件的工程各参与方不同层次的管理人员进行登录设

置及相应的权限分配。

例如选择菜单"管理员"——→"用户"，不删除或修改"admin"超级管理员用户的内容，只添加"李四"和"张三"两个用户，并填写用户信息，为每个用户分配用户权限，并分配"Project Management"组件并发用户的许可，见表 11-2。

表 11-2　　　　　　　　　　　　软件用户权限分配信息明细

用户	姓名	存取所有资源？	全局权限	项目权限		许可
				责任人	安全配置	
admin	Primavera Admin	否	＜Admin Superuser＞			PM 并发
李四	建筑公司工程师	是	1. 参建单位全局权限	工程部	2. 项目查看权限	PM 并发
				建筑工程公司	1. 项目编制权限	
张三	业主方计划工程师	是	2. 业主全局权限	集团总公司	2. 项目查看权限	M 并发
				工程部	1. 项目编制权限	

创建用户的操作界面如图 11-34 所示。

图 11-34　创建用户并分配权限

这样，以 admin 的身份退出系统后，可用新增的"张三"或"李四"等用户名及预设的密码登录系统。P3e/c 支持多用户在同一时间内在自己的权限范围内集中存取所有项目的信息。

任务四　应用 P3e/c 软件编制项目进度计划

任务目标：应用 P3e/c 软件编制具体工程详细施工进度计划。

任务执行过程引导：建立总控制计划项目，建立总控制计划的 WBS 结构，编制总控制计划的作业，建立标段控制计划项目，建立标段控制计划的 WBS 结构，编制标段控制计划的作业，编辑作业的详细属性。

提交成果：利用软件编制具体工程项目详细施工进度计划，生成".xer"格式文件输出。

考核要点提示：总控制计划项目的建立过程，总控制计划 WBS 结构的建立过程，总控制计划的作业的编制步骤、方法。

目前项目管理软件正被广泛地应用于项目管理工作中，尤其是它清晰的表达方式，在项目时间管理上更显得方便、灵活、高效。在管理软件中输入活动列表、估算的活动工期、活动之间的逻辑关系、参与活动的人力资源、成本，项目管理软件就可以自动进行数学计算、平衡资源分配、成本计算，并可迅速地解决进度交叉问题，也可以打印显示出进度表。项目管理软件除了具备项目进度制订功能外还具有较强的项目执行记录、跟踪项目计划、实际完成情况记录的能力，并能及时给出实际和潜在的影响分析。

在进度计划管理工作开始之前，应该先完成项目管理工作中的范围管理部分。如果只图节省时间，把这项必要的前期工作省略，后面的工作必然会走弯路，反而耽误更多时间。项目一开始首先要明确项目目标、可交付产品的范围定义和项目的工作分解结构（WBS）。项目中一些活动是明显的、必需的工作，而另一些则具有一定的隐蔽性，所以要以经验为基础，列出完整的完成项目所必需的工作，同时要有专家参与整个审定过程，以此为基础才能制订出可行的项目进度计划。

项目进度计划的编制流程为：分析图纸、合同，确定工程范围与阶段目标；根据施工工艺编制作业清单及逻辑关系；建立工程项目，输入作业数据；建立、加载信息管理系统；作业资源、工期、工程量预算；编制设备安装进度计划；进度计划分析、调整；建立目标工程；进度跟踪及工程管理。

下文以某水电站施工进度计划编制过程为例简要介绍 P3 软件编制项目进度计划的过程、方法。

一、编制总控制计划

1. 建立总控制计划项目

选择菜单"企业"——"项目"切换到项目窗口中，选择菜单"文件"——"新建"，按新建项目向导顺序依次选择和输入表 11-3 中的项目信息。

表 11-3　　　　　　　　　　新 建 项 目 信 息 明 细

选择 EPS	业主项目计划	项目名称	ABC 电站二期总控制计划
项目代码	ABC2-ZK	必须完成	无
计划开始	2005-03-01	单价类型	标准单价
责任人	工程部	项目构造	不运行项目构造

在项目窗口选中新建的项目"ABC 电站二期总控制计划"，按图 11-35～图 11-37 所示在视图底部的项目详情表中分配该项目的分类码，修改默认参数和计算参数。

（1）分配项目分类码，如图 11-35 所示。

（2）修改项目默认参数，如图 11-36 所示。

（3）修改项目计算参数，如图 11-37 所示。

2. 建立总控制计划的 WBS 结构

选择菜单"项目"——"WBS"切换到项目"ABC 电厂二期总控制计划"的工作分解

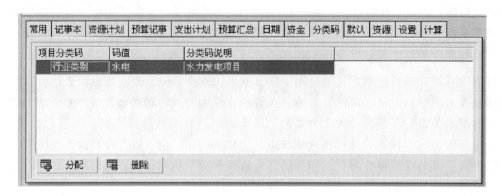

图 11-35　分配项目分类码

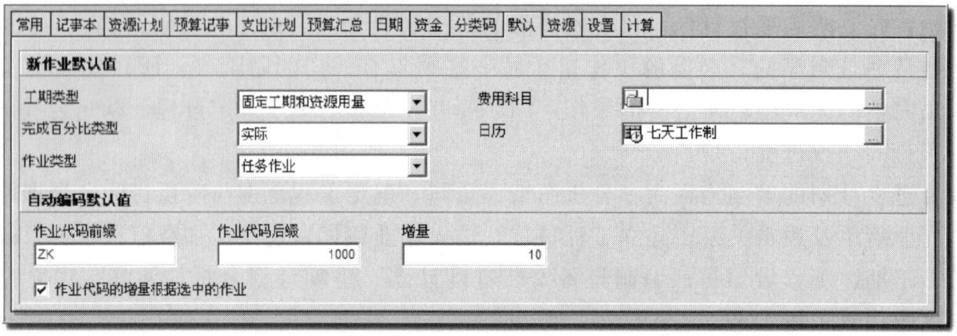

图 11-36　修改项目默认参数

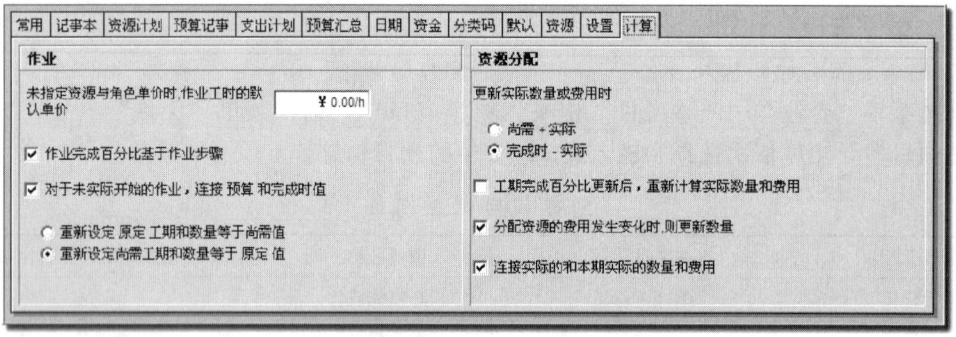

图 11-37　修改项目计算参数

结构窗口中，选择菜单"显示"——→"栏位"——→"自定义"，按图 11-38 调整 WBS 窗口的栏位。

　　在工作分解结构窗口中，按图 11-39 在"ABC2-ZK"项目根结点下添加 WBS 节点，并填写 WBS 各个栏位的数据。注：点击按钮"　　　"可以调整 WBS 横道图中的时间标尺。

　　3. 编制总控制计划的作业

　　选择菜单"项目"——→"作业"切换到总控制计划的作业窗口中，选择菜单"显示"

图 11-38　总控制计划的栏位选择

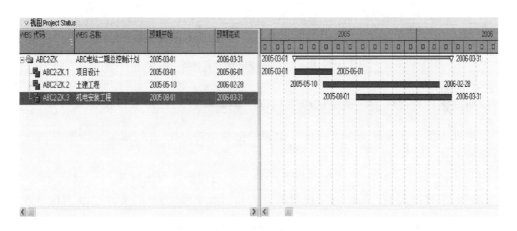

图 11-39　建立总控制计划 WBS 结构

——"栏位"，按图 11-40 调整作业窗口的栏位。

选择菜单"显示"——"分组和排序"，按图 11-41 调整作业窗口中所有作业的分组和排序方式。其中，选择分组条件为"WBS"。

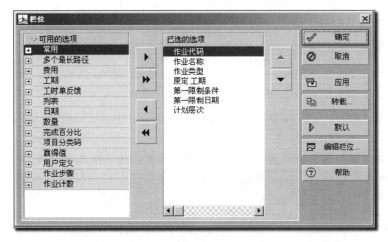

图 11-40　总控制计划作业的设置

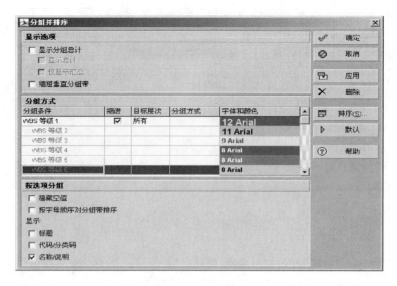

图 11-41　作业分组和排序

可以通过鼠标左键点击"作业代码"栏位""，这样可以使作业按照"作业代码"的顺序进行排序，并且会在该栏位中出现"倒三角符号"，如"作业代码▽"，以表示当前作业排序的方式。

按图 11-42 为"ABC 电厂二期总控制计划"添加作业，并填写图 11-42 所示的各个作业栏位数据。注意：其中选择计划层次时需要将其过滤条件（F）设置为"所有值（A）"。

作业代码	作业名称	作业类型	原定工期	第一限制条件	第一限制日期	计划层次
ABC电站二期总控制计划						
MS1000	土建开工	开始里程碑	0d	强制开始	2005-05-10	level-1
MS1010	水轮机安装	开始里程碑	0d	强制开始	2005-08-01	level-1
MS1020	发电机安装	开始里程碑	0d	强制开始	2005-09-01	level-1
项目设计						
ZK1000	厂房工程设计	任务作业	90d			level-2
土建工程						
ZK1010	厂房建筑工程	任务作业	300d			level-2
机电安装工程						
ZK1020	厂房安装工程	任务作业	240d			level-2

图 11-42　为计划添加作业

选择菜单"显示"——→"横道"。在横道设置的窗口中，点击"默认"按钮，然后将"尚需配合作业"、"实际配合作业"、"实际工作"、"尚需工作"、"关键尚需工作"、"当前横道标签"和"里程碑"这 7 个横道的"显示"选项钩上，并消掉其余横道的"显示"选项。

分别为"当前横道标签"和"里程碑"这两个横道添加横道标签，按图 11-43 所示分别为这两个横道添加和设置它们的横道标签。

通过点击按钮"⊕⊖"，可以将作业横道图中的时间标尺调整为"年/月"的格式。通过点击按钮"⤵"，可以将该按钮按下以显示作业之间的逻辑关系线。最后选择菜单"显

图 11-43 横道设置

示"——→"视图"——→"另存为"，可以将当前的界面显示格式保存为视图名称为"1. 作业进度视图"，该视图可用于"所有用户"。如图 11-44 所示。

图 11-44 保存视图

按图 11-45 连接作业之间的逻辑关系，并按键盘上的"F9"键执行进度计算，设置"当前数据日期"为：2005 年 3 月 1 日，执行进度计算后结果如图 11-45 所示。

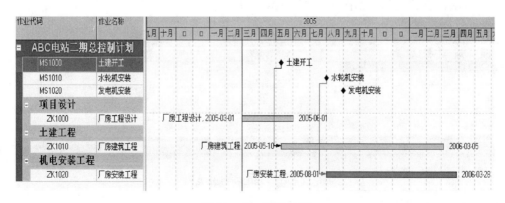

图 11-45 进度计算

二、标段控制计划的编制

1. 参建单位用户登录

退出并重新启动软件，按图 11-46 输入用户名"李四"，以建筑工程公司工程师的身份登录该软件。

图 11-46　参建单位用户登录

选择菜单"显示"——"工具条"，将"工具条"菜单中所有选项打上钩。

参照本项目任务三"一、设置管理参数→5. 设置当前用户参数"中的内容，以相同的方式设置当前用户的各个参数。

2. 建立标段控制计划项目

选择菜单"企业"——"项目"切换到项目窗口中，选择菜单"文件"——"新建"，按新建项目向导顺序依次选择和输入表 11-4 中所列项目数据信息。

表 11-4　　　　　　　　　　　　新建项目信息明细

选择 EPS	工程土建计划	项目名称	ABC 电站二期土建工程计划
项目代码	ABC2-TJ	必须完成	无
计划开始	2005-05-10	单价类型	标准单价
责任人	建筑工程公司	项目构造	不运行项目构造

在项目窗口中选中新建的项目"ABC 电站二期土建工程计划"，按图 11-47～图 11-49 所示在视图底部的项目详情表中分配该项目的分类码，并修改默认参数和计算参数。

（1）分配项目分类码，如图 11-47 所示。

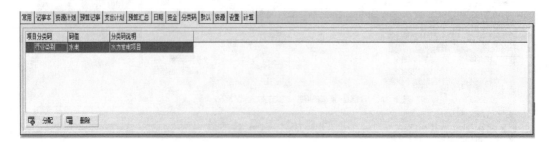

图 11-47　分配项目分类码

（2）修改项目默认参数，如图 11-48 所示。

（3）修改项目计算参数，如图 11-49 所示。

图 11-48　修改项目默认参数

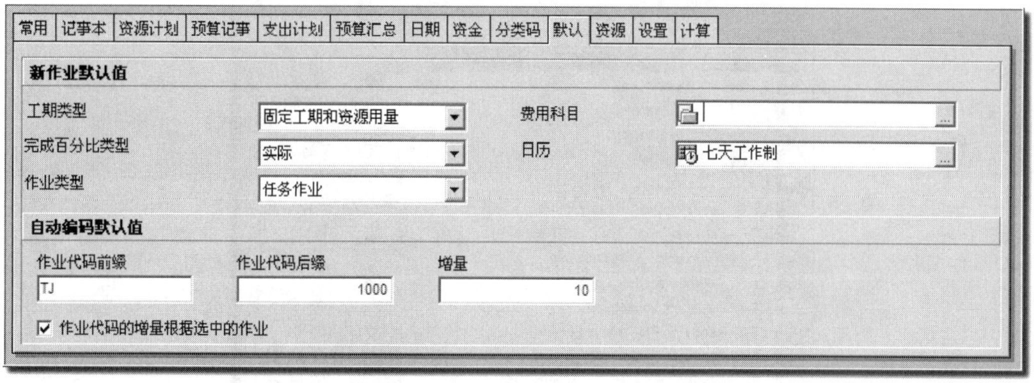

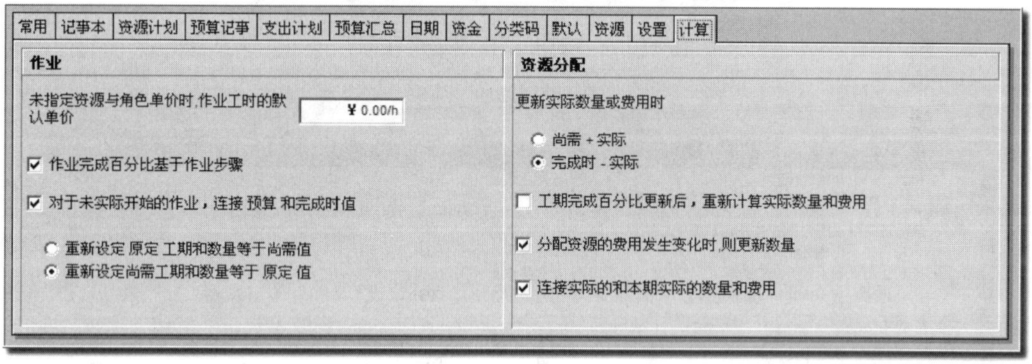

图 11-49　修改项目计算参数

3. 建立标段控制计划的 WBS 结构

选择菜单"项目"——"WBS"切换到项目的工作分解结构窗口中，按图 11-50 增加编辑项目的 WBS 结构。

图 11-50　建立标段控制计划的 WBS 结构

图 11-51　提示保存视图的对话框

4. 编制标段控制计划的作业

选择菜单"项目"——"作业"，进入到项目的作业窗口中，选择菜单"显示"——"视图"——"打开"，如图 11-51 所示在弹出的对话框中选择"否"按钮，并按图 11-52 右边所示选中"1. 作业进度视图"并点击"打开"按钮打开。

按图 11-53 增加项目作业，并填写每个作业的栏位数据。注意"ZK1000 电站建设工程"这道作业的"作业类型"为"配合作业"。

按图 11-54 连接作业之间的逻辑关系，并按键盘上的"F9"键执行进度计算，设置

图 11 - 52　打开"作业进度视图"

作业代码	作业名称	作业类型	原定工期	第一限制条件	第一限制日期	计划层次
ABC电站二期土建工程计划						
ZK1000	电站建设工程	配合作业	211d			level-2
建筑工程						
厂房坝段引水压力钢管及外包混凝土施工						
TJ1000	厂房进水口施工	任务作业	60d			level-3
TJ1010	引水压力钢管安装	任务作业	90d			level-3
TJ1020	压力钢管外包混凝土施工	任务作业	50d			level-3
厂房工程						
TJ1030	厂房下部结构	任务作业	106d	开始不早于	2005-06-18	level-3
TJ1040	厂房上部结构	任务作业	60d			level-3
TJ1050	厂房内装修	任务作业	75d			level-3

图 11 - 53　作业视图

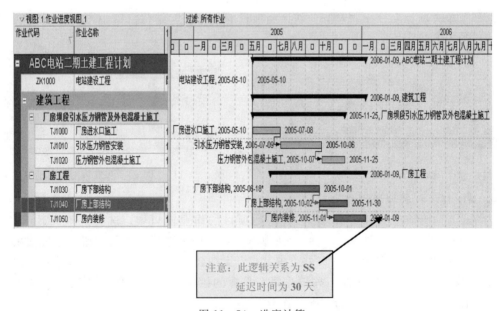

图 11 - 54　进度计算

"当前数据日期"为 2005 年 5 月 10 日，执行进度计算后结果如图 11 - 54 所示。注意作业"TJ1040 厂房上部结构"和"TJ1050 厂房内装修"之间的逻辑关系为 SS（开始—开始）的关系，并且该逻辑关系有延迟时间 30d。

5. 编辑作业的详细属性

选择菜单"显示"——→"显示于底部"——→"作业详情"将在作业窗口底部显示作业的详情表，在作业详情表中可以进行以下操作。

（1）给作业分配记事本。选择菜单"管理员"——→"管理类别"，按图 11 - 55 添加或修改"记事本主题"，并删除其他未要求添加的"记事本主题"。

图 11 - 55 给作业分配记事本

选中作业"TJ1030. 厂房基础"，按图 11 - 56 所示在视图底部的作业详情表"记事本"页面中为作业"TJ1030. 厂房基础"添加两个记事本，并按图 11 - 56 所示为记事本"技术交底"添加记事内容。提示："技术交底"的记事内容可以先在 MS Office. Word 中编辑完成，然后再复制粘贴到"记事本"页面中。

图 11 - 56 作业详情表"记事本"

（2）为作业增加步骤。选中作业"TJ1030. 厂房下部结构"，按图 11 - 57 所示在视图底部的作业详情表"步骤"页面中为作业"TJ1030. 厂房下部结构"添加作业步骤，按图 11 - 57 调整"步骤"页面的栏位设置，并填写步骤各个栏位内容，为步骤"基础板施工"添加步骤描述。

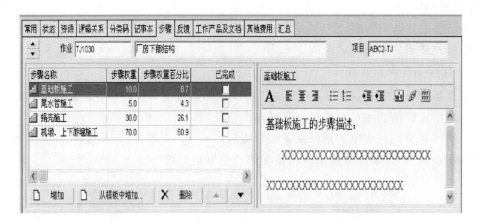

图 11-57　作业详情表"步骤"

（3）管理工作产品及文档。选择菜单"管理员"──→"管理类别"，按图 11-58 和图 11-59 添加修改"文档类别"和"文档状态"，并删除其他未要求添加的"文档类别"和"文档状态"。

图 11-58　设置文档类别

图 11-59　设置文档状态

选择菜单"项目"──→"工作产品及文档"，按图 11-60 所示建立当前项目的工作产品

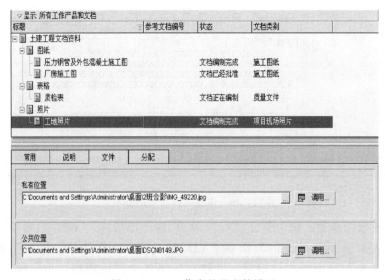

图 11-60　工作产品及文档设置

或文档库，填写图 11 - 60 所示工作产品或文档各个栏位的数据，并分别在"私有位置"和"公共位置"中为文档"工地照片"选取实际照片文件的链接地址。

选择菜单"项目"——→"作业"回到项目作业窗口中，选中作业"TJ1030．厂房下部结构"，按图 11 - 61 所示在视图底部的作业详情表"工作产品及文档"页面中为作业"TJ1030．厂房下部结构"分配文档资料。

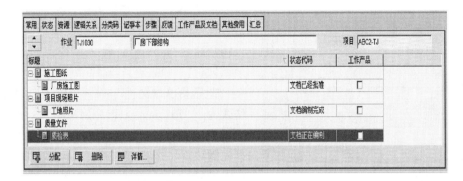

图 11 - 61　作业设置

三、编制详细施工计划

1. 编写工程施工计划或工作计划

综合课程中所学的知识，并结合自己的工程专业，编写一个详细的工程施工计划或工作计划（图 11 - 62）。具体要求如下：

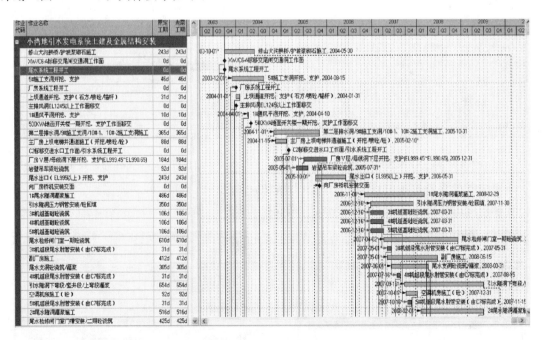

图 11 - 62　详细施工计划

（1）使用 WBS 结构合理分解项目工作内容。

（2）作业数目在 20 道左右，反映实际项目或业务工作内容。

（3）能通过逻辑关系体现出详细计划的进度安排。

（4）正确使用限制条件。

（5）通过进度计算确定工作任务的计划开始、计划完成时间。

（6）在作业进度计划的基础上完善其他项目信息的输入（文档、记事本、步骤等）。

提示：可以参照前面的练习内容中所描述的计划编制过程，来编制下面的计划。

图 11-63　用户登录

2. 导入已编制好的工程详细施工计划

退出并重新启动软件，按图 11-63 所示输入用户名："admin"，输入口令："admin"，登录该软件。

选择菜单"文件"——"导入"，选择导入格式为："Primavera PM/MM－（xer）"，导入类型为"项目"，选择需要导入的文件（提示：事先需要有一个扩展名为 .xer 的项目文件，才可以进行项目文件的导入操作。该项目的 xer 文件可以从其他项目的 P3e/c 数据库中导出得到，或者是以前经验项目的 xer 数据文件），如图 11-64 所示。

如图 11-65 设置，以创建新项目的方式将计划导入到 EPS 结点"AZ -安装"下面。

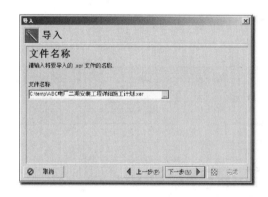

图 11-64　导入文件选择

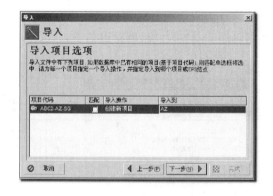

图 11-65　文件导入设置

使用缺省的更新选项，点击"下一步"按钮，如图 11-66 所示。

选择匹配的货币格式，点击"完成"完成导入操作，如图 11-67 所示。

图 11-66　更新项目选项

图 11-67　货币设置

打开刚导入的详细施工计划，切换到该项目计划的作业窗口中，可以看到所需要的作业活动，并可进行相关作业的资源加载与计划进度的跟踪。

任务五　应用 P3e/c 软件对项目资源和费用进行管理

任务目标：应用 P3e/c 软件对水利工程建设中的项目资源和费用进行管理。

任务执行过程引导：在作业上加载资源和角色，查看、分析资源负荷，记录项目的预算及预算变更，建立支出计划与收益计划，记录项目中各类费用，分析汇总费用，制作费用分析报表，项目进展情况的跟踪、分析，项目信息的网络发布。

提交成果：重力坝施工项目资源使用计划，支出计划与收益计划，费用分析报表。

考核要点提示：使用软件进行资源计划的编制，费用分析报表的编制，项目信息的组织与发布。

编制好项目的时间进度安排，给作业分配相应的资源，那么 P3 软件就会根据项目的时间安排计算出时间的资源与费用随时间的具体分布情况。而根据这些分布柱状图、剖析表和曲线，可以分析出资源是否存在超限量的分配及费用是否超出项目计划阶段的预算安排（自上而下的预算）。在项目计划的资源出现超限分配时，可以根据资源的限量来进行资源平衡与时间计划的调整。

下文以具体工程为例简要介绍项目资源和费用管理的软件实施过程、方法。

一、管理资源

1. 给作业分配资源和角色

选择菜单"文件"——→"打开"，单独选中"ABC2 - TJ（ABC 电站二期土建工程计划）"项目打开，进入该项目计划的作业窗口中，按图 11 - 68～图 11 - 73 所示在视图底部的作业详情表"资源"页面中为每道作业分配资源，并填写各个栏位数据。

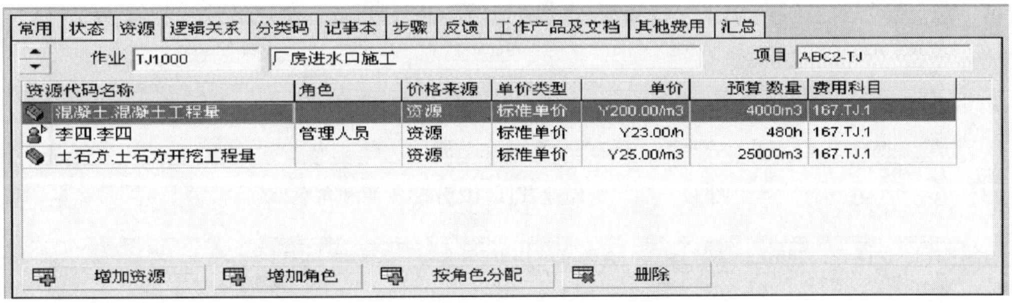

图 11 - 68　给作业 TJ1000 分配资源和角色

2. 查看、分析资源负荷

选择菜单"显示"——→"显示于底部"——→"资源使用直方图"，在底部视图左窗口选中资源"混凝土"，在右边窗口可以查看到该资源的分配情况，如图 11 - 74 所示。

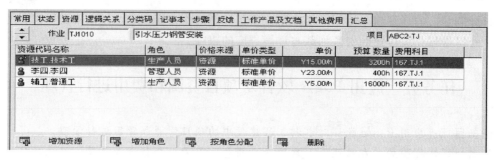

图 11-69 给作业 TJ1010 分配资源和角色

图 11-70 给作业 TJ1020 分配资源和角色

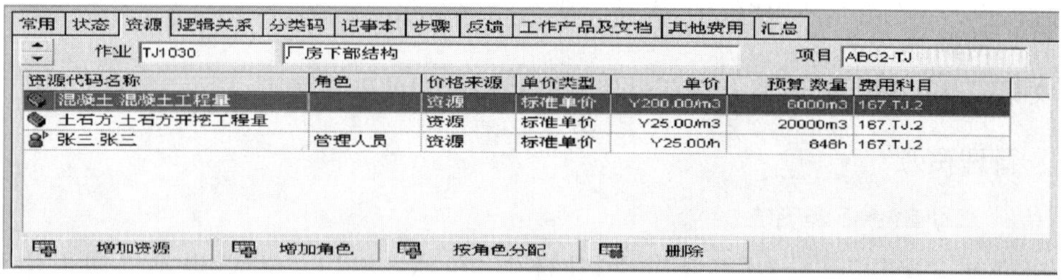

图 11-71 给作业 TJ1030 分配资源和角色

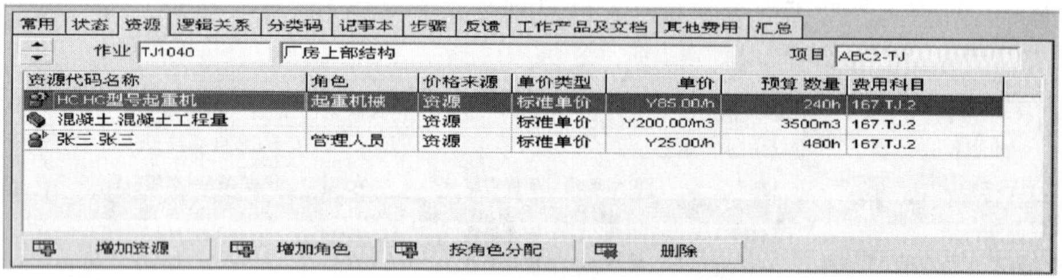

图 11-72 给作业 TJ1040 分配资源和角色

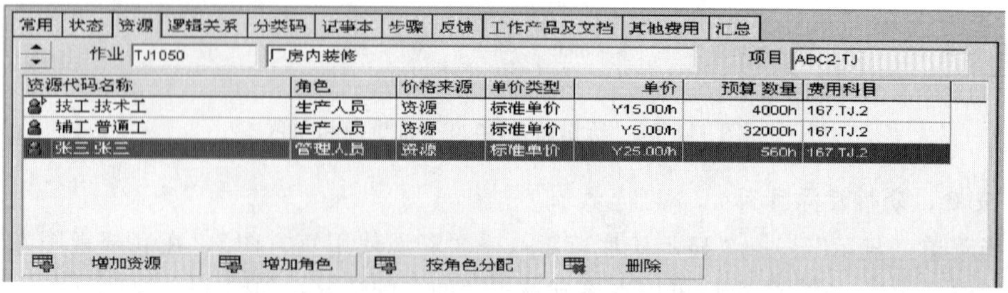

图 11-73 给作业 TJ1050 分配资源和角色

显示: 所有有效的资源(C)
资源代码
资源名称
张三 张三
李四 李四
TC TC型号起重机
HC HC型号起重机
土石方 土石方开挖工程量
混凝土 混凝土工程量
显示选择的作业...
时间周期
资源
显示: 仅打开的项目
实际数量
尚需最早数量
超额分配最早数量
限量
10000m3
8000m3
6000m3
4000m3
2000m3
三月 四月 五月 六月 七月 八月 九月 十月 一月 二月
2005

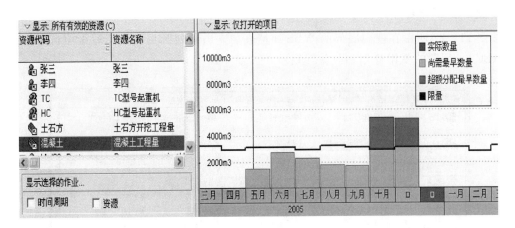

图 11-74　资源使用直方图

二、预算费用和资金计划

1. 记录项目的预算及预算变更

切换到项目计划的 WBS 工作分解结构窗口中，按图 11-75 所示为“ABC2-TJ”项目各个 WBS 填写原定预算金额。

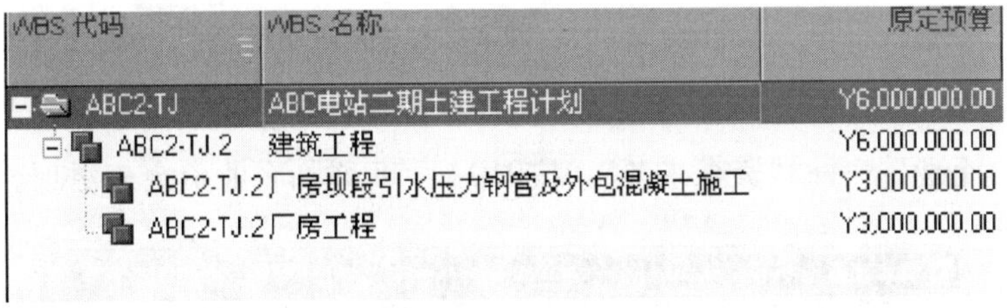

WBS 代码
WBS 名称
原定预算
ABC2-TJ ABC电站二期土建工程计划 Y6,000,000.00
ABC2-TJ.2 建筑工程 Y6,000,000.00
ABC2-TJ.2 厂房坝段引水压力钢管及外包混凝土施工 Y3,000,000.00
ABC2-TJ.2 厂房工程 Y3,000,000.00

图 11-75　项目 WBS 预算

选中 WBS 根结点“ABC2-TJ”，按图 11-76 为该结点添加预算变更记录。

视图:Project Status
WBS 代码
WBS 名称
原定预算
当前预算
建议预算
ABC2-TJ ABC电站二期土建工程计划 Y6,000,000.00 Y6,100,000.00 400,000.00
ABC2-TJ.2 建筑工程 Y6,000,000.00 Y6,000,000.00 000,000.00
ABC2-TJ.2 厂房坝段引水压力钢管及外包混凝土施工 Y3,000,000.00 Y3,000,000.00 000,000.00
ABC2-TJ.2 厂房工程 Y3,000,000.00 Y3,000,000.00 000,000.00
常用 记事本 预算记事 支出计划 预算汇总 WBS里程碑 工作产品及文档 赢得值
原定预算: Y6,000,000.00
当前预算 Y6,100,000.00
建议预算: Y6,400,000.00
预算变更记录
日期 金额 责任人 状态 原因 变更编号
待批 Y300,000.00
2006-12-12 Y300,000.00 待批 3
未批准 Y500,000.00
2005-08-12 Y500,000.00 未批准 2
已批 Y100,000.00
2005-10-01 Y100,000.00 已批 1
增加
删除

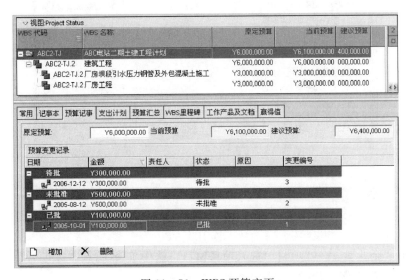

图 11-76　WBS 预算变更

2. 建立支出计划与收益计划

按图 11－77 所示在视图底部的 WBS 详情表“支出计划”页面中填写该项目 WBS 根结点“ABC2－TJ”的支出计划和收益计划。

日期	支出计划	支出计划汇总	未分摊当前差值	投资收益计划
总计	¥5,900,000.00	¥0.00	¥5,900,000.00	¥0.00
05－二月	¥0.00	¥0.00	¥0.00	¥0.00
05－三月	¥0.00	¥0.00	¥0.00	¥0.00
05－四月	¥0.00	¥0.00	¥0.00	¥0.00
05－五月	¥500,000.00	¥0.00	¥500,000.00	¥0.00
05－六月	¥900,000.00	¥0.00	¥900,000.00	¥0.00
05－七月	¥1,100,000.00	¥0.00	¥1,100,000.00	¥0.00
05－八月	¥1,000,000.00	¥0.00	¥1,000,000.00	¥0.00
05－九月	¥1,000,000.00	¥0.00	¥1,000,000.00	¥0.00
05－十月	¥500,000.00	¥0.00	¥500,000.00	¥0.00
05－十一月	¥500,000.00	¥0.00	¥500,000.00	¥0.00
05－十二月	¥100,000.00	¥0.00	¥100,000.00	¥0.00
06－一月	¥300,000.00	¥0.00	¥300,000.00	¥0.00

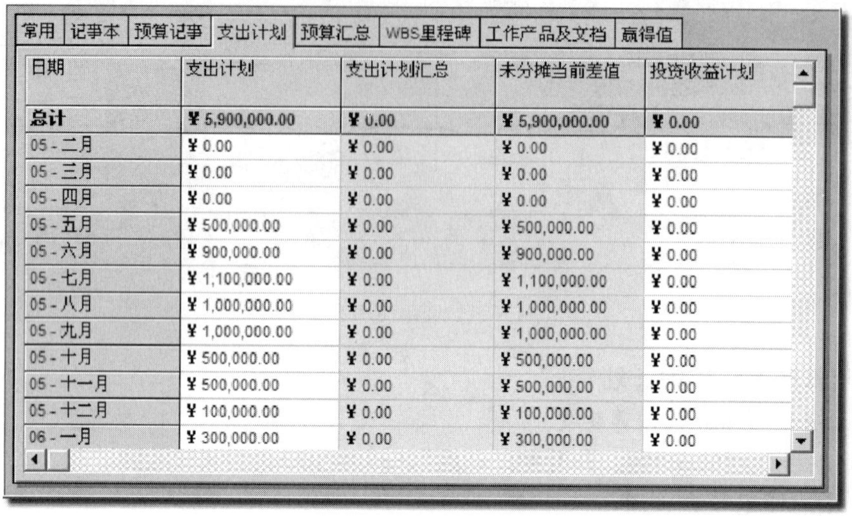

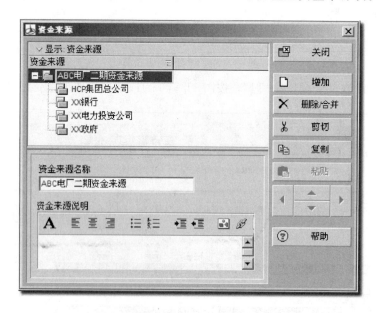

图 11－77 WBS 详情表—“支出计划”

3. 定义资金来源

选择菜单“企业”──→“资金来源”，按图 11－78 添加企业资金来源项。

图 11－78 定义资金来源

选择菜单“企业”──→“项目”进入项目窗口，选中 EPS 结点“ABC－2（ABC 电厂二期)”，按图 11－79 为该 EPS 结点添加资金来源记录。

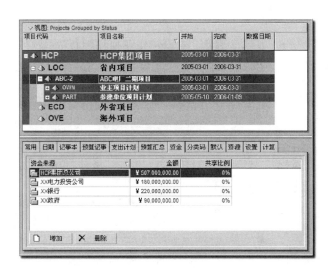

图 11-79　添加资金来源记录

三、项目成本费用管理

1. 记录项目中与资源无关的费用

项目中与资源无关的费用通常使用其他费用来管理，选择菜单"管理员"——→"管理类别"，按图 11-80 添加或修改其他费用的类别。

图 11-80　费用类别设置

进入作业窗口，选中作业"TJ1030（厂房下部结构）"，按图 11-81 在作业详情表"其他费用"页面中为作业"TJ1030（厂房下部结构）"分配其他费用。

图 11-81　作业详情表——"其他费用"

2. 分析汇总费用

选择菜单"显示"——→"显示于底部"——→"作业使用剖析表",在底部视图的右边窗口中点击鼠标右键选择"表格字段",按图 11 - 82 设置表格所显示的字段,显示如图 11 - 83 所示。

视图: Classic WBS Layout		过滤: 所有作业				
作业代码	作业名称	完成时人工费	完成时非人工费	完成时材料费	完成时其他费用	完成时总费用
ABC电站二期土建工程计划						
ZK1000	电站建设工程	Y0.00	Y0.00	Y0.00	Y0.00	Y0.00
建筑工程						
厂房坝段引水压力钢管及外包混凝土施工						
TJ1000	厂房进水口施工	Y11,040.00	Y0.00	425,000.00	Y0.00	Y1,436,040.00
TJ1010	引水压力钢管安装	Y137,200.00	Y0.00		Y0.00	Y137,200.00
TJ1020	压力钢管外包混凝土施工	Y16,560.00	Y23,400.00	440,000.00	Y0.00	Y1,479,960.00
厂房工程						
TJ1030	厂房下部结构	Y21,200.00	Y0.00	700,000.00	Y77,000.00	Y1,798,200.00
TJ1040	厂房上部结构	Y12,000.00	Y20,400.00	700,000.00	Y0.00	Y732,400.00
TJ1050	厂房内装修	Y234,000.00	Y0.00	Y0.00	Y0.00	Y234,000.00

图 11 - 82　作业使用剖析表

作业代码	作业名称	Cum	2005					
			五月	六月	七月	八月	九月	十月
建筑工程		完成时人工费	Y4,048.00	Y12,168.00	Y54,902.22	Y'08,360.00	Y160,093.33	Y183,7
		完成时非人...						Y21,9
		完成时材料费	522,500.00	1,443,490.57	2,130,660.38	2,627,830.19	3,108,962.29	4,195,0
		完成时其他...		Y9,443.40	Y31,962.26	Y54,481.13	Y76,273.58	Y77,0
		完成时总费用	526,548.00	1,465,101.96	2,217,524.86	2,790,671.32	3,345,329.59	4,477,6
	厂房坝段引水压力钢管及外包混凝土施工	完成时人工费	Y4,048.00	Y9,568.00	Y46,102.22	Y93,360.00	Y139,093.33	Y156,5
		完成时非人...						Y11,7
		完成时材料费	522,500.00	1,235,000.00	1,425,000.00	1,425,000.00	1,425,000.00	2,145,0
		完成时其他...						
		完成时总费用	526,548.00	1,244,568.00	1,471,102.22	1,518,360.00	1,564,093.33	2,313,2
TJ1000	厂房进水口施工	完成时人工费	Y4,048.00	Y9,568.00	Y11,040.00	Y11,040.00	Y11,040.00	Y11,0
		完成时非人...						
		完成时材料费	522,500.00	1,235,000.00	1,425,000.00	1,425,000.00	1,425,000.00	1,425,0
		完成时其他...						
		完成时总费用	526,548.00	1,244,568.00	1,436,040.00	1,436,040.00	1,436,040.00	1,436,0
TJ1010	引水压力钢管安装	完成时人工费			Y35,062.22	Y82,320.00	Y128,053.33	Y137,2
		完成时非人...						
		完成时材料费						
		完成时其他...						
		完成时总费用			Y35,062.22	Y62,320.00	Y128,053.33	Y137,2

图 11 - 83　费用汇总表

四、项目费用报表分析

选择菜单"工具"——→"报表向导",按图 11 - 84 所示的步骤制作项目的费用报表,并将其保存成名称为"按费用科目汇总完成时费用"的全局报表。

在报表向导的"配置选中的主题区域"页面中点击"栏位",按图 11 - 85 所示选择报表的栏位,最后填写报表的名称。

点击"运行报表"预览该报表,如图 11 - 86 所示。

报表预览的结果如图 11 - 87 所示。

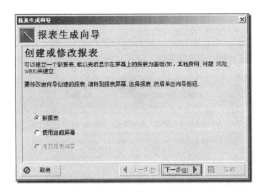

(a)　　　　　　　　　　　　　　　(b)

(c)　　　　　　　　　　　　　　　(d)

图 11－84　报表生成向导

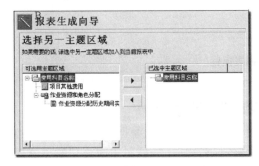

(a)　　　　　　　　　　　　　　　(b)

图 11－85　报表生成向导的配置

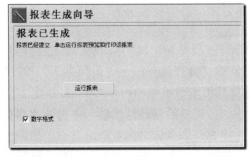　　

(a)　　　　　　　　　　　　　　　(b)

图 11－86　P3e/c 软件登录界面

按费用科目汇总完成时费用

费用科目代码	费用科目名称	完成时人工费	完成时非人工费	完成时材料费	完成时其他费用	完成时总费用
167	电站建设费用	Y432,000.00	Y43,800.00	Y5,265,000.00	Y77,000.00	Y5,817,800.00
167.TJ	土建费用	Y432,000.00	Y43,800.00	Y5,265,000.00	Y77,000.00	Y5,817,800.00
167.TJ.1	土石方开挖费用	Y164,800.00	Y23,400.00	Y2,865,000.00	Y0.00	Y3,053,200.00
167.TJ.2	混凝土浇筑费用	Y267,200.00	Y20,400.00	Y2,400,000.00	Y77,000.00	Y2,764,600.00
167.AZ	安装费用	Y0.00	Y0.00	Y0.00	Y0.00	Y0.00
167.AZ.1	水轮机部分	Y0.00	Y0.00	Y0.00	Y0.00	Y0.00
167.AZ.2	发电机部分	Y0.00	Y0.00	Y0.00	Y0.00	Y0.00
167.AZ.3	尾水管部分	Y0.00	Y0.00	Y0.00	Y0.00	Y0.00

图 11-87   报表预览

任务六   项目计划的实施与控制

任务目标：利用软件对具体项目计划进行实施及控制。

任务执行过程引导：建立目标计划，更新项目进展情况，监控项目进展情况，跟踪、分析问题，项目进展情况与目标的对比，分析资源使用情况，分析项目成本费用情况，发布项目信息网站。

提交成果：利用软件对具体工程项目总进度计划的执行过程进行监督、控制。

考核要点提示：项目进展情况跟踪，项目进展情况分析，项目信息的组织和发布。

在项目实施过程中，可能会发生进度提前或滞后、预算超支或结余、工作范围变更或资源的调配变动等情况，项目初期编制的计划实质上已不能很好地指导现场进度安排和资源调配。所以，及时地、周期性地对项目计划进行实际更新，并通过与目标计划的对比、监控相关临界值和使用赢得值对项目进展的情况进行评价与分析显得非常重要。在项目管理全过程，必须实时对计划进行跟踪与控制，并根据实际进展情况不断调整和优化计划，才能实现真正的动态管理。

下文以具体工程为例简要介绍针对项目计划实施、控制的软件操作过程及方法。

一、项目进展情况跟踪

1. 建立目标计划

选择菜单"文件"——"打开"，选中"ABC2-TJ（ABC电厂二期土建工程计划）"项目打开，进入该项目计划的作业窗口中，选择菜单"管理员"——"管理类别"，按图11-88和图11-89添加或修改"目标类型"，并删除其他未要求添加的目标类型。

选择菜单"项目"——"维护目标计划"，点击"增加"按钮，按图11-90为当前项目增加一个参考目标。

选择菜单"项目"——"分配目标计划"，按图11-91分别为当前项目的"项目目标计划"和"用户目标计划—第一"选择目标计划都为"ABC电厂二期土建工程计划-B1"。

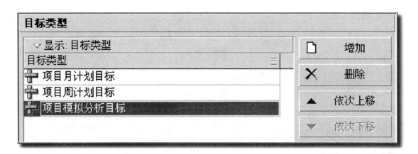

图 11-88　添加或删除目标类型

图 11-89　增加新目标

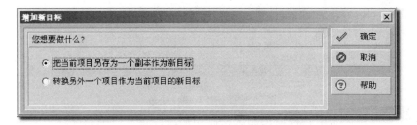

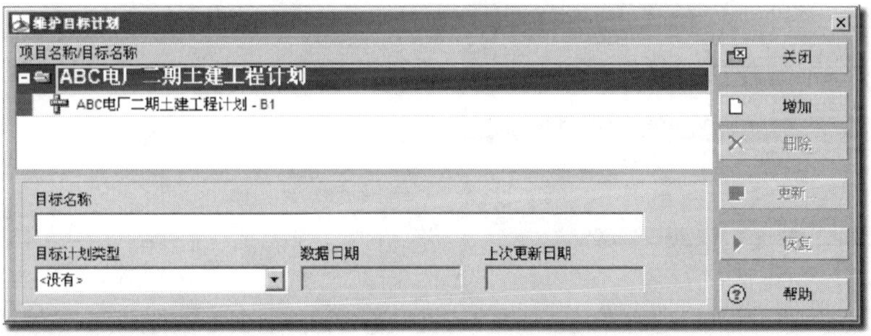

图 11-90　维护目标计划

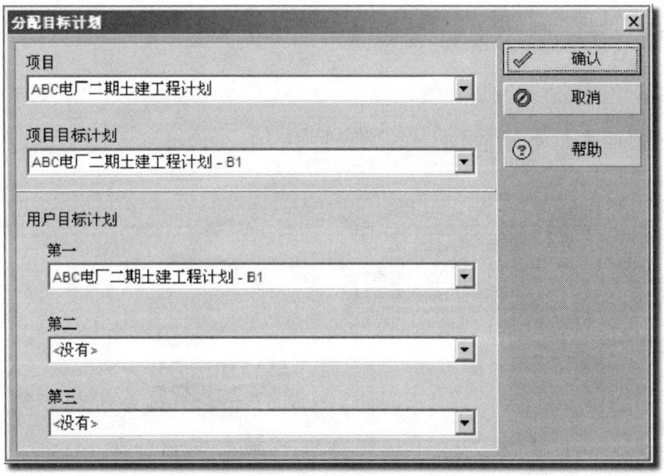

图 11-91　分配目标计划

2. 更新项目进展情况

打开"ABC2-TJ"项目计划，切换到该项目计划的作业窗口中。假设土建工程"ABC2-TJ"已经开工三个月了，当前日期为"2005 年 8 月 1 日"。首先按图 11-92 所示为每道作业填写反馈实际进展的进度数据。

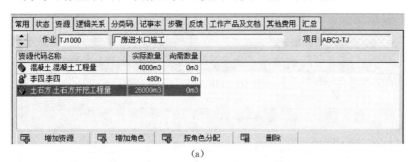

图 11-92 更新项目进度

图 11-93 为每道作业填写反馈作业资源使用的实际量、尚需量。

(a)

(b)

(c)

图 11-93 作业资源使用

　　按键盘上的"F9"执行进度计算，设置"当前数据日期"为"2005年8月1日"，执行进度计算后结果如图11-94所示。

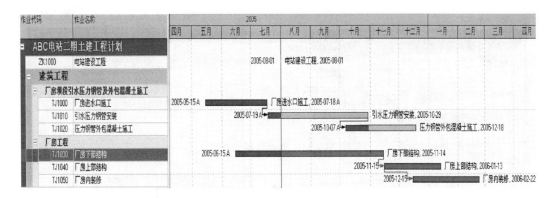

图11-94　进度计算

3. 监控项目进展情况

　　选择菜单"项目"——→"临界值"，按图11-95所示增加一个临界值"Start Date Variance（days）"，用于对该项目所有作业的实际开始时间进行监控。

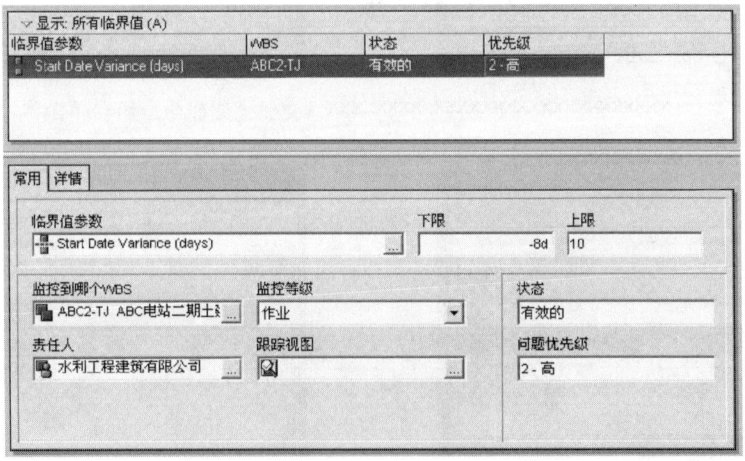

图11-95　项目临界值参数设置

　　点击临界值窗口右边的"监控"按钮，对该临界值进行监控，并查看视图底部的临界值详情表"详情"页面，结果如图11-96所示，监控到4个问题。

4. 跟踪、分析问题

　　选择菜单"项目"——→"问题"，按图11-97所示增加一个项目问题记录"混凝土拉裂"，并填写该问题的各个栏位数据和记事内容。

　　点击项目问题窗口右边的"问题追溯"按钮，填写该问题的历史记录，如图11-98所示。

　　点击项目问题窗口右边的"通知"按钮，可以将该问题的描述和历史记录发送通知某个联系人，如图11-99所示。

图 11 - 96 临界值详情查看

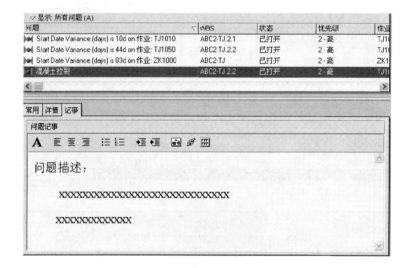

图 11 - 97 项目问题记录

图 11 - 98 问题追溯

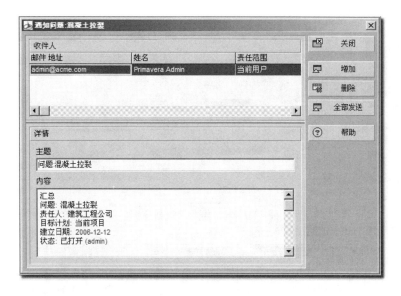

图 11-99　通知问题

二、项目进展情况分析

1. 项目进展情况与目标的对比

选择菜单"项目"——→"作业"进入到作业窗口，选择菜单"显示"——→"横道"，将"项目目标计划横道"的"显示"打钩，如图 11-100 所示。

图 11-100　项目目标计划横道的显示设置

查看作业窗口的横道图如图 11-101 所示，目标横道出现在当前项目作业横道的下方。

2. 分析资源使用情况

选择菜单"显示"——→"显示于底部"——→"资源使用直方图"，在底部视图的右边窗口中点击鼠标右键，选择"资源直方图选项"，按图 11-102 设置资源直方图的显示内

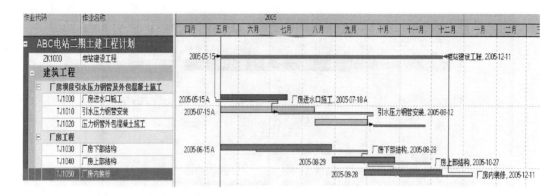

图 11-101　作业窗口横道图

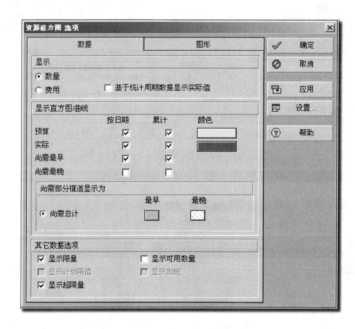

图 11-102　资源直方图设置

容和格式。

　　设置完资源直方图选项后，在底部视图的左边窗口中选中资源"混凝土"，在右边窗口就可以查看到该资源的使用情况，如图 11-103 所示。

　　3.分析项目成本费用情况

　　选择菜单"显示"——→"显示于底部"——→"作业使用直方图"，在底部视图的右边窗口中点击鼠标右键，选择"作业使用直方图选项"，按图 11-104 设置作业使用直方图的显示内容和格式。

　　设置完作业使用直方图选项后，在底部视图的左边窗口中选择显示用量为"全部作业"，在右边窗口可以查看到所有作业汇总的费用情况，如图 11-105 所示。

　　三、项目信息的组织和发布

　　选择菜单"工具"——→"发布"——→"项目 Web 站点"，按图 11-106 所示设置发布的参

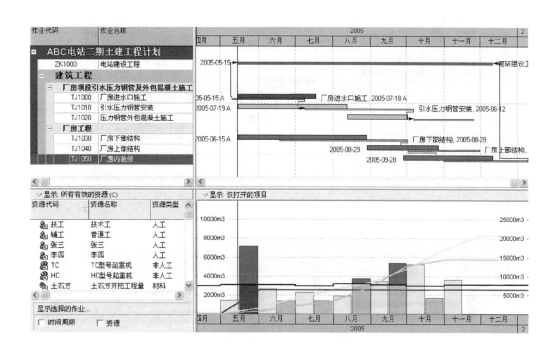

图 11-103　资源直方图

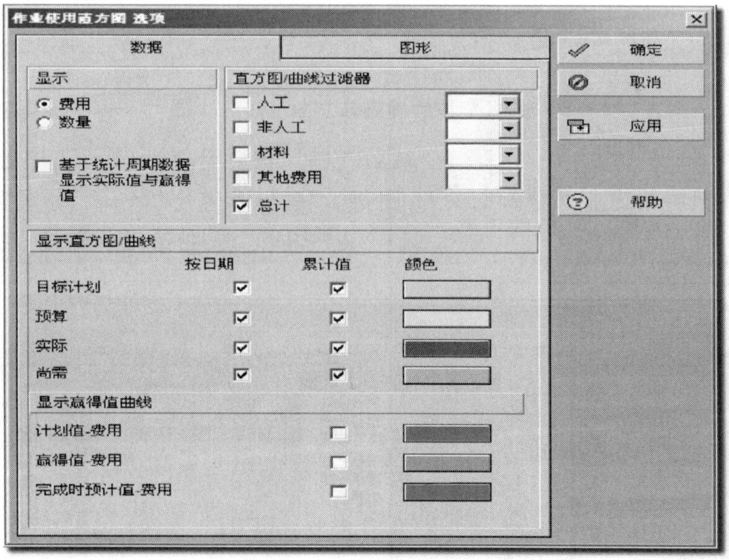

图 11-104　作业使用直方图设置

数。注意：通过修改打印设置的纸张大小，可以调整发布网站里的视图在一页中显示内容的多少。

点击对话框右边的"发布"按钮，发布结果如图 11-107 所示。

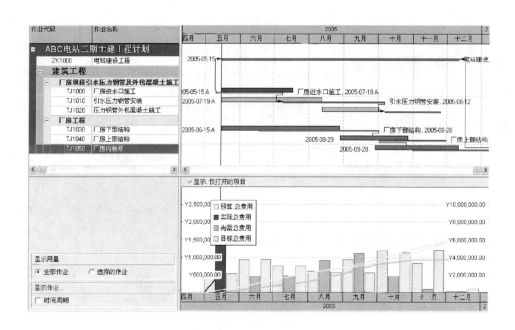

图 11-105　作业汇总费用

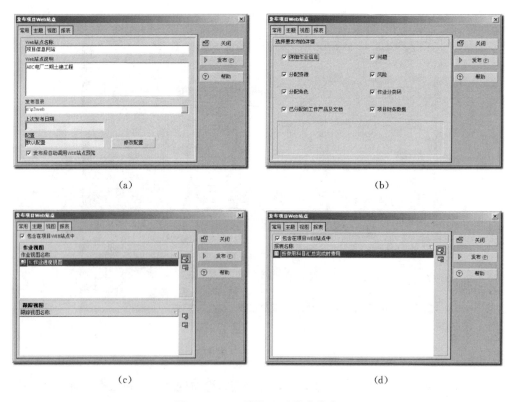

图 11-106　项目 Wed 站点发布

图 11 - 107　　Wed 站点发布结果